21 世纪高职高专规划教材

计算机应用基础实例教程

（Windows 7+Office 2010）

主 编 王 文 陈 竺 段利文

副主编 陈杏环 罗 文

U0321611

中国水利水电出版社
www.waterpub.com.cn

内 容 提 要

本书在设计和编写理念上体现了"以学生能力提升为本位"的宗旨，在编写过程中贯彻"着眼技术"、"立足实用"、"书薄释浅"等原则，针对课程特点强化了实际操作技能的训练。作者根据长期从事该门课程教学的经验，在本书中，以实训实例的形式引导学生从实际应用入手，采取由浅入深、循序渐进的原则，促进学生掌握计算机的基本操作技能，提高学生的计算机综合应用能力。

本书紧跟计算机应用最新技术，内容全面、结构清晰、图文并茂、通俗易懂、实用性强、直观性强，不仅可以作为高等职业院校各专业学生学习计算机基础知识的公共课程教材、通用教材，也可以作为社会人员的计算机技能培训入门教材，还可以作为广大计算机爱好者的自学教材。

本书配有电子教案，读者可以从中国水利水电出版社网站及万水书苑上免费下载，网址为：http://www.waterpub.com.cn/softdown/和http://www.wsbookshow.com。

图书在版编目（CIP）数据

计算机应用基础实例教程：Windows 7+Office 2010/
王文，陈竺，段利文主编. -- 北京：中国水利水电出版
社，2014.4（2017.8 重印）
 21世纪高职高专规划教材
 ISBN 978-7-5170-1833-9

Ⅰ. ①计… Ⅱ. ①王… ②陈… ③段… Ⅲ. ①
Windows操作系统－高等职业教育－教材②办公自动化－应
用软件－高等职业教育－教材 Ⅳ. ①TP316.7②TP317.1

中国版本图书馆CIP数据核字(2014)第053483号

策划编辑：寇文杰　　责任编辑：张玉玲　　加工编辑：夏雪丽　　封面设计：李 佳

书　名	21世纪高职高专规划教材 **计算机应用基础实例教程**（Windows 7+Office 2010）	
作　者	主 编 王 文 陈 竺 段利文 副主编 陈杏环 罗 文	
出版发行	中国水利水电出版社 （北京市海淀区玉渊潭南路 1 号 D 座　100038） 网址：www.waterpub.com.cn E-mail: mchannel@263.net（万水） 　　　　sales@waterpub.com.cn 电话：(010) 68367658（发行部）、82562819（万水）	
经　售	北京科水图书销售中心（零售） 电话：(010) 88383994、63202643、68545874 全国各地新华书店和相关出版物销售网点	
排　版	北京万水电子信息有限公司	
印　刷	三河市鑫金马印装有限公司	
规　格	184mm×260mm　　16 开本　　26.5 印张　　654 千字	
版　次	2014 年 4 月第 1 版　　2017 年 8 月第 6 次印刷	
印　数	18001—21000 册	
定　价	46.00 元	

凡购买我社图书，如有缺页、倒页、脱页的，本社营销中心负责调换

前　言

　　计算机应用技术已深入到人们的日常生活和学习工作中，运用计算机进行信息处理已成为人们必备的技能。掌握好计算机操作技能，能更好地适应社会，开拓视野，拓展自己的学习和工作空间，提高学习和工作效率。因此，培养和造就一批在学习和工作中娴熟地使用计算机的人才是我们编写本书的主要目的。

本书内容

　　第1章　计算机基础知识。主要介绍计算机的基本概念、常用数制与编码、计算机系统的组成、计算机病毒、计算机输入法等知识。

　　第2章　Windows 7基础入门。主要介绍Windows 7操作系统的特点、新功能、启动和退出方法、桌面的概貌、基本操作、Windows资源管理的使用、文件及文件安全管理、磁盘管理等知识。

　　第3章　认识Office 2010。主要介绍Office 2010组件的应用程序、Office 2010的工作界面、文件格式、Office 2010的基本操作，以及如何获取帮助等知识。

　　第4章　Word 2010的使用。主要介绍Word 2010的新增功能、基本操作、文档的编辑和格式化、Word表格的制作和应用、图文混排、目录和样式、SmartArt图形等知识。

　　第5章　Excel 2010的使用。主要介绍Excel 2010的基本操作、公式和函数的使用、数据统计图表的绘制、数据管理和分析、工作表的打印等知识。

　　第6章　PowerPoint 2010的使用。主要介绍演示文稿的基本操作方法、演示文稿的外观设计、演示文稿的动画效果设置技巧、交互式演示文稿的制作方法等知识。

　　第7章　Internet的操作应用。主要介绍计算机网络基础知识、Internet的基本知识、搜索引擎的使用、下载软件的使用、收发电子邮件等知识。

本书特色

　　本书在设计和编写理念上体现了"以学生能力提升为本位"的宗旨，在编写过程中贯彻"着眼技术"、"立足实用"、"书薄释浅"等原则，针对课程特点强化了实际操作技能的训练。

　　✍　实例引导、任务驱动

　　作者根据长期从事该门课程教学的经验，在本书中，以实训实例的形式引导学生从实际应用入手，采取由浅入深、循序渐进的原则，引导学生掌握计算机的基本操作技能，提高学生的计算机综合应用能力。

　　✍　重点突出、内容实用

　　本书在强调实训操作的同时，把大量的理论知识融入到实例中，让读者在完成实例的同时掌握理论知识，避免长篇的理论叙述和难懂的名词术语让学生失去学习兴趣。

✎ 编排新颖、操作性强

每章由 6 个部分组成：本章简介、学习目标、基础知识、技能训练、能力测试、自测题。在技能训练部分，有作者精心设计的若干训练材料，通过详细的步骤对基础知识进行详尽的讲解；在能力测试部分，有用于评价自己综合知识实际运用能力的测试题；在自测题部分，有用于帮助加深理论知识理解和掌握的练习题。

本书配有大量插图，实训中的操作步骤简洁明了，难度层层递进，通过学习，读者可以轻松地掌握相关技能。

读者对象

本书内容全面、图文并茂、通俗易懂、实用性强、直观性强，不仅可以作为高等职业院校各专业学生学习计算机基础知识的公共课程教材、通用教材，也可以作为社会人员的计算机技能培训入门教材，还可以作为广大计算机爱好者的自学教材。

教学建议

这部分写给以本书作为教材的教师。本课程是实践技能性课程，教学的重点是在学生技能的训练上，因此教师要根据教学内容设计相关教学活动，在教学中采用多种方法进行教学，如教师引导或演示、学生演示、小组合作、学生独立完成等。具体方法如下：上课前，老师要具体地设计教学活动、明确教学任务、充分准备学习材料并提前一周发给学生，以便学生预习准备；上课中，教师应通过讲解、提问、小组讨论和评价、实作、演示等方法实现教师与学生、学生与学生间的互动，老师的讲授要与指导学生自学结合，并通过实作完成技能的训练；上课后，教师要布置课外作业和辅导答疑，并作为考核指标项目，如做自测题、上网查询并收集相关资料等。

结束语

本书由王文、陈竺、段利文任主编，负责组织策划、统稿、修订和编写工作，陈杏环、罗文任副主编，参与部分编写工作的还有：龚小勇、李腾、廖先琴、李萍、危光辉、武春岭、王荣辉、童世华、王静等。

由于时间仓促及作者水平有限，书中疏漏和错误之处在所难免，恳请广大读者批评指正。

编 者

2014 年 2 月

目　录

第1章 计算机基础知识

☞ 本章简介

为了适应这个信息技术广泛应用的时代，每个人都必须掌握一些计算机的基本概念和基础知识。计算机发展至今，短短几十年，已经衍生出了许多从未有过的技术，这需要我们系统地了解才能明白，而这也正是本章的目的。

通过本章的学习，初学者能很快学习到计算机的基本概念、常用数制与编码、计算机的软件系统和硬件系统、计算机病毒等知识，在总体上对现代计算机技术有所了解。同时，还将对计算机输入法及键盘的正确操作方法有一定了解。

  学习目标

☞ 了解计算机的基本概念、发展、分类、特点及应用
☞ 了解数制的概念及常用数制，熟练掌握二、八、十、十六进制之间的相互转换
☞ 了解常见信息编码
☞ 了解计算机系统的组成及计算机技术指标
☞ 了解计算机病毒的基本概念
☞ 掌握一种计算机输入法

1.1 计算机概论

 基础知识

1.1.1 计算机的基本概念

电子计算机又称"电脑"，是一种用电子技术来实现数学运算的计算工具。人们对计算机的定义比较含糊。大众传媒，包括电视和报纸，喜欢把计算机称为电脑，通常在电视上看到的一些节目和广告就是这样。计算机和 IT（信息技术）业界以及官方场合，比较统一和正式的叫法是计算机。

计算机也不再仅仅是一种计算工具，它基本上已经渗透到人类生活的各个方面。因此，比较贴近时代的定义应是：计算机是一种快速而高效地自动完成信息处理的电子设备。

总的来讲，随着计算机技术的不断发展，计算机的应用范围和应用领域越来越宽广，对人们的生活和整个社会进步的影响也越来越大,充分地掌握计算机技术是对每个在未来社会工作和学习的人的基本要求。

1.1.2 计算机的发展

计算机的诞生酝酿了很长一段时间。1946 年 2 月，第一台电子计算机 ENIAC 在美国加州问世，它用了 18000 个电子管和 86000 个其他电子元件，有两个教室那么大，运算速度却只有每秒 300 次各种运算或 5000 次加法，耗资 100 万美元以上。尽管 ENIAC 有许多不足之处，但它毕竟是计算机的鼻祖，揭开了计算机时代的序幕。

计算机的发展到目前为止共经历了四个时代，从 1946 年到 1959 年这段时期称为"电子管计算机时代"。

第一代计算机的内部元件使用的是电子管。由于一部计算机需要几千个电子管，每个电子管都会散发大量的热量，因此如何散热是一个令人头痛的问题。电子管的寿命最长只有 3000 小时，计算机运行时经常会发生由于电子管被烧坏而死机的现象。第一代计算机主要用于科学研究和工程计算。

从 1960 年到 1964 年，由于在计算机中采用了比电子管更先进的晶体管，所以将这段时期称为"晶体管计算机时代"。

晶体管比电子管小得多，处理更迅速、更可靠。第二代计算机的程序语言从机器语言发展到汇编语言。接着，高级语言 FORTRAN 语言和 COBOL 语言相继开发出来并被广泛使用。这时，开始使用磁盘和磁带作为辅助存储器。第二代计算机的体积和价格都下降了，使用的人也多起来了，计算机工业迅速发展。第二代计算机主要用于商业、大学教学和政府机关。

从 1965 年到 1970 年，集成电路被应用到计算机中来，因此这段时期被称为"中小规模集成电路计算机时代"。

集成电路（Integrated Circuit，IC）是做在晶片上的一个完整的电子电路，这个晶片比手指甲还小，却包含了几千个晶体管元件。第三代计算机的特点是体积更小、价格更低、可靠性更高、计算速度更快。第三代计算机的代表是 IBM 公司花了 50 亿美元开发的 IBM 360 系列。

从 1971 年到现在，这段时期被称为"大规模集成电路计算机时代"。

第四代计算机使用的元件依然是集成电路，不过这种集成电路已经大大改善，它包含着几十万到上百万个晶体管，人们称之为大规模集成电路（Large Scale Integrated Circuit，LSI）和超大规模集成电路（Very Large Scale Integrated Circuit，VLSI）。1975 年，美国 IBM 公司推出了个人计算机（Personal Computer，PC），从此人们对计算机不再陌生，计算机开始深入到人类生活的各个方面。

1.1.3　计算机的分类

计算机按照不同的分类依据有多种分类方法，下面介绍几种常见的分类方法。

1．按处理方式分类

按处理方式分类，可以把计算机分为模拟计算机、数字计算机和数字模拟混合计算机。模拟计算机主要用于处理模拟信息，如工业控制中的温度、压力等，模拟计算机的运算部件是一些电子电路，其运算速度极快，但精度不高，使用也不够方便。数字计算机采用二进制运算，其特点是计算精度高，便于存储信息，是通用性很强的计算工具，既能胜任科学计算和数字处理，也能进行过程控制和 CAD/CAM 等工作。混合计算机是取数字计算机和模拟计算机之长，既能高速运算，又便于存储信息，但这类计算机造价昂贵。现在人们所使用的计算机大都属于数字计算机。

2．按功能分类

按计算机的功能分类，一般可分为专用计算机和通用计算机。专用计算机功能单一、可靠性高、结构简单、适应性差，但在特定用途下最有效、最经济、最快速，是其他计算机无法替代的。如军事系统、银行系统属专用计算机。

通用计算机功能齐全、适应性强，目前人们所使用的计算机大都是通用计算机。

3．按规模分类

按照计算机的规模，并参考其运算速度、输入输出能力、存储能力等因素划分，通常将计算机分为巨型机、大型机、小型机、微型机等几类。

（1）巨型机。巨型机运算速度快、存储量大、结构复杂、价格昂贵，主要用于尖端科学研究领域，如 IBM 390 系列、银河机等。

（2）大型机。大型机规模次于巨型机，有比较完善的指令系统和丰富的外部设备，主要用于计算机网络和大型计算中心，如 IBM 4300。

（3）小型机。小型机较之大型机成本较低，维护也较容易，小型机用途广泛，现可用于科学计算和数据处理，也可用于生产过程自动控制和数据采集及分析处理等。

（4）微型机。微型机采用微处理器、半导体存储器和输入/输出接口等芯片组成，使得它较之小型机体积更小、价格更低、灵活性更好、可靠性更高、使用更加方便。目前许多微型机的性能已超过以前的大中型机。

4．按照工作模式分类

按照计算机的工作模式分类，可分为服务器和工作站。

（1）服务器。服务器是一种可供网络用户共享的高性能的计算机。服务器一般具有大容量的存储设备和丰富的外部设备，其上运行网络操作系统，要求较高的运行速度，为此很多服务器都配置了双 CPU。服务器上的资源可供网络用户共享。

（2）工作站。工作站是高档微机，它的独到之处就是易于联网，配有大容量主存、大屏幕显示器，特别适合于 CAD/CAM 和办公自动化。

1.1.4　计算机的特点

计算机是 20 世纪人类最伟大的创造发明之一，计算机现已成为当今社会各行各业不可缺少的工具。计算机有许多特长，其中最重要的是：高速度、能"记忆"、善判断、可交互。

1．自动控制能力

计算机是由程序控制其操作过程的。只要根据应用的需要事先编制好程序并输入计算机，计算机就能自动、连续地工作，完成预定的处理任务。计算机中可以存储大量的程序和数据。存储程序是计算机工作的一个重要原则，这是计算机能自动处理的基础。

2．处理速度快

计算机由电子器件构成，具有很高的处理速度。目前世界上最快的计算机每秒可运算百万亿次，普通 PC 机每秒也可处理上百万条指令。这不仅极大地提高了工作效率，而且使时限性强的复杂处理可在限定的时间内完成。

3．"记忆"能力强

计算机的存储器类似于人的大脑，可以记忆大量的数据和计算机程序，随时提供信息查询、处理等服务。早期的计算机，由于存储容量小，存储器常常成为限制计算机应用的"瓶颈"。今天，一台普通的 PC 机内存可达 256MB～1GB，能支持运行大多数窗口应用程序。当然，有些数据量特别大的应用，如大型情报检索、卫星图像处理等，仍需要使用具有更大存储容量的计算机，如大型机或巨型机。

4．能进行逻辑判断

逻辑判断是计算机的又一重要特点，是计算机能实现信息处理自动化的重要原因。冯·诺依曼型计算机的基本思想就是将程序预先存储在计算机中。在程序执行过程中，计算机根据上一步的处理结果能运用逻辑判断能力自动决定下一步应该执行哪一条指令。这样，计算机的计算能力、逻辑判断能力和记忆能力三者的结合使得计算机的能力远远超过了任何一种工具而成为人类脑力延伸的有力助手。

5．很高的计算精度

由于计算机采用二进制数字进行计算，因此可以用增加表示数字的设备和运用计算技巧等手段使数值计算的精度越来越高，可根据需要获得千分之一到几百万分之一甚至更高的精度。

6．支持人机交互

计算机具有多种输入输出设备，配上适当的软件后，可支持用户进行方便的人机交互。以广泛使用的鼠标为例，当用户手握鼠标时，只需用手指轻轻一点，计算机便随之完成某种操作功能，真可谓"得心应手，心想事成"。当这种交互性与声像技术结合形成多媒体用户界面时，更可使用户的操作变得自然、方便、丰富多彩。

7．通用性强

计算机能够在各行各业得到广泛的应用，原因之一就是具有很强的通用性。计算机可以将复杂的信息处理任务分解成一系列的基本算术运算和逻辑运算，反映在计算机的指令操作中。按照各种规律要求的先后次序把它们组织成各种不同的程序，存入存储器中。在计算机的工作过程中，存储的这些程序指挥和控制计算机进行自动、快速的信息处理，并且十分灵活、方便、易于变更，这就使计算机具有极大的通用性。同一台计算机，只要安装不同的软件或连接到不同的设备上，就可以完成不同的任务。

1.1.5　计算机的主要应用领域

计算机应用已深入到了人类社会生活的各个领域，可以归纳为以下几个方面：科学计算、数据处理、过程控制、计算机辅助工程、人工智能。

1．科学计算

科学计算可以实现：①人工难以完成的复杂的科学计算；②快速获取运算结果；③按问题的要求获取结果的精确度。

2．数据处理

如人口统计、档案管理、图书资料管理、金融财务管理、仓库物资管理等都已经用计算机实现。

3．过程控制

通过专用的、预置了程序的计算机将检测到的信息经过处理后向被控制或被调节的对象发出最佳的控制信号，由系统中的执行机构自动完成控制。

4．计算机辅助工程

包括计算机辅助设计（Computer Aided Design，CAD）、计算机辅助制造（Computer Aided Manufacturing，CAM）和计算机辅助教学（Computer Aided Instruction，CAI）等。

5．人工智能

主要内容包括：机器学习、自然语言理解、计算机视觉、智能机器人等。

1.2　数制与编码

基础知识

1.2.1　数制的概念

按进位的原则进行计数称为进位计数制，简称"数制"。在日常生活中经常要用到数制，通常以十进制进行计数，除了十进制计数以外，还有许多非十进制的计数方法。例如，60 分钟为 1 小时，用的是 60 进制计数法；每星期有 7 天，是 7 进制计数法；每年有 12 个月，是 12 进制计数法。当然，在生活中还有许多其他各种各样的进制计数法。

在计算机系统中采用二进制，主要原因是电路设计简单、运算简单、工作可靠、逻辑性强。不论是哪一种数制，其计数和运算都有共同的规律和特点。

1.2.2　数制的特点

1．逢 N 进一

N 进制中所需要的数字字符的总个数称为基数。例如，十进制数用 0、1、2、3、4、5、6、7、8、9 十个不同的符号来表示数值，这个 10 就是数字字符的总个数，也是十进制的基数，表示逢十进一。

2．位权表示

位权是指一个数字在某个固定位置上所代表的值，处在不同位置上的数字符号所代表的值不同，每个数字的位置决定了它的值或者位权。

位权与基数的关系是：各进位制中位权的值是基数的若干次幂。因此，用任何一种数制表示的数都可以写成按位权展开的多项式之和。如十进制数 634.28 可以表示为：$(634.08)_{10} = 6 \times 10^2 + 3 \times 10^1 + 4 \times 10^0 + 0 \times 10^{-1} + 8 \times 10^{-2}$。

位权表示法的原则是：数字的总个数等于基数；每个数字都要乘以基数的幂次，而该幂次是由每个数所在的位置决定的。排列方式是以小数点为界，整数自右向左 0 次方、1 次方、2 次方、……，小数自左向右负 1 次方、负 2 次方、负 3 次方、……。

1.2.3　常用数制进制及其转换

在我们的日常生活中使用了许多的进制，例如 1 年有 12 个月，这是 12 进制；1 个月有 30 天，这是 30 进制；1 个星期有 7 天，这是 7 进制等。在计算机科学中，我们使用最多的是 2、8、10、16 进制。

1．十进制数

十进制是日常生活中最常见的进制，它有如下两个特点：

（1）由 0，1，2，....，9 十个基本字符组成，即基数为 10。

（2）十进制数运算是按"逢十进一"的规则进行的。

十进制数的书写可以在数的右下方注上基数 10 或在后面加 D 表示，也可以不加注。

2．二进制数

二进制数有如下两个特点：

（1）它由两个基本字符 0 和 1 组成，即基数为 2。

（2）二进制数的运算规律是"逢二进一"。

为了区别于其他进制数，二进制数的书写通常在数的右下方注上基数 2 或在后面加 B 表示。

例如，二进制数 10110011 可以写成(10110011)$_2$ 或 10110011B。计算机中的数据均采用二进制数表示，这是因为二进制数具有以下特点：

（1）二进制数中只有两个字符 0 和 1，表示具有两个不同稳定状态的元器件。例如，电路中有/无电流，有电流用 1 表示，无电流用 0 表示。类似的还有电路中电压的高和低、晶体管的导通和截止等。

（2）二进制数运算简单，大大简化了计算机中运算部件的结构。二进制数的加法和乘法运算如下：

0+0=0　　0+1=1　　1+0=1　　1+1=10

0×0=0　　1×0=0　　1×1=1

由于二进制数在使用中位数太长，不容易记忆，所以人们又提出了八进制数和十六进制数。

3．八进制数

八进制数的数码有 0，1，2，3，4，5，6，7 共八个数，八进制数的进位规则是"逢八进一"。为了区别于其他进制数，八进制数的书写通常在数的右下方注上基数 8 或在后面加 O 表示。

例如，八进制数 375 可以写成(375)$_8$ 或 375O。

4．十六进制数

十六进制数有如下两个基本特点：

（1）它由十六个字符 0～9 及 A，B，C，D，E，F 组成（它们分别表示十进制数 0～15）。

（2）十六进制数的运算规律是"逢十六进一"。

为了区别于其他进制数，十六进制数的书写通常在数的右下方注上基数 16 或在后面加 H 表示。例如，十六进制数 4AC8 可以写成(4AC8)₁₆ 或 4AC8H。

5. 进制之间的相互转换

对于计算机中常用的二进制、八进制、十进制、十六进制整数之间的相互转换方法如图 1-2-1 所示。

图 1-2-1　进制之间的相互转换

（1）十进制数转换为二进制数/八进制数/十六进制数（箭头 1 代表的转换）。

转换方法：除基取余，由下往上。 将十进制数除以对应进制数的基数，然后将得到的余数从下往上取，注意除基数时要除到商为 0 为止。

【例 1】 将 25 转换为二进制数。

解：

```
                    余数
  2 │ 25      ……1
  2 │ 12      ……0
  2 │  6      ……0
  2 │  3      ……1
  2 │  1      ……1
       0
```

由下往上取余数，所以 25=(11001)₂。

同理，把十进制数转换为十六进制数时，将基数 2 换成 16 即可。

【例 2】 将 25 转换为十六进制数。

解：

```
                    余数
 16 │ 25      ……9
 16 │  1      ……1
       0
```

由下往上取余数，所以 25=(19)₁₆。

（2）二进制数/八进制数/十六进制数转换为十进制数（箭头 2 代表的转换）。

转换方法：按权展开。 二进制数、八进制数、十六进制数转换为十进制数的规律是相同的：把二进制数（或八进制数、十六进制数）按位权形式展开为多项式和的形式，求出最后的和就是其对应的十进制数，简称"按权展开"。

【例 3】把 $(1001)_2$ 转换为十进制数。

解：$(1001)_2=1×2^3+0×2^2+0×2^1+1×2^0=8+0+0+1=9$

【例 4】把 $(38A)_{16}$ 转换为十进制数。

解：$(38A)_{16}=3×16^2+8×16^1+10×16^0=768+128+10=906$

（3）八进制数/十六进制数转换为二进制数（箭头 3 代表的转换）。

转换方法：将 1 位八进制数（或 1 位十六进制数）转换为 3 位（或 4 位）二进制数。由于 3 位二进制数恰好有 8 个组合状态（4 位二进制数恰好有 16 个组合状态），即 1 位八进制数与 3 位二进制数是一一对应的（1 位十六进制数与 4 位二进制数是一一对应的），所以八进制数（十六进制数）与二进制数的转换是十分简单的。

十六进制数转换成二进制数，只要将每一位十六进制数用对应的 4 位二进制数替代即可，简称"位分四位"。

八进制数转换成二进制数，只要将每一位八进制数用对应的 3 位二进制数替代即可，简称"位分三位"。

【例 5】将 $(4AF8B)_{16}$ 转换为二进制数。

解：　4　　A　　F　　8　　B

　　　0100　1010　1111　1000　1011

所以，$(4AF8B)_{16}=(10010101111110001011)_2$。

（4）二进制数转换为八进制数/十六进制数（箭头 4 代表的转换）。

转换方法：将二进制数从右向左每 3 位（或 4 位）一组，依次写出每组 3 位（或 4 位）二进制数所对应的八进制数（或十六进制数），不足 3 位（或 4 位）用 0 补足，简称"三（四）位合一位"。

【例 6】将 $(111010110)_2$ 转换为八进制数。

解：　111　010　110

　　　　7　　2　　6

所以，$(111010110)_2=(726)_8$。

1.2.4　数据在计算机中的存储单位

在了解数字及信息编码的知识之前，必须先了解一下计算机内数据的存储方式。大家都知道，在计算机的内部，所有的信息都是用二进制的方式存储起来的。那么，这些二进制位是以怎样的方式组织的呢？或者说存储的二进制有哪些单位？单位之间怎样换算？要知道这些，必须先了解一些基本的概念。

1. 位、字节、字

位（bit）：位是电子计算机中最小的数据单位。每一位的状态只能是 0 或 1。通常我们用 b 来表示位。

字节（Byte）：8 个二进制位构成 1 个字节，它是存储空间的基本计量单位。1 个字节可以存储 1 个英文字母或者半个汉字，换句话说，1 个汉字占据 2 个字节的存储空间。同样地，我们用 B 来表示一个字节。

字：字由若干个字节构成，字的位数叫做字长，不同档次的机器有不同的字长。例如一台 8 位机，它的 1 个字就等于 1 个字节，字长为 8 位。如果是一台 16 位机，那么它的 1 个字就由 2 个字节构成，字长为 16 位。字是计算机进行数据处理和运算的单位。

2．存储器容量的单位

在知道了基本的单位后再来了解存储器的容量单位就很容易了。我们经常说内存的容量是 512MB 或 1GB，硬盘的容量是 80GB 或 120GB，那么 MB、GB 究竟表示多大的存储空间？可以存储多少个二进制位呢？下面来一起了解一下。

KB、MB、GB、TB 之间的换算关系如下：

$1KB=2^{10}B=1024B$

$1MB=2^{10}KB=1024KB=2^{20}B$

$1GB=2^{10}MB=1024MB=2^{20}KB$

$1TB = 2^{10}GB=1024GB=2^{20}MB=2^{30}KB$

1.2.5　原码、反码、补码

数值在计算机中的表示形式为机器数，由于计算机只能识别 0 和 1，所以计算机中使用的是二进制，而在日常生活中人们使用的是十进制，其实这正如亚里士多德所说的，今天十进制的广泛采用，只不过是我们绝大多数人生来具有 10 个手指头这个解剖学事实的结果。

1．原码

数值有正负之分，计算机就用一个数的最高位存放符号（0 为正，1 为负），这就是机器数的原码。所以，一个原码表示的机器数可以这样表示：

原码 = 符号位 + 绝对值的二进制

假设机器能处理的位数为 8，即字长为 1 字节，原码能表示的数值的范围为：-127～-0 和 +0～127，共 256 个数。

有了数值的表示方法就可以对数进行算术运算。但是很快就发现用带符号位的原码进行乘除运算时结果正确，而在加减运算时就出现了问题，例如，假设字长为 8 位。

$(1)_{10}-(1)_{10} = (1)_{10} + (-1)_{10} = (0)_{10}$

进行原码运算：$(00000001)_原+ (10000001)_原 = (10000010)_原 = (-2)$，显然不正确。

在两个正数的加法运算中是没有问题的，问题出现在带符号位的负数身上。

2．反码

对除符号位外的其余各位逐位取反就产生了反码（对于正数，其反码与原码相同）。反码的取值空间和原码相同，且一一对应。下面是反码的减法运算：

$(1)_{10} - (1)_{10} = (1)_{10}+ (-1)_{10} = (0)_{10}$

进行反码运算：$(00000001)_反+ (11111110)_反 = (11111111)_反 = (-0)$，有问题。

$(1)_{10} - (2)_{10} = (1)_{10} + (-2)_{10} = (-1)_{10}$

进行反码运算：$(00000001)_反+ (11111101)_反 = (11111110)_反 = (-1)$，正确。

问题出现在(+0)和(-0)上,在人们的计算概念中零是没有正负之分的(印度人首先将零作为标记并放入运算之中,包含有零号的印度数学和十进制计数对人类文明的贡献极大),于是就引入了补码概念。

3.补码

负数的补码就是对反码加一,而正数不变,正数的原码、反码、补码是一样的。在补码中用(-128)代替了(-0),所以补码的表示范围为:-128~0~127,共256个数。

注意:(-128)没有相对应的原码和反码,(-128) = (10000000)。补码的加减运算如下:

$$(1)_{10} - (1)_{10} = (1)_{10} + (-1)_{10} = (0)_{10}$$

(00000001)_补 + (11111111)_补 = (00000000)_补 = (0),正确。

$$(1)_{10} - (2)_{10} = (1)_{10} + (-2)_{10} = (-1)_{10}$$

(00000001)_补 + (11111110)_补 = (11111111)_补 = (-1),正确。

所以,补码的设计目的是:

(1)使符号位能与有效值部分一起参加运算,从而简化运算规则。

(2)使减法运算转换为加法运算,进一步简化计算机中运算器的线路设计。

所有这些转换都是在计算机的最底层进行的,而在汇编语言以及 C 等其他高级语言中使用的都是原码。

1.2.6 信息编码

我们知道,在计算机内部所有的信息都是以二进制的形式存储起来的,但是信息的形式却是多种多样的,除了计算机可以直接表示的二进制信息外,还有其他进制的数字、字母、汉字、声音、图像等多种形式的信息存在。那么,你知道非二进制信息又是如何存储的吗?由于篇幅及本书范围所限,这里不能进行深入而详尽的探讨,我们将仅从三方面来讨论常见的信息编码。

1.数字编码

这里我们介绍一种最常见的数字编码 BCD 码。

在数字系统中,各种数据要转换为二进制代码才能进行处理,而人们习惯于使用十进制数,所以在数字系统的输入输出中仍采用十进制数,这样就产生了用四位二进制数表示一位十进制数的方法,这种用于表示十进制数的二进制代码称为二—十进制代码(Binary Coded Decimal),简称 BCD 码。它具有二进制数的形式以满足数字系统的要求,又具有十进制数的特点(只有十种有效状态)。在某些情况下,计算机也可以对这种形式的数直接进行运算。常见的 BCD 码表示有以下几种:

(1)8421BCD 编码。这是一种使用最广的 BCD 码,是一种有权码,其各位的权分别是8、4、2、1(从最高有效位开始到最低有效位)。

【例 7】写出十进制数 563.97D 对应的 8421BCD 码。

563.97D=0101 0110 0011 . 1001 0111(8421BCD)

【例 8】写出 8421BCD 码 1101001.01011 对应的十进制数。

1101001.01011(8421BCD)=0110 1001 . 0101 1000(8421BCD)=69.58D

在使用 8421BCD 码时一定要注意其有效的编码仅十个，即 0000～1001。四位二进制数的其余六个编码 1010，1011，1100，1101，1110，1111 不是有效编码。

（2）2421BCD 编码。2421BCD 码也是一种有权码，其从高位到低位的权分别为 2、4、2、1，它也可以用四位二进制数来表示一位十进制数，编码规则如表 1-2-1 所示。

表 1-2-1　常见 BCD 编码表

十进制数	8421BCD 码	2421BCD 码	余 3 码
0	0000	0000	0011
1	0001	0001	0100
2	0010	0010	0101
3	0011	0011	0110
4	0100	1000	0111
5	0101	1011	1000
6	0110	1100	1001
7	0111	1101	1010
8	1000	1110	1011
9	1001	1111	1100
10	0001，0000	0001，0000	0100，0011

（3）余 3 码。余 3 码也是一种 BCD 码，但它是无权码，由于每一个码对应的 8421BCD 码之间相差 3，故称为余 3 码。其一般使用较少，故只须作一般性了解，具体的编码如表 1-2-1 所示。

2．字符编码

人类的语言都是由一个一个的符号组成的，在数以千计的语言中，我们可以按组成语言的符号把语言分为两类：一类是用基本的几十个字母组成的语言，如英语；另一类是由成千上万的象形文字组成的语言，如汉语。显而易见，解决这两类语言在计算机内部的存储相差甚远。我们将对两种语言的存储分别做出介绍，前者将其归为字符编码，后者单独以汉字编码为例加以介绍。关于字符编码在计算机内的存储标准，Windows 编程圣经《Windows 程序设计》有精彩的论述，这里我们仅以 ASCII 码为例来介绍常见的字符编码。

ASCII 码（American Standard Code for Information Interchange，美国标准信息交换码）是目前计算机中用得最广泛的字符集及其编码，由美国国家标准局（ANSI）制订，它已被国际标准化组织（ISO）定为国际标准，称为 ISO 646 标准，适用于所有拉丁文字字母。ASCII 码有 7 位码和 8 位码两种形式，我们常用的是 7 位 ASCII 码。

因为 1 位二进制数可以表示 2 种状态：0、1；而 2 位二进制数可以表示 4 种状态：00、01、10、11；依此类推，7 位二进制数可以表示 $2^7=128$ 种状态，每种状态都唯一地编为一个 7 位的二进制码，对应一个字符（或控制码），这些码可以排列成一个十进制序号 0～127，所以 7 位 ASCII 码是用七位二进制数进行编码的，可以表示 128 个字符。

在 7 位 ASCII 码中，第 0～32 号及第 127 号（共 34 个）是控制字符或通信专用字符，如控制字符：LF（换行）、CR（回车）、FF（换页）、DEL（删除）、BEL（振铃）等，通信专用字符：SOH（文头）、EOT（文尾）、ACK（确认）等。第 33～126 号（共 94 个）是字符，其中第48～57号为0～9十个阿拉伯数字，第65～90号为26个大写英文字母，第97～122号为26个小写英文字母，其余为一些标点符号、运算符号等。

我们要牢牢记住常见的几个ASCII码，数字0为48，大写字母A是65，小写字母a是97。

注意

> 在计算机的存储单元中，一个ASCII码值占一个字节（8个二进制位），其最高位（b7）用作奇偶校验位。所谓奇偶校验，是指在代码传送过程中用来检验是否出现错误的一种方法，一般分奇校验和偶校验两种。奇校验规定：正确的代码一个字节中 1 的个数必须是奇数，若非奇数，则在最高位 b7 添1；偶校验规定：正确的代码一个字节中 1 的个数必须是偶数，若非偶数，则在最高位 b7 添1。

3. 汉字编码

了解汉字编码之前，必须了解几个基本的概念。由于许多教科书都没有对这些概念做出清晰地说明，所以汉字编码往往容易让人混淆不清。汉字的编码总的来说可以分为三种类型：一是交换码，表示每一个汉字的编码，注意这里的"表示"二字，强调了仅仅是汉字的代号，而不涉及具体存储；二是汉字在计算机内部存储时的具体形式的编码，我们叫做机内码；三是存储汉字字型的编码，通常采用点阵的形式来存储，占用空间较大，我们叫做字型码。

（1）交换码。交换码是指汉字信息处理系统之间或通信系统之间传输信息时对每一个汉字所规定的统一编码。我国已指定汉字交换码的国家标准"信息交换用汉字编码字符集——基本集"，代号为GB2312－80，又称为"国标码"。严格意义上讲，不应该说国标码是交换码，而应该说国标码包含了交换码的定义。国标码的定义如下：国标码GB2312－80（1980年）一共收录了7445个字符，包括6763个汉字和682个其他符号。其中一级汉字3755个，以拼音排序；二级汉字3008个，以偏旁部首排序。同时规定汉字区的内码范围高字节B0～F7，低字节A1～FE，占用的码位是72×94=6768，其中有5个空位是D7FA～D7FE。在国标码中所有汉字编码都应该遵循统一的标准，对汉字机内码的编码、汉字字库的设计、汉字输入码的转换、输出设备的汉字地址码等都做出了统一的规定。

在了解国标码的同时，还需要知道区位码的概念，所谓区位码是指将GB2312－80的全部字符集组成一个94×94的方阵，每一行称为一个"区"，编号为01～94；每一列称为一个"位"，编号为01～94，这样得到了GB2312－80的区位图，用区位图的位置来表示汉字的编码。所以，在区位码和国标码中，同样一个汉字的编码是不一样的（相当于同样的内容做了两次不同的编排）。

（2）机内码。虽然国标码规定了汉字的交换码，但是可不可以就用汉字的交换码（注意通常我们所说的"国标码"就是指交换码）当作机内码使用呢？答案是否定的。因为国标码规定的交换码的低字节会和7位的ASCII码相混淆，所以必须对交换码作一定的修改。我们采取的处理方式是这样的：为了避免ASCII码和国标码同时使用时产生二义性问题，大部分汉字系统都采用将国标码每个字节高位置1作为汉字机内码。这样既解决了汉字机内码与西文机内码之间的二义性，又使汉字机内码与国标码具有极简单的对应关系。

现在再简单讨论一下国标码（其实是国标码规定的交换码，注意我们反复强调的这个概念）、区位码、机内码之间的转换关系。

区位码（十进制）的两个字节分别转换为十六进制后加 20H 得到对应的国标码；机内码是汉字交换码（国标码）两个字节的最高位分别加1，即汉字交换码（国标码）的两个字节分别加 80H 得到对应的机内码；区位码（十进制）的两个字节分别转换为十六进制后加 A0H 得到对应的机内码。

例如，汉字"中"的国标码是 5650H，则它的机内码 = 5650H + 8080H = D6D0H，它的区位码= 5650H-2020H = 3630H。

（3）字型码。汉字要在显示器上显示出来，显然除了机内码和交换码之外，还需要存储汉字的字型。在计算机内部存储汉字字型采用点阵的方式，用一个二进制位来表示一个显示汉字的像素点，比如，用 0 表示黑点，用 1 表示白点。这样根据汉字显示时的分辨率就会有各种不同的汉字点阵。比如，16×16 点阵的字型码对应的存储空间是 16×16/8=32 字节；24×24 点阵的字型码需要用 24×24/8=72 字节，其他点阵类推。

显而易见，同一汉字的不同字体对应着不同的字型码，所以一个汉字的字型码所占的存储空间相对于机内码来说要大很多。图 1-2-2 所示是一个字型码的示意图。

图 1-2-2　字型码的示意

1.3　计算机系统的组成

基础知识

1.3.1　计算机系统概述

计算机系统通常是由硬件系统和软件系统两大部分组成的。硬件（Hardware）是指实际的物理设备，包括计算机的主机和外部设备；软件（Software）是指实现算法的程序和相关文档，包括计算机本身运行所需的系统软件和用户完成特定任务所需的应用软件。计算机系统的组成如图 1-3-1 所示。

图 1-3-1　计算机系统的组成

1.3.2 硬件系统的组成

1．硬件系统的工作原理

计算机硬件由五个基本部分组成：运算器、控制器、存储器、输入设备和输出设备。它采用了"存储程序"工作原理，存储程序的思想即程序和数据一样存放在存储器中，其工作原理如图 1-3-2 所示。

图 1-3-2　计算机系统的工作原理

图中实线为程序和数据，虚线为控制命令。计算步骤的程序和计算中需要的原始数据在控制命令的作用下通过输入设备送入计算机的存储器。当计算开始的时候，在取指令的作用下把程序指令逐条送入控制器。控制器向存储器和运算器发出取数命令和运算命令，运算器进行计算，然后控制器发出存数命令，计算结果存放回存储器，最后在输出命令的作用下通过输出设备输出结果。

下面对各个部分进行简要介绍。

（1）运算器。运算器是对数据进行加工处理的部件，它在控制器的作用下与内存交换数据，负责进行各类基本的算术运算、逻辑运算和其他操作。在运算器中含有暂时存放数据或结果的寄存器。运算器由算术逻辑单元（Arithmetic Logic Unit，ALU）、累加器、状态寄存器和通用寄存器等组成。ALU 是用于完成加、减、乘、除等算术运算，与或、非等逻辑运算，以及移位、求补等操作的部件。

（2）控制器。控制器是整个计算机系统的指挥中心，负责对指令进行分析，并根据指令的要求有序地、有目的地向各个部件发出控制信号，使计算机的各部件协调一致地工作。控制器由指令指针寄存器、指令寄存器、控制逻辑电路和时钟控制电路等组成。

寄存器也是 CPU 的一个重要组成部分，是 CPU 内部的临时存储单元。寄存器既可以存放数据和地址，又可以存放控制信息或 CPU 工作的状态信息。

（3）存储器。计算机系统的一个重要特征是具有极强的"记忆"能力，能够把大量的计算机程序和数据存储起来。存储器是计算机系统内最主要的记忆装置，既能接收计算机内的信息（数据和程序），又能保存信息，还可以根据命令读取已保存的信息。

存储器按功能可分为主存储器（简称主存）和辅助存储器（简称辅存）。主存是相对存取速度快而容量小的一类存储器，辅存则是相对存取速度慢而容量很大的一类存储器。

主存储器也称为内存储器，简称内存，它直接与 CPU 相连接，是计算机中主要的工作存储器，当前运行的程序与数据存放在内存中。

辅助存储器也称为外存储器，简称外存，计算机执行程序和加工处理数据时，外存中的信息按信息块或信息组先送入内存后才能使用，即计算机通过外存与内存不断交换数据的方式使用外存中的信息。

注意，当我们从理论上说计算机由五大部分组成时所说的存储器仅仅指内存储器。

（4）输入设备。将信息从外界传入到计算机系统中的设备，最常见的是鼠标和键盘。

（5）输出设备。将计算机系统中的信息传送到外部世界的设备，如显示器和打印机。

2. 常见计算机硬件介绍

（1）中央处理器（CPU）。中央处理器是计算机的大脑，计算机的运算、控制都是由它来处理的。它的发展非常迅速，从 80x86 发展到现在的 Pentium 4 和双核时代，只经过了 20 年的时间。从生产技术来说，最初的 8088 集成了 29000 个晶体管，而现代 CPU 则集成了几百万个晶体管。

CPU 的常见性能指标有：主频、内部缓存、字长。

1）主频。主频也叫时钟频率，单位是 MHz，用来表示 CPU 的运算速度。CPU 的主频=外频×倍频系数。很多人认为主频决定着 CPU 的运行速度，这是个片面的看法。主频表示在 CPU 内数字脉冲信号振荡的速度。在 Intel 的处理器产品中，我们也可以看到这样的例子：1GHz Itanium 芯片能够表现得差不多跟 2.66 GHz Xeon/Opteron 一样快，或是 1.5 GHz Itanium 2 大约跟 4 GHz Xeon/Opteron 一样快。CPU 的运算速度还要看 CPU 的流水线各方面的性能指标。

当然，主频和实际的运算速度是有关的，只能说主频仅仅是 CPU 性能表现的一个方面，而不代表 CPU 的整体性能。

2）内部缓存（Cache）。采用速度极快的 SRAM 制作，用于暂时存储 CPU 运算时最近的部分指令和数据，存取速度与 CPU 主频相同，内部缓存的容量一般以 KB 为单位。当它全速工作时，其容量越大，使用频率最高的数据和结果就越容易尽快进入 CPU 进行运算，CPU 工作时与存取速度较慢的外部缓存和内存间交换数据的次数越少，相对计算机的运算速度可以提高。

3）字长。字长是由数据总线宽度决定的，数据总线宽度决定了 CPU 一次可以存取的数据的位数，现在的 CPU 的字长已经开始向 64 位过渡。

当然，CPU 还有其他一些技术指标，如指令集、晶元体半径等，限于篇幅，这里不再详细展开。

（2）内存储器。内存一般指的是随机存取存储器，简称 RAM。前面提到的 Cache（采用 Static RAM，静态随机存取存储器）用作系统的高速缓存，而我们平常所提到的计算机的内存指的是动态内存，即 DRAM。除此之外，还有各种用途的内存，如显示卡使用的 VRAM、存储系统设置信息的 CMOS 等。总的来讲，可以按内存储器的读写性分为以下两种：

1）ROM（Read Only Memory，只读式存储器），此种内存常被用于存储重要的或机密的数据。理想上认为，此种类型的内存是只能读取的，而不允许擦写。ROM 中的数据是由设计者和制造商事先编制好固化在里面的一些程序，使用者不能随意更改。ROM 主要用于检查计算机系统的配置情况并提供最基本的输入/输出控制程序，如存储 BIOS 参数的 CMOS 芯片。

2）RAM（Random Access Memory，随机存取存储器），此种内存是我们最常接触的，它允许我们随机地读写内存中的数据。计算机上使用 RAM 来临时存储运行程序需要的数据，不过如果计算机断电后，这些存储在 RAM 中的数据将全部丢失。RAM 内存储器主要用在计算机中作为内存条使用，常见的内存条类型包括：SDRAM、DDR、DDRII 等，其中每种类型的内存条又根据工作频率的不同分成许多型号，如 DDR 400。

　　内存 RAM 的特点是读写速度较快，但是停电后内容全部丢失，这就需要另一种存储器——外存储器。外存储器分为硬盘、软盘、光盘等。

　　（3）硬盘。硬盘是一种最为常见的外存储器，它好比是数据的外部仓库一样。计算机除了要有"工作间"，还要有专门存储东西的仓库。硬盘由金属材料涂上磁性物质的盘片与盘片读写装置组成。这些盘片与读写装置（驱动器）是密封在一起的。硬盘的尺寸有 5.25 英寸、3.5 英寸和 1.8 英寸等。有一类硬盘还可以通过并行口连接，是一种方便移动的硬盘。

　　硬盘的存储速度比起内存来说要慢，但存储容量要大得多，存储容量可以用兆字节（MB）或吉字节（GB）来表示，1GB=1024MB。目前，家用电脑的硬盘的大小有 60GB、80GB、120GB 等。

　　硬盘的常见性能指标如下：

　　1）硬盘的转速（Spindle Speed）。硬盘的转速是指硬盘主轴电机的转动速度，一般以每分钟多少转来表示（RPM）。硬盘的主轴马达带动盘片高速旋转，产生浮力使磁头飘浮在盘片上方。要将所要存取数据的扇区带到磁头下方，转速越快，等待时间也就越短。随着硬盘容量的不断增大，硬盘的转速也在不断提高。然而，转速的提高也带来了磨损加剧、温度升高、噪声增大等一系列负面影响。

　　2）硬盘的数据传输率（Data Transfer Rate，DTR）。数据传输率又包括了外部数据传输率（External Transfer Rate，又称突发传输速率）和内部数据传输率（Internal Transfer Rate）两种。

　　3）硬盘缓存。缓存是硬盘与外部总线交换数据的场所。硬盘读数据的过程是将要读取的数据存入缓存，等缓存中填充满数据或者要读取的数据全部读完后再从缓存中以外部传输率传向硬盘外的数据总线。可以说它起到了内部和外部数据传输的平衡作用。可见，缓存的作用是相当重要的。目前主流硬盘的缓存主要有 8MB 和 2MB 两种，一般以 SDRAM 为主。根据写入方式的不同，有写通式和回写式两种。现在的多数硬盘都采用回写式。

　　4）硬盘接口。常见的硬盘接口有 IDE、SATA、SCSI 等类型。

　　（4）光盘。和硬盘利用磁存储技术不同，光盘主要采用光存储技术。光存储方式有别于计算机技术中常用的磁存储方式，是一种通过光学的方法读写数据的技术。光盘的特点是数据不易丢失、使用寿命长、存储容量大、价格便宜。

　　按照物理格式，光盘大致可分为以下两类：

　　1）CD 系列。CD-ROM 是这种系列中最基本的保持数据的格式。CD-ROM 包括可记录的多种变种类型，如 CD-R、CD-MO 等。

　　2）DVD 系列。DVD-ROM 是这种系列中最基本的保持数据的格式。DVD-ROM 包括可记录的多种变种类型，如 DVD-R、DVD-RAM、DVD-RW 等。

　　按照读写限制，光盘大致可分为以下三类：

　　1）只读式。只读式光盘以 CD-ROM 为代表，当然 CD-DA、V-CD、DVD-ROM 等也都是只读式光盘。对于只读式光盘，用户只能读取光盘上已经记录的各种信息，但不能修改或写入新的信息。

2）一次性写入，多次读出式。目前这种光盘以 CD-R（Recordable）为主。

3）可读写式。目前市场上出现的可读写光盘主要有磁光盘（MOD，Magneto - Optical Disk）和相变盘（PCD，Phase Change Disk）两种。

（5）软盘。软盘全称软磁盘（Floppy Disk），是在早期计算机上使用用来转移数据的一种载体。软盘的存储容量较小，且随着U盘等移动存储器的出现，软盘已在 20 世纪 90 年代后期逐渐被淘汰。

软盘分为 5 英寸和 3.5 英寸两种。前者因盘体大且容量小，早已经被淘汰了。后者虽然比 5 英寸小得多，而且容量也较前者大，但仍然不能满足计算机快速发展带来的大容量数据交换的需求。在 U 盘出现后，迅速地被其代替了。

软盘都有一个塑料外壳，比较硬，作用是保护里边的盘片。盘片上涂有一层磁性材料（如氧化铁），它是记录数据的介质。在外壳和盘片之间有一层保护层，防止外壳对盘片的磨损。

软盘提供了一种简单的写保护方法，3.5 英寸盘是靠一个方块来实现的，拨下去，打开方孔就是写保护了；反之就是打开写保护，这时可以往软盘中写入数据。

（6）键盘。键盘是最常用也是最主要的输入设备，通过键盘，可以将英文字母、数字、标点符号等输入到计算机中，从而向计算机发出命令、输入数据等。

键盘接口是指键盘与电脑主机之间相连接的接口方式。目前常见的键盘接口有两种：PS/2 接口和 USB 接口。PS/2 接口是一种 6 针的圆型接口，是 ATX 主板的标准接口，也是目前应用最为广泛的键盘接口之一。USB 接口支持热插拔，具有即插即用的优点。USB 接口有三个规范，即 USB1.1、USB2.0 和 USB3.0。二者在使用上差别不大，PS/2 接口兼容性更好些，而 USB 接口使用更方便些。

（7）鼠标。在图形操作系统的界面下，我们需要使用鼠标来移动显示器上的光标进行相应的操作。鼠标一般有两键和三键两种类型，如果按原理分，还可以分为机械鼠标和光电鼠标。鼠标的接口一般有两种：PS/2 和 USB。

（8）扫描仪。扫描仪（Scanner）是一种高精度的光电一体化的高科技产品，它是将各种形式的图像信息输入计算机的重要工具，是继键盘和鼠标之后的第三代计算机输入设备，是功能极强的一种输入设备。人们通常将扫描仪用于计算机图像的输入，而图像形式是一种信息量最大的形式。从最直接的图片、照片、胶片到各类图纸、图形以及各类文稿资料都可以用扫描仪输入到计算机中进而实现对这些图像形式的信息的处理、管理、使用、存储、输出等。

扫描仪主要由光学部分、机械传动部分和转换电路三部分组成。扫描仪的核心部分是完成光电转换的光电转换部件。目前大多数扫描仪采用的光电转换部件是感光器件（包括 CCD、CIS 和 CMOS）。

1）扫描仪的分类。扫描仪的种类繁多，根据扫描介质和用途的不同，目前市面上的扫描仪大体上分为：平板式扫描仪、名片扫描仪、底片扫描仪、馈纸式扫描仪、文件扫描仪。除此之外还有手持式扫描仪、鼓式扫描仪、笔式扫描仪、实物扫描仪和 3D 扫描仪。

2）扫描仪的发展趋势。目前扫描仪已广泛应用于各类图形图像处理、出版、印刷、广告制作、办公自动化、多媒体、图文数据库、图文通讯、工程图纸输入等许多领域，极大地促进了这些领域的技术进步，甚至使一些领域的工作方式发生了革命性的变革。

3）光学分辨率。光学分辨率是指扫描仪物理器件所具有的真实分辨率。扫描仪的光学分辨率是用两个数字相乘，如 600×1200dpi，其中前一个数字代表扫描仪的横向分辨率，后面一个数字代表扫描仪的纵向分辨率或是机械分辨率，但由于各种机械因素的影响，扫描仪的实际精度（步进电机的精度）远远达不到横向分辨率的水平。一般来说，扫描仪的纵向分辨率是横向分辨率的两倍，有时甚至是四倍，如 600×1200dpi。但有一点要注意：有的厂家为了显示自己的扫描仪精度高，将 600×1200dpi 写成 1200×600dpi，因此在判断扫描仪光学分辨率时，应以最小的一个为准。

（9）显示器。显示器是计算机系统中最重要的输出设备，也是我们实际使用计算机必不可少的一部分。

显示器有多种分类方法：按能显示的色彩种类的多少，可分为单色显示器和彩色显示器；按显示器件的不同，有阴极射线管显示器（CRT），液晶显示器（LCD），发光二极管（LED）、等离子体（PDP）、荧光（VF）等平板显示器；按显示方式的不同，有图形显示方式的显示器和字符显示方式的显示器；按照显像管外观不同，有球面屏幕、平面直角屏幕、柱面屏幕等几种。但是在实际使用显示器的时候，通常是按不同的阴极射线管来分，目前市面上最多的是CRT 显示器和液晶显示器（LCD）。

显示器的技术指标主要有以下两个：

1）使用分辨率。显示器的各种尺寸因素中，分辨率才是和实际应用直接相关的一个。在它的基础上，综合屏幕尺寸、点距和带宽等因素，我们提出"使用分辨率"的概念，它是指一台显示器能够满足正常使用要求的分辨率大小。通过一些简单而直观的条件我们就可以判断出一台显示器的实际"使用分辨率"，从而绕开那些复杂的数字游戏而直接切中问题的要害。

对于 CRT 来说，标称的最高分辨率往往没有实际应用价值，能够满足以下条件的方可称为"使用分辨率"：支持 85MHz～100MHz 以上的屏幕刷新率，以保证使用者的视力不受影响；足够舒适的文字大小和足够清晰的文字效果；图像无失真和丢失细节的现象（这些条件是否满足需要通过选购者的主观判断）。CRT 显示器的使用分辨率可能不止一个，但过小的分辨率和过大的分辨率一样不适合作为"使用分辨率"。而对于 LCD 来说，标准分辨率即是其唯一的"使用分辨率"。

2）显示器带宽。带宽是显示器显示能力的综合指标，以 MHz 为单位，是每秒钟每条扫描线上显示的频点数的总和，表明了显示器的显示能力，带宽越大，所支持的分辨率和刷新频率也越大。17 英寸普及型显示器的带宽一般为 108MHz 左右，高端的可以达到 203MHz。当然带宽越高的显像管成本也越高，因此一般 108MHz 带宽的显示器就足够了。

60MHz 的屏幕刷新率对人眼来说是一个临界点，当刷新率高于这个指标时则感觉不到闪烁，不过鉴于当前的技术，我们还是推荐使用不低于 85MHz 的刷新率。

（10）打印机。打印机也是计算机系统中非常重要的输出设备，显示器可以查看计算机系统的信息，但是断电之后不能保存，打印机则可以把计算机系统的信息输出到纸质介质保存。

从打印机的原理上来说，市面上较常见的打印机大致分为喷墨打印机、激光打印机和针式打印机。与其他类型的打印机相比，激光打印机有着较为显著的几个优点，包括打印速度快、打印品质好、工作噪声小等，而且随着价格的不断下调，现在已经广泛应用于办公自动化（OA）和各种计算机辅助设计（CAD）系统领域，成为了打印机的主流。

随着打印机的发展，国内激光打印机市场占有份额较多的有：惠普（HP）、爱普生（EPSON）、佳能（CANON）、利盟（LEXMARK）、柯尼卡美能达（KONICA MINOLTA）、富士施乐（XEROX）、联想（LENOVO）、方正（FOUNDER）等品牌。

打印机的技术参数主要有以下几个：

1）分辨率。所有厂家都用 dpi 来表示分辨率，是一种行业标准。它本身表现了在每英寸的范围内喷墨打印机可打印的点数。单色打印时，dpi 值越高打印效果越好，而彩色打印时情况比较复杂。通常打印质量的好坏要受 dpi 值和色彩调和能力的双重影响。由于一般彩色喷墨打印机的黑白打印分辨率与彩色打印分辨率可能会有所不同，所以选购时一定要注意看商家告诉你的分辨率是哪一种分辨率，是否是最高分辨率。微立升也是衡量一台打印机好坏的一个指标，即 1 微立升代表每一滴墨水的体积，微立升只是一个容量单位。

2）打印速度。喷墨打印机的打印速度一般以每分钟打印的页数（PPM，Page Per Minute）来统计。但因为每页的打印量并不完全一样，所以这个数字一定不会准确，只是一个平均数字。

3）几色打印。按使用的墨水的颜色可以分为彩色和黑白，彩色又可以分为 4 色、6 色和 8 色，一般照片级打印机配备的都是 6 色以上的打印墨盒。一般来说，墨盒的色彩数越多打印出来的照片的层次感就越丰富。

4）接口。目前市场上打印机产品的主要接口类型包括常见的并行接口和 USB 接口。USB 接口依靠其支持热插拔和输出速度快的特性，在打印机接口类型中迅速崛起。也有使用 IEEE 1394 接口的，如 CANON 的 MP 150 等。

1.3.3　软件系统的组成

1. 计算机软件系统的层次

计算机软件系统是计算机系统的重要组成部分，是为运行、维护、管理、应用计算机所编制的所有程序和支持文档的总和。计算机软件系统由系统软件和应用软件两大类组成。应用软件必须在系统软件的支持下才能运行。没有系统软件，计算机无法运行；有系统软件而没有应用软件，计算机还是无法解决实际问题。图 1-3-3 所示是计算机软件系统的构成示意图。

图 1-3-3　计算机软件系统的构成

2. 系统软件

系统软件是管理、监控和维护计算机资源的软件，是用来扩大计算机的功能、提高计算机的工作效率、方便用户使用计算机的软件，人们借助于软件来使用计算机。系统软件是计算机正常运转不可缺少的，一般由计算机生产厂家或专门的软件开发公司研制，出厂时写入 ROM 芯片或存入磁盘（供用户选购）。任何用户都要用到系统软件，其他程序都要在系统软件的支持下运行。

系统软件主要分为操作系统软件（软件的核心）、各种语言处理程序和各种数据库管理系统三类。

（1）操作系统。系统软件的核心是操作系统。操作系统是由指挥与管理计算机系统运行的程序模板和数据结构组成的一种大型软件系统，其功能是管理计算机的软硬件资源和数据资源，为用户提供高效、全面的服务。正是由于操作系统的飞速发展，才使计算机的使用变得简单而普及。

操作系统是管理计算机软硬件资源的一个平台，没有它，任何计算机都无法正常运行。在个人计算机发展史上曾出现过许多不同的操作系统，其中最为常用的有五种：DOS、Windows、Linux、UNIX 和 OS/2。

（2）语言处理程序。语言处理程序包括机器语言处理程序、汇编语言处理程序和高级语言处理程序。这些语言处理程序除个别常驻在 ROM 中可以独立运行外，其余都必须在操作系统的支持下运行。

1）机器语言。机器语言是指机器能直接识别的语言，它是由"1"和"0"组成的一组代码指令。例如 01001001，作为机器语言指令，可能表示将某两个数相加。由于机器语言比较难记，所以基本上不能用来编写程序。

2）汇编语言。汇编语言是由一组与机器语言指令——对应的符号指令和简单语法组成的。例如，"ADD A,B"表示将 A 与 B 相加后存入 B 中，它可能与上例机器语言指令 01001001 直接对应。汇编语言程序要由一种"翻译"程序来将它翻译为机器语言程序，这种翻译程序称为汇编程序。任何一种计算机都配有只适用于自己的汇编程序。汇编语言适用于编写直接控制机器操作的低层程序，它与机器密切相关，一般人很难使用。

3）高级语言。高级语言比较接近日常用语，对机器依赖性低，是适用于各种机器的计算机语言。目前，高级语言已发明出数十种，几种常用的高级语言如表 1-3-1 所示。

表 1-3-1　常用的几种高级语言

名称	功能
BASIC 语言	一种最简单易学的计算机高级语言，许多人学习基本的程序设计就是从它开始的。新开发的 Visual Basic 具有很强的可视化设计功能，是重要的多媒体编程工具语言
FORTRAN 语言	一种非常适合于工程设计计算的语言，它已经具有相当完善的工程设计计算程序库和工程应用软件
C 语言	一种具有很高灵活性的高级语言，它适合于各种应用场合，所以应用非常广泛
Java 语言	这是近几年才发展起来的一种新的高级语言。它适应了当前高速发展的网络环境，非常适合用作交互式多媒体应用的编程，它简单、性能好、安全性好、可移植性强

有两种翻译程序可以将高级语言所写的程序翻译为机器语言程序，一种叫编译程序，一种叫解释程序。

编译程序把高级语言所写的程序作为一个整体进行处理，编译后与子程序库链接，形成一个完整的可执行程序。这种方法的缺点是编译、链接较费时，但可执行程序运行速度很快。FORTRAN 和 C 语言等都采用这种编译方法。

解释程序则对高级语言程序逐句解释执行。这种方法的特点是程序设计的灵活性大，但程序的运行效率较低。BASIC 语言本来属于解释型语言，但现在已发展为也可以编译成高效的可执行程序，兼有两种方法的优点。而 Java 语言是先编译为 Java 字节码，在网络上传送到任何一种机器上之后，再用该机所配置的 Java 解释器对 Java 字节码进行解释执行。

（3）数据库管理系统。数据库是以一定的组织方式存储起来的、具有相关性的数据的集合。数据库管理系统就是在具体计算机上实现数据库技术的系统软件，由它来实现用户对数据库的建立、管理、维护和使用等功能。目前在计算机上流行的数据库管理系统软件有 Oracle、SQL Server、DB2、Access 等。

3. 应用软件

为解决计算机各类问题而编写的程序称为应用软件。它又可分为应用软件包和用户程序。应用软件随着计算机应用领域的不断扩展而与日俱增。

（1）用户程序。用户程序是用户为了解决特定的具体问题而开发的软件。编制用户程序应充分利用计算机系统的各种现成软件，在系统软件和应用软件包的支持下可以更加方便、有效地研制用户专用程序。例如火车站或汽车站的票务管理系统、人事部门的人事管理系统和财务部门的财务管理系统等。

（2）应用软件包。应用软件包是为实现某种特殊功能而经过精心设计的、结构严密的独立系统，是一套满足同类应用的许多用户所需要的软件。

应用软件根据用途的不同又分为很多类型，例如 Microsoft 公司发布的 Office 应用软件包，包含 Word（字处理）、Excel（电子表格）、PowerPoint（幻灯片）等应用软件，是实现办公自动化很好的应用软件包。另外，还有日常使用的杀毒软件（KV3000、瑞星、金山毒霸等），以及各种游戏软件等。

1.4 计算机病毒

 基础知识

1.4.1 计算机病毒的定义

关于计算机病毒目前还没有一个公认的定义，因为从不同的角度有不同的认识。我国公安部计算机安全监察司对计算机病毒的定义是：计算机病毒是指编制或者在计算机程序中插入的破坏计算机功能或者毁坏数据，影响计算机使用，并能自我复制的一组计算机指令或者程序代码。

1.4.2 计算机病毒的特点

1. 计算机病毒是一段可执行的程序

病毒程序和其他合法程序一样，可以直接或间接地运行。最可怕之处是它能隐蔽在正常可执行程序或数据文件中而不易被察觉。

2．计算机病毒的传染性

病毒程序一旦进入系统，就会与系统中的程序连在一起，运行被传染的程序之后又会传染其他程序。于是很快波及整个系统乃至计算机网络。

3．计算机病毒的潜伏性

这是指病毒程序具有依附于其他程序的寄生能力，它能隐蔽在合法文件中几个月甚至是几年，存在时间越长，传染范围就越大。

4．计算机病毒的可触发性

病毒程序一般都有一个触发条件，在一定条件下激活传染机制而对系统发起攻击。

5．计算机病毒的破坏性

病毒程序的破坏性取决于病毒程序设计者，重者能破坏系统的正常运行，毁掉系统内部数据；轻者能降低系统的工作效率。

6．计算机病毒的衍生性

病毒程序往往由几部分组成，修改其中的某个模块能衍生出新的不同于原病毒的计算机病毒。

1.4.3　计算机病毒的分类

计算机病毒的分类方法多种多样，但按病毒的传染渠道来分类最为人们所接受。

1．引导区传染的病毒

主要是用计算机病毒取代正常的引导记录，而将正常的引导记录挪至其他存储空间。由于引导记录在系统一开机时就得到了执行，所以这种病毒在一开始就获得了控制权，传染性较大。

2．操作系统传染的计算机病毒

操作系统是任何一个计算机运行的支持环境，该病毒就是利用操作系统的这一特性将病毒寄生在正常的系统模块中或与系统中的某些模块进行链接，从而使系统染上病毒，从系统一级寻找可传染的宿主程序进行传染，这种病毒目前相当广泛。

3．一般应用程序传染的计算机病毒

这种病毒以应用程序为攻击对象，将病毒寄生在应用程序中并获得控制权，注入内存并寻找可以传染的对象进行传染。由于目前各种应用软件很多，所以这种病毒入侵的可能性相当大。

4. BIOS 病毒

长期以来，人们一直认为病毒只能攻击软件，然而在 1999 年出现了一种名为 CIH 的病毒，在全球造成不小的轰动。它能感染系统设置程序。这意味着病毒程序可能控制硬件工作环境，发作时除了破坏 BIOS 外，还会破坏硬盘数据，格式化硬盘，烧坏主板与 CPU。

1.4.4　预防计算机病毒

就像预防疾病一样，对计算机病毒应着重于预防，下面给出几种简单的预防方法。

（1）经常做文件备份，重要的文件要多备几份。

（2）一旦确认系统被病毒感染，先关闭系统，然后用带有写保护标签的原始 DOS 盘引导，并用该 DOS 盘上的 FORMAT.COM 程序将硬盘格式化，再重新安装系统，然后将新近做的数据和文件备份拷入硬盘。

（3）对不进行写操作的软盘都应该用写保护标签保护起来。

（4）将所有的*.COM 和*.EXE 文件赋以"只读"属性。

（5）不要随意将盘片借给他人，尤其是原始系统盘。

（6）能从硬盘引导系统，就绝不用软盘引导。

（7）不要随意让他人使用你的系统，更不要随意让他人使用未经检测的软盘。

1.5　键盘的使用

基础知识

1.5.1　键盘简介

1. 键盘的构成

计算机键盘是计算机系统最重要的输入设备，常用的键盘有 101 键盘或 104 键盘，如图 1-5-1 所示。

键盘分成四个区：

（1）主键盘区：在键盘左下部，由字母键、数字键和控制键组成。

字母键：26 个（A～Z）

数字键：10 个（0～9）

符号键：21 个，可输入常用的 32 个符号，如+、%、@等，其中有 10 个符号键与数字键位于同一键位上，位于上部的字符称为上挡键，位于下部的字符称为下挡键。输入上挡键时，要先按住 Shift 键，再键入上部的字符。

功能键区

主键盘区　　　　　　　　控制键区　　小键盘区

图 1-5-1　标准 104 键盘示意图

主键盘区中还有一些具有特殊功能的键，其功能如表 1-5-1 所示。

表 1-5-1　主键盘区中的特殊键及其功能

键名	功能
Caps Lock	大小写转换键
Backspace	退格键，删除光标左边的一个字符
Space	空格键，用于输入空位
Tab	表格键，将光标移到下一个制表位
Shift	换挡键（2 个），用于输入上挡字符，也用于组合键
Ctrl	组合键（2 个），只能与其他键组合使用
Alt	组合键（2 个），只能与其他键组合使用
Enter	回车键，常用于命令执行或确认操作

（2）功能键区：包括 F1～F12 和 Esc 键，它们在不同的应用软件中具有不同的功能定义。

（3）控制键区：共有 13 个键，←↑↓→键控制光标向左、上、下、右四个方向移动，其余控制键的功能如表 1-5-2 所示。

表 1-5-2　控制键区中的特殊键及其功能

键名	功能	键名	功能
Insert	插入/改写切换键	Delete	删除光标右边的字符
Home	移动光标至行首	End	移动光标至行尾
PageDown	后翻一页	PageUp	前翻一页
PrintScreen	屏幕拷贝	Scroll Lock	锁定屏幕
Pause	暂停屏幕显示		

（4）小键盘区：又称数字键区，共有 17 个键，其中 Num Lock 是数字转换键，按下此键（灯亮），表示可以使用数字键输入数字。

2．复合键的使用

在键盘的操作过程中，有时是单键操作，有时是多个键同时操作，我们把同时进行两键或三键的操作称为复合键的操作。下面是一些复合键的含义：

Ctrl+Alt+Del：表示要同时操作三个键，其含义在 DOS 中是重新启动 DOS（又称热启动），在 Windows 中是弹出"关闭程序"窗口。

Shift+字母键：在小写字母状态下，表示要输入大写字母；在大写字母状态下，表示要输入小写字母。

Shift+数字键：表示要输入上挡键的字符，如 Shift+5 输入的是"%"符号。

1.5.2　键盘输入的基本方法

1．键盘操作指法

键盘操作指法如图 1-5-2 所示。

图 1-5-2　键位指法分工图

在键盘录入过程中，基准键的作用是很重要的。它主要用于确定除拇指以外双手各指的基本停放位置，并作为敲击其他键时的参照位置。

2．正确的操作姿态

（1）操作时，挺胸收腹，双脚自然地踏放在地板上。

（2）两肩放松，两臂自然下垂，手肘与手腕抬起。

（3）手掌与键面保持平行，手指自然弯曲，并轻轻放在八个基准键位上；左右手拇指放在空格键上。

3．录入方法

（1）在击某键时，手指垂直向下弹击，动作快而有弹性，并且其他各手指要微微抬起，避免带键。

（2）在击完除基准键以外的其他各键后，手指应立即返回到基准键位。

（3）在击键过程中，眼睛不看键盘只看原稿，并且用心去体会各键的键位方向和位置。

实训　指法练习

一、实训目的

1．熟悉键盘的分布结构。
2．掌握正确的操作姿势和录入方法。
3．熟练各手指指法。

二、实训内容

1．基准键练习
2．食指指法练习
3．中指指法练习
4．无名指指法练习
5．小手指指法练习
6．综合练习

三、实训步骤

【实例】要求在 Windows 的写字板或记事本中输入下面给出的文本，进行指法练习。

▶步骤◀◀◀

1．基准键练习

```
jfks    adjl    sfk;    k;ld    djks    jkal    fksa    ;sld    dka;
jfks    adjl    sfk;    k;ld    djks    jkal    fksa    ;sld    dka;
```

2．食指指法练习

thrn	gutb	gfhr	fuhg	ghty	tybn	hyut	tyru	nuby
uvtm	nutb	vbht	urmv	nybt	nmbv	nuby	btny	mytv

3．中指指法练习

deik	cdk,	kedc	idke	ieck	,fck	deck	kide	edic
eki,	kiec	dkce	id,e	ekcd	dkei	c,ke	kice	id,e

4．无名指指法练习

lowx	soxl	xows	lwos	xlo.	s.lw	osxw	wosx	.wox
slow	wx.o	los.	swox	lwso	wsol	s.xw	lowx	xow.

5．小手指指法练习

/z/	/psq	quzp	quzp	f/wq	pzpq	p/q/	zp/q	q/pz
zp/	q/qp	/pzp	zp/q	qap;	;qaz	qap;	;a/q	qa;/

6．综合练习

College of Business Administration
ChongqingUniversity
Chongqing 400030
People's Republic of China
Dec.27, 2005

Dear Davie,

Belatedly, I wish to express my appreciation for the courtesies you extended to me while I was in New York last week.

Thanks to you, my visit to New York turned out to be very successful. Among other things, I found the meeting I had with local businessmen particularly interesting and stimulating, and I wish to thank you most sincerely for the efforts you put into organizing that meeting for me. It was certainly one of the highlights of my entire one-week trip to the U.S.

Again, thank you very much for your hospitality. I hope I will have the opportunity of reciprocating your kindness in the near future.

Sincerely yours,

Jack Wang

---

1. 1 分钟测试题。

测试题一	Sometimes I am good,	20
	Sometimes I'm bad.	38
	When I'm good, my mom is glad,	67
	When I'm bad, my mom is mad.	94
	So I try to be good.	114

测试题二	Flower in the crannied wall,	28
	I pluck you out of the crannies,	60
	I hold you here, root and all, in my hand.	100
	Little flower-but if I could understand	139
	What you are, root and all, and all in all,	180

2. 2 分钟测试题。

测试题一	On the day of our final exam, we heard that the bookstore had changed its policy and would buy back our college English textbooks. Before class, several of us dashed over to the store and sold our books. 　　We were seated and waiting for the test when our professor announced that, considering the difficulty of the final,it would be an open-book exam.

测试题二	Bill Gates, Lou Gerstner, and a regular guy are taken hostage by terrorists. The terrorists tell them that they will be executed by firing squad one at a time. First, though, each of them can have a last drink and make a short speech. 　　Gates says,"I want a white wine,and I want to tell everyone about the Windows operating system." 　　Gerstner says, "I'll have a martini, and the chance to tell everyone about the benefits of IBM and OS/2 Warp." 　　The guy says, "I'll have a beer,and please shoot me first."

3. 查询记事本、写字板、画图等应用程序的帮助信息。

学习帮助

> 　　1．在进行指法训练时，要注意循序渐进，不要操之过急。先进行各手指的分工练习，并反复练习，熟练后再进行综合练习。
> 　　2．击键时，力求准确、有节奏，逐步加深自己的键位感和节奏感，直至熟练击键。
> 　　3．在练习过程中，要边练习边记忆各键位中相应的符号。
> 　　4．要提高录入速度，必须多花时间练习，同时可采用打字软件配合练习，如金山打字通、TT 软件等。

🔑 自测题

一、选择题

1. CAI 表示（　　　）。

 A．计算机辅助设计 　　　　　　　　B．计算机辅助制造

 C．计算机辅助教学 　　　　　　　　D．计算机辅助军事

2. 计算机的应用领域可大致分为 5 个方面，下列选项中属于这几方面的是（　　　）。

 A．计算机辅助教学、专家系统、人工智能

 B．工程计算、数据结构、文字处理

 C．实时控制、科学计算、数据处理

 D．数值处理、人工智能、操作系统

3. 世界上公认的第一台计算机 ENIAC 诞生于（　　　）。

 A．1956 年　　　　B．1964 年　　　　C．1946 年　　　　D．1954 年

4. 以电子管为电子元件的计算机属于第（　　　）代。

 A．1　　　　　　B．2　　　　　　C．3　　　　　　D．4

5. 以下选项中（　　　）不是计算机的特点。

 A．运算速度快　　B．存储容量大　　C．具有记忆能力　　D．永远不出错

6. 二进制数 110000 转换成十六进制数是（　　　）。

 A．77　　　　　　B．D7　　　　　　C．7　　　　　　D．30

7. 与十进制数 4625 等值的十六进制数为（　　　）。

 A．1211　　　　　B．1121　　　　　C．1122　　　　　D．1221

8. 下列 4 种不同数制表示的数中，数值最小的一个是（　　　）。

 A．八进制数 247 　　　　　　　　　B．十进制数 169

 C．十六进制数 A6 　　　　　　　　　D．二进制数 10101000

9. 下列字符中，其 ASCII 码值最大的是（　　　）。

 A．NUL　　　　　B．B　　　　　　C．g　　　　　　D．p

10. 存储 400 个 24×24 点阵汉字字型所需的存储容量是（　　）。

    A．255KB   B．75KB   C．37.5KB   D．28.125KB

11. 某汉字的机内码是 B0A1H，它的国标码是（　　）。

    A．3121H   B．3021H   C．2131H   D．2130H

12. 计算机之所以能按人们的意志自动进行工作，最直接的原因是采用了（　　）。

    A．二进制数制   B．高速电子元件

    C．存储程序控制   D．程序设计语言

13. 微型计算机主机的主要组成部分是（　　）。

    A．运算器和控制器   B．CPU 和内存储器

    C．CPU 和硬盘存储器   D．CPU、内存储器和硬盘

14. 一个完整的计算机系统应该包括（　　）。

    A．主机、键盘和显示器   B．硬件系统和软件系统

    C．主机和它的外部设备   D．系统软件和应用软件

15. 计算机的软件系统包括（　　）。

    A．系统软件和应用软件   B．编译系统和应用软件

    C．数据库管理系统和数据库   D．程序、相应的数据和文档

16. 微型计算机中，控制器的基本功能是（　　）。

    A．进行算术和逻辑运算   B．存储各种控制信息

    C．保持各种控制状态   D．控制计算机各部件协调一致地工作

17. 计算机操作系统的作用是（　　）。

    A．管理计算机系统的全部软、硬件资源，合理组织计算机的工作流程，以充分发挥
计算机资源的作用，为用户提供使用计算机的友好界面

    B．对用户存储的文件进行管理，方便用户

    C．执行用户键入的各类命令

    D．为汉字操作系统提供运行的基础

18. 计算机的硬件主要包括：中央处理器（CPU）、存储器、输出设备和（　　）。

    A．键盘   B．鼠标   C．输入设备   D．显示器

19. 下列各组设备中，完全属于外部设备的一组是（　　）。

    A．内存储器、磁盘和打印机   B．CPU、软盘驱动器和 RAM

    C．CPU、显示器和键盘   D．硬盘、软盘驱动器、键盘

20. RAM 的特点是（　　）。

    A．断电后，存储在其内的数据将会丢失

    B．存储器内的数据将永远保存

    C．用户只能读出数据，但不能随机写入数据

    D．容量大但存取速度慢

21. 计算机存储器中，组成一个字节的二进制位数是（　　）。

    A．4   B．8   C．16   D．32

22. 微型计算机硬件系统中最核心的部件是（　　）。

    A．硬件   B．I/O 设备   C．内存储器   D．CPU

23．无符号二进制整数 10111 转换成十进制整数，其值是（　　）。
　　A．17　　　　　B．19　　　　　C．21　　　　　D．23
24．一条计算机指令中，通常应包含（　　）。
　　A．数据和字符　　　　　　　B．操作码和操作数
　　C．运算符和数据　　　　　　D．被运算数和结果
25．KB（千字节）是度量存储器容量大小的常用单位之一，1KB 实际等于（　　）。
　　A．1000KB　　B．1024 个字节　C．1000 个二进制　D．1024 个字
26．计算机病毒破坏的主要对象是（　　）。
　　A．磁盘片　　　B．磁盘驱动器　C．CPU　　　　　D．程序和数据
27．下列叙述中，正确的是（　　）。
　　A．CPU 能直接读取硬盘上的数据　B．CPU 能直接存取内存储器中的数据
　　C．CPU 由存储器和控制器组成　　D．CPU 主要用来存储程序和数据
28．在计算机的技术指标中，MIPS 用来描述计算机的（　　）。
　　A．运算速度　　B．时钟频率　　C．存储容量　　　D．字长

二、简答题

1．简述计算机病毒的特点。
2．说说如何预防和查杀计算机病毒，你在使用计算机的过程中积累了哪些经验？

第 2 章　Windows 7 基础入门

本章简介

　　操作系统是计算机系统必不可少的一种系统软件。本章以常用的中文 Windows 7 为例，介绍了其界面的组成元素、基本操作、文件管理操作、中文输入方法等内容。由于本章的实践性很强，因此在每小节后面都配有相应的实训操作，以便初学者能更快地熟练使用 Windows 7 的基本功能。

学习目标

- ☞ 了解 Windows 7 界面的组成元素
- ☞ 掌握 Windows 7 的基本操作
- ☞ 重点掌握 Windows 7 的文件管理操作
- ☞ 掌握磁盘系统维护与管理的方法
- ☞ 了解控制面板的使用
- ☞ 掌握一种汉字输入法

2.1 Windows 7 的基本操作

 基础知识

2.1.1 Windows 7 操作系统简介

Windows 7 是由微软公司开发的操作系统，于 2009 年 10 月正式发布，可供家庭及商业工作环境、笔记本电脑、平板电脑、多媒体中心等使用。Windows 7 的主要版本有简易版、家庭普通版、家庭高级版、专业版、企业版、旗舰版。

1. Windows 7 系统特色

Windows 7 简单易用，能快速地使窗口最大化或半屏显示、快速实现跳转、快速修复系统故障等。

Windows 7 中，有非常强大的动态搜索功能，它能快速搜索 Windows 中的文档、图片、程序、Windows 帮助甚至网络等信息。无论是在"开始"菜单的搜索框中，还是在资源管理器的搜索框中，只要用户输入要搜索内容（应用程序、文本文档等）的第一个字符，搜索便立即开始，这大大地提高了搜索效率，给用户的操作带来极大的便利。

2. Windows 7 新增功能

Windows 7 桌面的新增功能可使用户更加轻松地组织和管理多个窗口。例如：使用 Snap 功能可轻松地排列桌面上的窗口并调整其大小；使用 Shake 功能可快速最小化除桌面上正在使用的窗口外的所有打开窗口。

在 Windows 7 的"开始"菜单中，新增的跳转列表可用于打开最近使用的项目；新增的库可按类型组织和访问文件，而不管其存储位置如何；新增的搜索框可快速查找存储在计算机上的文件、文件夹、程序以及电子邮件；新增的"关机"按钮可用来关闭所有打开的程序并关闭计算机。

Windows 7 任务栏的新增功能使用户能更轻松地管理和访问最重要的文件和程序。例如：可以重新排列和组织任务栏图标；可以使用 Aero Peek 功能预览其他打开的窗口的缩略图；可以将程序固定到任务栏；可以选择图标在通知区域是可见还是隐藏等；另外，将任务栏的最右端设计为"显示桌面"按钮，使操作更加方便。

2.1.2 Windows 7 的界面

1. 桌面和图标

桌面是打开计算机并登录到 Windows 7 之后看到的主屏幕区域。桌面上通常会有一些图标，图标是代表文件、文件夹、程序和其他项目的小图片。首次启动 Windows 7 时，桌面上至少能看到一个图标：回收站。也可能包含由计算机制造商或用户添加的图标。下面是一些常用的图标示例。

图 2-1-1　常用图标示例

2. 任务栏

任务栏是位于屏幕底部的水平长条。通过任务栏可以很轻松、便捷地管理、切换和执行各类应用。任务栏从左向右依次是"开始"按钮、快速启动区、任务显示区、输入法、通知区和"显示桌面"块，如图 2-1-2 所示。

图 2-1-2　任务栏

"开始"按钮用于打开"开始"菜单。

"快速启动区"用于显示最常用的程序图标按钮，单击该区的按钮可快速启动相应的应用程序。用户可以根据自己的需要，把经常使用的程序应用图标拖放到该区，或者把不常用的图标从该区中解除锁定。

"任务栏按钮"是每个正在使用的文件或应用程序在任务栏上的显示状态。单击这些按钮（或按 Alt+Tab 键或 Alt+Esc 键）可以切换到不同的应用程序窗口。如果将鼠标悬停在按钮上，将显示它们的缩略图，用户还可以直接从缩略图关闭窗口。

"通知区"包括一个时钟和一组图标。这些图标表示计算机上某程序的状态，或提供访问特定设置的途径。将指针移向特定图标时，会看到该图标的名称或某个设置的状态。例如，指向网络图标将显示有关是否连接到网络、连接速度以及信号强度的信息。单击某个图标会打开与其相关的程序或设置菜单。在 Windows 7 中可以选择哪些图标在通知区域始终保持可见，哪些图标隐藏在溢出区，且单击鼠标就能够访问这些隐藏图标，如图 2-1-3 所示。

单击可显示隐藏的图标

图 2-1-3　"显示隐藏的图标"按钮

"显示桌面"按钮移动到任务栏的最右端，这样可以更加方便操作。单击"显示桌面"按钮可显示桌面。在 Aero 主题下，用鼠标指向"显示桌面"按钮（不用单击）也可临时查看或快速查看桌面。当指向任务栏末端的"显示桌面"按钮时，所有打开的窗口都会淡出视图，以显示桌面。若要再次显示这些窗口，只需将鼠标移开"显示桌面"按钮。

3. 窗口的组成及操作

Windows 中的大部分应用程序启动后以窗口方式工作。在 Windows 7 中，窗口具有导航的作用，它可以帮助用户轻松地使用文件、文件夹和库。不同的窗口具有不同的功能，但多数窗口都具有一些相同的元素和一致的外观。典型的 Windows 7 窗口的组成如图 2-1-4 所示。

图 2-1-4　资源管理器窗口

窗口各部分组成元素的功能如表 2-1-1 所示。

表 2-1-1　窗口组成元素的含义

菜单栏	提供了用户在操作过程中要用到的各种访问途径
地址栏	地址栏位于每个已打开窗口顶部的搜索框旁边，显示当前所在的位置。单击地址栏中的位置可直接导航至该位置
工具栏	使用工具栏可以执行一些常见任务，比如更改文件和文件夹的外观、将文件刻录到 CD 或启动数字图片的幻灯片放映。工具栏的按钮可更改为仅显示相关的任务。例如，如果单击图片文件，则工具栏显示的按钮与单击音乐文件时不同
导航窗格	用于访问库、文件夹、保存的搜索结果，甚至可以访问整个硬盘。单击"收藏夹"部分可以打开最常用的文件夹和搜索；单击"库"部分可以访问库；单击"计算机"文件夹可以浏览硬盘上的文件夹和子文件夹

续表

"后退"和"前进"按钮	使用"后退"按钮和"前进"按钮可以导航至已打开的其他文件夹或库,而无需关闭当前窗口。这些按钮可与地址栏一起使用;例如,使用地址栏更改文件夹后,可以使用"后退"按钮返回到上一文件夹
列标题	使用列标题可以更改文件列表中文件的整理方式。例如,单击列标题的左侧以更改显示文件和文件夹的顺序,也可以单击右侧以采用不同的方法筛选文件。注意,只有在"详细信息"视图中才有列标题
文件列表	此处显示当前文件夹或库中的内容。如果在搜索框中键入内容来查找文件,则仅显示与当前视图相匹配的文件(包括子文件夹中的文件)
搜索框	能快速搜索 Windows 中的文档、图片、程序、Windows 帮助甚至网络等信息。Win7 系统的搜索是动态的,当在搜索框中输入第一个字时,Win7 的搜索就已经开始工作,大大提高了搜索效率。例如:当键入"A"时,所有名称以字母 A 开头的文件都将显示在文件列表中
详细信息窗格	使用详细信息窗格可以查看与选定文件关联的最常见属性。文件属性是关于文件的信息,如作者、上一次更改文件的日期,以及可能已添加到文件的所有描述性标记
滚动条	可通过拖动水平或者垂直的滚动条来查看窗格中所有的内容

窗口的基本操作如表 2-1-2 所示。

表 2-1-2　窗口的基本操作

操作类型	操作方法
打开窗口	双击某一图标可以打开一个窗口
移动窗口	方法 1:当拖动标题栏到桌面顶部边缘时,窗口自动变为全屏最大化 方法 2:当拖动标题栏到桌面的左侧或右侧,直到出现已展开窗口的轮廓,释放鼠标即可将窗口扩展为屏幕大小的一半
切换当前窗口	方法 1:单击任务栏中的窗口按钮 方法 2:按【Alt+Tab】键。此时屏幕上会出现一个显示提示框,其中显示所有已打开窗口的图标,每按一次【Tab】键,会在这些窗口图标中切换,被选中的窗口图标带有边框,松开组合键即切换到该窗口 方法 3:按【Alt+Esc】键。直接在各窗口中切换,不显示窗口图标 方法 4:直接单击要激活的窗口
最小化窗口	单击最小化按钮<img>可将窗口隐藏(即最小化)。窗口最小化后,仍然处于打开状态,并在任务栏上显示为按钮。如果要使最小化的窗口重新显示在桌面上,可单击其任务栏按钮
最小化所有窗口	右击任务栏空白处,在弹出的快捷菜单中选择"显示桌面"命令
最大化窗口	方法 1:单击最大化按钮<img>可使窗口填满整个屏幕 方法 2:双击窗口的标题栏 方法 3:当拖动标题栏到桌面的左侧或右侧,直到出现已展开窗口的轮廓,释放鼠标即可将窗口扩展为屏幕大小的一半
还原窗口	方法 1:单击还原按钮<img>可将最大化的窗口还原为以前的大小 方法 2:双击窗口的标题栏
关闭窗口	单击关闭按钮<img>

续表

操作类型	操作方法
调整窗口大小	方法 1：指向窗口的任意边框或角。当鼠标指针变成双箭头时，拖动边框或角可以缩小或放大窗口 方法 2：如果将窗口的上边缘或下边缘拖动到屏幕的顶部或底部，可使窗口扩展至整个桌面的高度，但窗口的宽度不变
浏览窗口信息	当窗口内不能显示完所有信息时，会出现垂直滚动条或水平滚动条，此时拖动滚动条或单击滚动按钮可以浏览信息
自动排列窗口	右击任务栏的空白区域，在弹出的快捷菜单中分别单击"层叠窗口"、"堆叠显示窗口"或"并排显示窗口"命令

4．对话框

在 Windows 7 中，对话框是一种特殊类型的窗口，用于请求用户输入信息、设置选项，或向用户提供信息，如图 2-1-5 所示。对话框的大小一般是不可调节的。

图 2-1-5　对话框的组成示例

除了上图所示的选项卡、单选按钮、复选框、列表框、命令按钮等控件以外，有些对话框中还包括文本框、数字框、下拉列表等。

5．菜单

菜单是一些命令的列表，每个菜单都有一个描述其整体目的和功能的名称。Windows 7 提供了不同的菜单，在这些菜单中列出了可供选择的若干命令，一个命令对应了一种操作。

（1）Windows 菜单的类型。

"开始"菜单：是计算机程序、文件夹和设置的主门户。它提供一个选项列表，通过它可以启动程序、打开常用的文件夹、搜索文件和文件夹、调整计算机设置、获取有关 Windows 操作系统的帮助信息、关闭计算机、注销 Windows 或切换到其他用户账户等，"开始"菜单的组成如图 2-1-6 所示。

显示计算机上程序的短列表。计算机制造商可以自定义此列表，所以其外观会有所不同

提供对常用文件夹、文件、设置和功能的访问、注销 Windows 或关闭计算机

指向"所有程序"可显示程序的完整列表

搜索框：通过键入搜索项可在计算机上查找程序序和文件

图 2-1-6　"开始"菜单

"下拉"菜单：位于窗口的菜单栏上，用于显示应用程序的各种命令。

"快捷"菜单：用鼠标右击对象时弹出的菜单，用于显示操作该对象的各种命令。

（2）菜单中的约定。

- 省略号（…）：表示选择该项后，在屏幕上会弹出一个对话框，需要用户提供进一步的信息。
- 三角形（▶）：表示鼠标指向该项后会弹出一个级联菜单（或称子菜单）。
- 灰色（暗淡）的命令名：表示该选项当前不可使用。
- 复选标记（√）：表示该项命令正在起作用，如果再次选择该命令，将删去标记，则该命令不再起作用。
- 键符或组合键符：表示该项命令的快捷键，使用快捷键可以直接执行相应的命令。

6. 跳转列表

Windows 7 为"开始"菜单和任务栏引入了一个新功能——"跳转列表"。跳转列表是最近的或经常打开的项目列表，如文件、文件夹或网站，这些项目按照用来打开它们的程序进行组织，它为用户打开这些程序提供了快捷的方式。右击任务栏上的"Windows 资源管理器"按钮，会弹出如图 2-1-7（左）所示的跳转列表；右击任务栏上的 Microsoft Word 按钮，会弹出如图 2-1-7（右）所示的跳转列表。

图 2-1-7　任务栏上应用程序的"跳转列表"示例

2.1.3　鼠标的使用

对于运行 Windows 系统的计算机来说，鼠标是重要的输入设备，Windows 7 的大多数操作可以通过键盘完成，但使用鼠标操作更方便、直观，也更能体现 Windows 系统便于使用的特点。

目前所使用的鼠标主要有三键鼠标和两键鼠标（鼠标上分别有三个或两个按键）两种。在 Windows 环境下，一般只使用鼠标的左、右两个按键，因而这两种鼠标均可使用。对于三键鼠标来说，中间的滚轮按键一般用于页面的前后滚动。

鼠标的操作主要有以下几种：

- 指向：移动鼠标，使屏幕上鼠标的指针指向所要操作的对象。
- 单击左键：用于选择对象。
- 双击左键：用于启动一个程序或打开一个窗口。
- 单击右键：用于弹出一个快捷菜单，以提供该对象的常用操作命令。
- 拖放：可用于移动选定的对象，其操作是：将鼠标指针指向一个对象，然后按住鼠标左键不放并移动鼠标到屏幕上的另一位置后放开左键。

2.1.4　计算机的注销与关闭

1．计算机的注销

Windows 7 提供注销的功能，能使用户不必重新启动计算机就可以实现多个用户的快速登录。注销会保存设置，关闭当前登录的用户。其操作方法是：单击"开始"菜单，指向"关机"

按钮旁的箭头，在出现的选项菜单中单击"注销"命令。

2．计算机的关闭

当用户不再使用计算机时，可选择安全关机，这样不仅是因为节能，而且还有助于使计算机更安全，并确保数据得到保存。

关闭计算机的方法：单击"开始"按钮→单击"关机"按钮。单击"关机"按钮后，计算机将关闭所有打开的程序以及 Windows 本身，然后再完全关闭计算机。

注意

关机不会保存正在编辑的文件，用户必须首先保存自己的文件。

如果用户的计算机已设置了自动更新，并且已经准备安装更新，则"关机"按钮的外观显示为： 关机 ，此时，单击"关机"按钮时，Windows 首先安装更新，然后关闭计算机。

如果是笔记本电脑，用户可以设置合上盖子或按电源按钮来关闭计算机或是进入睡眠状态。

技能训练

实训 1 Windows 7 的基本操作

一、实训目的

1．Windows 7 的启动和退出。
2．掌握图标、菜单、窗口、对话框的基本操作。
3．会创建和使用快捷方式。

二、实训内容

1．Windows 7 的启动
2．Windows 7 的退出
3．启动应用程序
4．在"计算机"窗口中浏览 C 盘的内容
5．调整桌面图标
6．创建或删除快速启动按钮
7．任务栏的基本操作

8．设置任务栏属性

9．自定义"开始"菜单

10．将常用程序锁定到"开始"菜单

11．创建程序的桌面快捷方式

12．设置桌面主题和背景

三、实训步骤

1．Windows 7 的启动

（步骤）▶▶▶

（1）打开要使用的外部设备。

（2）按下计算机电源开关，系统开始检测内存、硬盘等设备，之后便进入 Windows 7 的启动过程。

（3）正常启动后，便会看到 Windows 7 的登录界面，选择登录用户，根据屏幕提示输入密码，就可以进入到 Windows 7 的桌面。

2．Windows 7 的退出

（步骤）▶▶▶

（1）关闭所有打开的窗口。

（2）单击"开始"→"关机"命令，将退出 Windows 并关闭计算机。

（3）如果单击"关机"命令旁的右三角形按钮，可以选择执行其他的系统命令，如图 2-1-8 所示。

图 2-1-8　"关闭 Windows"操作

3．启动应用程序

（步骤）▶▶▶

（1）启动画图、写字板、记事本等应用程序：单击"开始"→"所有程序"→"附件"→"画图"或"数学输入面板"或"记事本"命令。

（2）启动 Word 2010 程序：单击"开始"→"所有程序"→Microsoft Office→Microsoft Word 2010 命令。

（3）打开 QQ 聊天程序：双击桌面上的图标。

（4）在"运行"对话框中启动计算器程序：单击"开始"→"运行"，在弹出的对话框中输入 calc.exe，单击"确定"按钮。

4．在"计算机"窗口中浏览 C 盘的内容

◀步骤▶▶▶

（1）双击桌面上的"计算机"图标，会出现如图 2-1-9 所示的窗口。

图 2-1-9　"计算机"窗口

（2）双击 C:盘图标。

（3）双击要浏览的文件或文件夹。

（4）单击顶部的"后退"按钮，会返回到前一次浏览的位置。

（5）单击顶部的"前进"按钮，会前进到后一次浏览的位置。

（6）单击地址栏中箭头按钮，可从下拉菜单中选择同级文件夹。

（7）单击地址栏中的链接，可定位到对应文件夹。

5．调整桌面图标

◀步骤▶▶▶

（1）随意调整图标：用鼠标直接拖动图标到任意位置即可。

（2）整体移动图标：先选定要整体移动的图标（用鼠标在桌面上拖出一个矩形框），再拖放图标。

（3）排列图标：右击桌面的空白区域，在弹出的快捷菜单中选择"排序方式"→"名称"、

"项目类型"、"大小"或"修改日期"命令。

（4）保持桌面现状：右击桌面的空白区域，在弹出的快捷菜单中选择"查看"→"自动排列图标"命令（选中该项后，图标的其他调整将失效）。

（5）显示/隐藏桌面：右击桌面的空白区域，在弹出的快捷菜单中选择"查看"→"显示桌面图标"命令。

（6）显示/隐藏桌面小工具：右击桌面的空白区域，在弹出的快捷菜单中选择"查看"→"显示桌面小工具"命令。

6．创建或删除快速启动按钮

【实例】将 Windows 7 中的 Windows Media Player 程序的图标锁定到任务栏中。

◀步骤▶▶▶

（1）单击"开始"→"所有程序"，按住鼠标左键拖动 Windows Media Player 图标至任务栏中的快速启动区，当出现黑色"I"状指针时释放鼠标。

（2）右击 Windows Media Player 图标并单击"锁定到任务栏"命令。

（3）如果要去掉某个快速启动按钮，则右击该按钮，在弹出的快捷菜单中选择"将此程序从任务栏解锁"命令。

7．任务栏的基本操作

◀步骤▶▶▶

（1）向任务栏中添加工具：右击任务栏的空白区域，指向"工具栏"，选择要添加的工具或者单击"新建工具栏"命令。

（2）调整任务栏高度：将鼠标指针移到任务栏的边界上，当其变为↕形状时，上下拖动鼠标。

（3）改变任务栏位置：将鼠标指针指向任务栏的空白区域（此时鼠标指针仍然是▫形状），拖动鼠标到屏幕的上部、左部或右部。

8．设置任务栏属性

【实例】如果打开的应用程序较多，将相似任务分组显示。

◀步骤▶▶▶

（1）右击任务栏的空白区域并单击"属性"命令，会弹出如图 2-1-10 所示的对话框。

（2）在"任务栏"选项卡中，单击"任务栏按钮"旁的下三角形，选择"当任务栏被占满时合并"选项。

（3）单击"确定"按钮。

注意

> 如果任务栏被锁定（即图 2-1-10 中的"锁定任务栏"命令已勾选），则任务栏的高度和位置不能调整。

图 2-1-10 "任务栏和「开始」菜单属性"对话框

9. 自定义"开始"菜单

【实例】将"最近使用的项目"添加至"开始"菜单；将频繁使用的程序数目设置为 12 个；跳转列表中的程序数目设置为 8 个。

《步骤》▶▶▶

（1）右击"开始"按钮并单击"属性"命令，弹出"任务栏和「开始」菜单属性"对话框，如图 2-1-11 所示。

图 2-1-11 "任务栏和「开始」菜单属性"对话框

（2）在"隐私"区域中，勾选"存储并显示最近在「开始」菜单和任务栏中打开的项目"复选框。

（3）单击"自定义"按钮，会弹出"自定义「开始」菜单"对话框。

（4）拖动垂直滚动条，在列表框中找到并勾选"最近使用的项目"复选框。

（5）在"要显示的最近打开过的程序的数目"框中输入 12，在"要显示在跳转列表中的最近使用的项目数"框中输入 8，如图 2-1-12 所示。

图 2-1-12　"自定义「开始」菜单"对话框

（6）单击"确定"按钮，返回图 2-1-11。

（7）单击"确定"按钮。

10．将常用程序锁定到"开始"菜单

【实例】如果经常要使用某些程序，可以将这些程序图标锁定到"开始"菜单。

步骤

（1）右击想要锁定到"开始"菜单中的程序图标。

（2）在弹出的快捷菜单中单击"锁定到「开始」菜单"命令，锁定的程序图标将出现在"开始"菜单的左侧。

（3）如果要解锁程序图标，只需右击该图标，然后单击"从「开始」菜单解锁"命令。

11．创建程序的桌面快捷方式

【实例】在桌面上创建 Word 2010 的快捷方式图标。

步骤

（1）单击"开始"→"所有程序"→Microsoft Office 命令。

（2）右击 Microsoft Word 2010 命令，在弹出的快捷菜单中单击"发送到"→"桌面快捷方式"命令。

注意

> 快捷方式是访问某个常用项目的捷径，它是快速打开文件的指针。快捷方式并没有改变原文件的位置，如果删除快捷方式，也不会删除原文件。任何程序、文档或打印机都可以以快捷方式的形式放在桌面上。快捷方式图标上一般带有一个箭头🔗。
>
> 使用鼠标右键单击任何对象将弹出一个快捷菜单，该菜单中包含可用于该项的常规命令，无须使用标准菜单即可找到所需的命令。

12. 设置桌面主题和背景

【实例】将桌面更改为 Aero 主题以便应用 Aero Peek 功能，并将桌面背景设置为幻灯片播放方式。

◖步骤▶▶▶

（1）右击桌面空白区域并单击"个性化"命令，会打开"个性化"窗口，如图 2-1-13 所示。

图 2-1-13 "个性化"窗口

（2）在"更改计算机上的视觉和声音"区域中单击自己喜欢的 Aero 主题。

（3）单击下方的"桌面背景"图标，会打开如图 2-1-14 所示的窗口。

（4）在"图片位置"列表区域可以选择 Windows 自带图片，也可以浏览自己保存的图片。只要勾选多张图片，Windows 桌面会定时切换壁纸，并且可在窗口下方重新设置图片切换的时间和播放顺序。

（5）设置完成后单击"保存修改"按钮。

图 2-1-14　"选择桌面背景"窗口

2.2　Windows 7 的文件管理

基础知识

2.2.1　文件概述

1．文件的含义

文件是存放在磁盘上的数据组织形式，是存储数据的基本单位。文件用于存放文本、数值、图像或音乐等信息，是磁盘上存储信息的一个集合。当在程序中创建信息时，会将这些信息保存在文件中，并赋予文件一个可记忆的名称，我们称为文件名。如果要使用文件，可通过文件名来识别该文件，并使用相关的程序打开文件。文件可以是一个应用程序，也可以是由一段文字组成的文本文档等。

2．文件名的组成

文件名由基本名和扩展名组成，基本名和扩展名间用"．"字符分隔。扩展名一般代表着

文件的类型。文件名最多包含 255 个字符，这些字符可以是汉字、空格和特殊字符，但不能是这些字符：?（问号）、\或/（斜线）、:（冒号）、"（引号）、*（星号）、<（小于号）、>（大于号）、|（竖线）。例如，资料.doc、picture.gif 等都是 Windows 7 中合法的文件名。

在 Windows 7 中，文件用图标表示，图标上的图片暗示着文件的类型和用途，如图 2-2-1 所示。

图片文件（jpg）　　压缩文件（rar）　　视频文件（wmv）　　演示文稿

音频文件（mp3）　　文本文件（txt）　　Word 文档　　Excel 文件

图 2-2-1　不同文件类型的图标

3．文件名中的通配符

在 Windows 7 中搜索文件时，可以在文件名中使用通配符。通配符主要有以下两种：

- *：表示可代替该位置处的若干个任意字符。例如，*.xlsx 表示所有的 Excel 工作簿；a*.jpg 表示以字母 a 开头的 JPG 文件；*.*表示所有文件。
- ?：表示可代替该位置处的一个任意字符。例如，?1.pptx 表示第 2 个字母为 1 的所有演示文稿。

4．文件的属性

文件和文件夹的属性记录了文件和文件夹的详细信息。文件的常规属性包括只读、隐藏、存档等。

- 只读：只能对文件进行读的操作，而不能删除、修改或保存。
- 隐藏：在通常情况下不显示该文件，以防止泄密或被误删除等。
- 存档：表明文件在上次备份后作过修改。

除了常规属性以外，文件还包括一些其他属性，如对象名称、对象类型、对象位置、对象大小、打开方式、创建时间、修改时间、访问时间、作者姓名、作者单位、标记等。

在 Windows 7 中，查看或编辑文件的属性有两种方法：

方法 1：在"属性"对话框中查看或添加属性。

（1）右击文件，在弹出的快捷菜单中选择"属性"命令，会弹出如图 2-2-2（左）所示的对话框。

（2）单击"详细信息"选项卡，可查看或编辑文件的属性，如图 2-2-2（右）所示。

方法 2：在 Windows 资源管理器中查看或编辑文件属性。

（1）打开 Windows 资源管理器，将详细信息窗格调大。

（2）选中要查看属性的文件，在详细信息窗格中会显示该文件的大部分信息，如图 2-2-3 所示。

图 2-2-2　查看或编辑文件属性示例

图 2-2-3　在详细信息窗格中查看或编辑文件属性

2.2.2　文件管理

1．文件夹的含义及作用

计算机中存储的文件成千上万，那么这些文件是如何进行管理的呢？在 Windows 7 中，文件是通过文件夹的形式进行管理的。文件夹就像存储文件的抽屉，可以将文件分门别类地存放，以便更有效地对文件进行管理。

文件夹是可以在其中存储文件的容器。文件夹主要用于存放、整理和归纳各种不同类型的文件以及组织和管理设备文件。

文件夹中除了存储各类文件外，还可以存储其他文件夹。文件夹中包含的文件夹通常称为"子文件夹"，包含另一个文件夹的文件夹称为父文件夹。用户可以创建任意数量的子文件夹，每个子文件夹中又可以容纳任意数量的文件和其他子文件夹。在 Windows 7 中，文件夹图标如图 2-2-4 所示。

图 2-2-4　文件夹图标示例

2．Windows 资源管理器

Windows 7 的精华之一就是 Windows 资源管理器。在 Windows 7 的资源管理器中新增了库、收藏夹、动态工具栏等功能。通过资源管理器，用户可以查看计算机上的所有资源，能够方便地管理计算机上的文件和文件夹。

（1）打开 Windows 资源管理器。

打开 Windows 资源管理器的方法有以下 3 种：

方法 1：单击任务栏上的"Windows 资源管理器"图标，会打开如图 2-2-5 所示的窗口。

图 2-2-5　Windows 资源管理器

方法 2：右击"开始"按钮并选择"打开 Windows 资源管理器"命令。

方法 3：单击"开始"→"所有程序"→"附件"→"Windows 资源管理器"命令。

在 Windows 资源管理器中，为了让用户更好地组织、管理及应用资源，整个计算机的资源被划分为收藏夹、库、计算机和网络四大类。

（2）使用导航窗格。

在 Windows 资源管理器的导航窗格中，单击左侧的▷图标，可展开其中的结构组织，单击左侧的◢图标可折叠。左窗格和右窗格之间有一分隔条，将鼠标指针置于两窗格分界处，当指针形状变成双向箭头时，按下鼠标左键拖动分界线可改变左右窗格的大小。

如果在已打开窗口的左侧没看到导航窗格，可以单击"组织"→"布局"→"导航窗格"命令，即可将其显示出来。

使用导航窗格可以查找和浏览文件和文件夹，也可以将项目直接移到或复制到目标位置。

1）使用库查找文件。使用库可以访问各种位置（如计算机或外部硬盘）中的文件夹。方法是：单击库将其打开后，包含在库中的所有文件夹中的内容都将显示在文件列表中。

2）使用"计算机"对文件或文件夹进行操作。

在 Windows 7 中，查找文件不仅可以使用库，还可以通过传统方法浏览文件夹和驱动器。

● 在导航窗格中，单击▷图标展开"计算机"文件夹，可查找多个硬盘或连接到计算机的其他存储设备。

● 在导航窗格中，如果要移动或复制项目，则可以将这些项目拖动到导航窗格的文件夹上。如果项目与文件夹位于同一硬盘上，则执行移动操作；如果项目位于不同的硬盘上，则执行复制操作。

（3）使用地址栏导航。

地址栏出现在每个文件夹窗口的顶部，将当前的位置显示为以箭头分隔的一系列链接，可以通过单击某个链接或键入位置路径来导航到其他位置，或者单击地址栏中链接右侧的箭头，在下拉列表中单击某项以转至该位置，如图 2-2-6 所示。

图 2-2-6　使用地址栏导航

也可以在地址栏中键入 URL 来浏览 Internet，这样会将打开的文件夹替换为默认 Web 浏览器。

3．库

库是浏览、组织、管理和搜索具备共同特性的文件的一种方式。它的最大优势是可以有效地组织、管理位于不同分区、文件夹中的文件，而无需从其存储位置移动这些文件。使用库，用户不需要将分散于不同位置、不同分区甚至是家庭网络的不同电脑中的文件拷贝到同一文件夹中，这样能有效地避免保存同一文件的多个副本。

Windows 7 提供了 4 个默认库：文档库、音乐库、图片库和视频。

- 文档库：用于组织和排列字处理文档、电子表格、演示文稿以及其他与文本有关的文件。
- 图片库：用于组织和排列数字图片，如从照相机、扫描仪获得的或者从其他应用程序中创建的图片。
- 音乐库：用于组织和排列数字音乐，如从音频 CD 翻录或从 Internet 下载的歌曲。
- 视频库：用于组织和排列视频，如来自数码相机、摄像机的剪辑，或者从 Internet 下载的视频文件。

注意

　　默认情况下，移动、复制或保存到文档库、图片库、音乐库和视频库的文件都分别存储在"我的文档"、"我的图片"、"我的音乐"、"我的视频"文件夹中。
　　用户可以轻松地将文件夹添加到默认库中或创建自己的库。

4．剪贴板

Windows 中有一个非常实用的工具就是剪贴板，可用它来实现不同应用程序之间的数据共享和传递。剪贴板是 Windows 内存中的一个存储区域，用来临时存放交换信息。这些信息可以是文字、图形、图像、声音、文件、文件夹等，当用户选定这些信息后，可以通过"复制"或"剪切"命令先将它们存放到剪贴板中，然后再通过"粘贴"命令把它们拷贝或移动到目标位置。

5．回收站

回收站用来存放用户临时删除的文档资料，例如文件、文件夹、图片、快捷方式等。在默认情况下，这些被删除的对象会一直保留在回收站中，直到清空回收站。

回收站是一个特殊的文件夹，默认在每个硬盘分区根目录下的 RECYCLER 文件夹中，而且是隐藏的。当删除文件时，实质上是把这些文件移到了这个特殊的文件夹中，所以它们仍然占用着磁盘空间。只有在回收站里再次删除它或清空回收站才能真正地、彻底地删除这些文件。

注意

　　默认情况下，从硬盘中删除的对象可以从回收站中还原，但以下两种情况无法还原文件或文件夹：①从移动存储器（如 U 盘）或网络驱动器中删除的对象；②由于回收站是硬盘中的一块存储空间，当该空间已满时，系统将自动清除较早删除的对象。

实训 2　Windows 7 的文件管理操作

一、实训目的

1. 掌握文件和文件夹的创建、移动、复制、删除、恢复、重命名、查找。
2. 了解文件的属性，会查阅和设置文件属性。
3. 会设置文件的打开方式。
4. 会设置文件的查看属性。

二、实训内容

1. 改变文件列表显示方式
2. 文件和文件夹的选定与撤消
3. 创建新文件夹
4. 创建文件
5. 添加文件属性
6. 库的基本操作
7. 复制、移动文件和文件夹
8. 删除文件和文件夹
9. 恢复文件和文件夹
10. 彻底删除文件和文件夹
11. 重命名文件和文件夹
12. 搜索文件和文件夹
13. 设置文件和文件夹的属性
14. 设置文件夹的打开方式
15. 设置文件的查看属性

三、实训步骤

1. 改变文件列表显示方式

◖步骤▶▶▶

（1）打开 Windows 资源管理器。

（2）单击工具栏中的"更改您的视图"按钮 ，可在"超大图标"、"大图标"、"中等图标"、"小图标"、"列表"、"详细信息"、"平铺"、"内容"视图之间进行切换。

（3）如果单击"更改您的视图"按钮旁的下三角形，可在下拉列表中选择要显示的方式，如图 2-2-7 所示。

图 2-2-7　文件和文件夹的显示方式

2．文件和文件夹的选定与撤消

◀步骤▶▶▶

（1）选定单个对象：单击要选定的对象。

（2）选定连续的多个对象：先单击要选定的第一个对象，按住【Shift】键，再单击最后一个要选定的对象。

（3）选定不连续的多个对象：先按住【Ctrl】键，再依次单击要选定的各个对象。

（4）框选对象：用鼠标在选定区域拖出一个虚线框，释放后虚线框中的所有文件被选定。

（5）选定所有对象：单击"编辑"→"全部选定"命令，或者按【Ctrl+A】组合键。

（6）选定已选定对象之外的其他文件：单击"编辑"→"反向选择"命令。

（7）撤消一项选定：按住【Ctrl】键，单击要取消的项。

（8）撤消所有选定：在已选定文件之外的任意位置处单击。

> 　在 Windows 中，对文件和文件夹的操作必须遵循的原则是"先选定，后操作"。一次可以选定一个或多个文件或文件夹，选定后的文件以突出方式显示。

注意

3．创建新文件夹

【实例】在 D:盘中创建如右图所示的文件夹。

步骤

（1）在 Windows 资源管理器中，展开"计算机"文件夹。

（2）单击导航窗格中的 D:盘符图标。

（3）右击右窗格中的空白区域，在弹出的快捷菜单中选择"新建"→"文件夹"命令，则出现 🗀 新建文件夹 图标，输入"张三"并按【Enter】键。

（4）单击导航窗格中的"张三"或双击右窗格中的"张三"。

（5）重复步骤（3）和（4）的方法，直至五个文件夹均创建完成。

> 操作提示
>
> 初学者在进行文件和文件夹的操作练习时，注意以下两点：①务必在用户盘（一般情况下是除 C 盘以外的盘）上练习；②除了是自己创建的文件和文件夹，切记不要随意删除、移动或重命名其他文件和文件夹，尤其是 Program Files 文件夹或 Windows 文件夹，以免破坏 Windows 系统。

4．创建文件

【实例】在"个人资料"文件夹中创建一个名为"简历.docx"的 Word 文档。

步骤

（1）打开"个人资料"文件夹。

（2）右击右窗格的空白区域，指向"新建"并单击"Microsoft Word 文档"命令，会创建一个新的文档 🗎 新建 Microsoft Word 文档.docx 。

（3）直接输入"简历.docx"并按【Enter】键。

5．添加文件属性

【实例】给"简历.docx"文档添加标题、作者名、主题、备注、公司等常见信息。

步骤

（1）在 Windows 资源管理器中选定"简历.docx"文档。

（2）指向详细信息窗格的上边缘，然后向上拖动以调大该窗格。

（3）在要添加的属性旁单击并键入新的属性，如图 2-2-8 所示。

（4）单击"保存"按钮。

由于在详细信息窗格中不能显示全部文件属性，所以某些属性需要通过"属性"对话框来添加。

（5）右击"简历.docx"文档，在弹出的快捷菜单中单击"属性"命令，单击"详细信息"选项卡。

（6）在要添加的属性旁单击并键入新值，如图 2-2-9 所示。

（7）单击"确定"按钮。

图 2-2-8　在"详细信息"窗格中添加属性

图 2-2-9　在"属性"对话框中向文件添加属性

6．库的基本操作

【实例】创建一个名为"张三的个人资料"的库，将上例中的"个人资料"文件夹包含到该库中，并在导航窗格中隐藏该库。

◀**步骤**▶▶▶

（1）创建新库：右击"库"并选择"新建"→"库"命令，在库中将创建一个名为"新建库"的库。

（2）重命名库。右击新库并选择"重命名"命令，键入库名"张三的个人资料"并按【Enter】键。

（3）将文件夹包含到库中。右击"个人资料"文件夹，选择"包含到库"→"张三的个人资料"。

（4）隐藏库。右击该库并单击"不在导航窗格中显示"命令。

操作提示

将文件拖动到库时，如果文件与库的默认保存位置位于同一硬盘上，则移动这些文件。如果它们位于不同的硬盘上，则复制这些文件。

要删除库中的文件夹，只要右击该文件夹，然后单击"从库中删除位置"命令。注意：这只是将文件夹从库中删除，不会从该文件夹的原始位置删除该文件夹。

7. 复制、移动文件和文件夹

【实例】将"D:\张三\个人资料\歌曲"文件夹移到"D:\张三\公司资料"文件夹中，并将"D:\张三"文件夹复制到"E:\"根文件夹下（说明：文件的复制和移动操作与文件夹类似）。

步骤

方法 1：用菜单命令实现。

（1）在 Windows 资源管理器中展开"计算机"文件夹。

（2）右击"歌曲"文件夹，在弹出的快捷菜单中选择"剪切"命令。

（3）右击"公司资料"文件夹，在弹出的快捷菜单中选择"粘贴"命令。

（4）右击"张三"文件夹，在弹出的快捷菜单中选择"复制"命令。

（5）右击"E:\"，在弹出的快捷菜单中选择"粘贴"命令。

方法 2：用鼠标拖放实现。

（1）在 Windows 资源管理器中展开"计算机"文件夹，单击 ▷ 图标使"歌曲"、"公司资料"文件夹等均可见（注意，不要双击目标盘或目标文件夹图标）。

（2）用鼠标直接将"歌曲"文件夹拖放到"公司资料"文件夹图标上（此时该图标突出显示）。

（3）按住【Ctrl】键，用鼠标将"张三"文件夹拖放到"E:\"盘符图标上。

操作提示

在不同磁盘或同一磁盘间拖动文件或文件夹时，实现的功能是不同的，比较如下：

当目的文件夹与源文件夹在同一磁盘时	当目的文件夹与源文件夹在不同磁盘时
直接拖动：实现移动操作	【Shift】+拖动：实现移动操作
【Ctrl】+拖动：实现复制操作	直接拖动：实现复制操作

8．删除文件和文件夹

【实例】将"E:\张三"文件夹删除。

步骤 ▶▶▶

（1）在 Windows 资源管理器中展开"计算机"文件夹。

（2）选定"E:\张三"文件夹，选用以下方法之一：

- 右击该文件夹，在弹出的快捷菜单中选择"删除"选项。
- 将该文件夹拖放到"回收站"图标上。
- 按【Delete】键。

（3）在确认删除的对话框中单击"确定"按钮。

9．恢复文件和文件夹

【实例】将回收站中的"E:\张三"文件夹恢复。

步骤 ▶▶▶

（1）打开"回收站"窗口。

（2）右击"E:\张三"文件夹，在弹出的快捷菜单中选择"还原"命令。

操作提示

在 Windows 的默认情况下，删除文件是先进行预删除，被删除的文件放在回收站中，要彻底地从计算机中删除文件，还必须将文件从回收站中删除。

当用户误删除了文件时，可以从回收站中恢复。

10．彻底删除文件和文件夹

【实例】将"E:\张三"文件夹彻底删除。

步骤 ▶▶▶

方法1：右击"回收站"图标，在弹出的快捷菜单中选择"清空回收站"命令。

方法2：在删除文件或文件夹时，同时按住【Shift】键。

11．重命名文件和文件夹

步骤 ▶▶▶

（1）右击文件，在弹出的快捷菜单中选择"重命名"命令，或者两次单击文件名。

（2）输入新的文件名后按【Enter】键。

操作提示

在一般情况下，用以下四种方法可完成对文件和文件夹的相应操作：

（1）利用菜单项：单击菜单栏中的某个菜单项，再选择相应的命令。

（2）利用快捷菜单：右击要操作的文件，在弹出的快捷菜单中选择相应命令。

（3）利用快捷按钮：单击工具栏中的"组织"，在弹出的下拉菜单中选择相应命令。

（4）利用鼠标拖放：当要完成文件的移动、复制或创建快捷方式时，可以用鼠标拖放来实现。

12. 搜索文件和文件夹

【实例】在 C 盘中查找以 15 开头的 bmp 的图片文件，并将搜索结果保存为 15.bmp 文件名。

【步骤】▶▶▶

（1）在 Windows 资源管理器中展开"计算机"文件夹，并选中 C 盘。

（2）在搜索框中输入 15*.bmp 后，Windows 7 快速搜索满足条件的文件，如图 2-2-10 所示。

图 2-2-10　搜索结果示例

（3）按【Ctrl+A】键选中全部搜索结果。

（4）单击工具栏中的"保存搜索"按钮，会弹出如图 2-2-11 所示的对话框。

图 2-2-11　保存搜索结果

（5）输入文件名 15.bmp 后，单击"保存"按钮。

（6）要查看保存的搜索结果，可在导航窗格中展开"收藏夹"，单击"15.bmp 图标。

操作提示

> Windows 7 中的库不同于文件夹，一个库可能包含来自多个文件夹的文件信息，它往往是一类文件的索引。
>
> 在"开始"菜单中也有一个搜索框，其只对建了索引的文件进行搜索。

13．设置文件夹的属性

【实例】将"D:\张三\个人资料"文件夹的属性设置为"只读"。

（步骤）▶▶▶

（1）右击"D:\张三\个人资料"文件夹，在弹出的快捷菜单中选择"属性"命令，弹出"属性"对话框。

（2）在该对话框中勾选"只读"复选项。

（3）单击"确定"按钮。

14．设置文件夹的打开方式

【实例】要求在浏览文件夹时，单击该对象便可在不同的窗口中打开文件夹。

（步骤）▶▶▶

（1）在 Windows 资源管理器中，单击"工具"→"文件夹选项"命令，弹出如图 2-2-12（左）所示的对话框。

（2）在"浏览文件夹"区域中，单击"在不同窗口中打开不同的文件夹"单选项。

（3）在"打开项目的方式"区域中，单击"通过单击打开项目（指向时选定）"单选项。

（4）单击"确定"按钮。

15. 设置文件的查看属性

【实例】要求能查看到文件的扩展名和在标题栏显示文件的完整路径。

◀步骤▶▶▶

（1）承上例，在"文件夹选项"对话框中选择"查看"选项卡，如图 2-2-12（右）所示。

图 2-2-12　设置文件夹选项

（2）在"高级设置"列表框中勾选"隐藏已知文件类型的扩展名"和"在标题栏显示完整路径"复选项。

（3）单击"确定"按钮。

2.3　磁盘管理与维护

基础知识

2.3.1　磁盘概述

计算机中的所有文件都是存储在磁盘上的，如果磁盘损坏，就会丢失文件，给用户造成不可挽回的损失。要更好地保护文件，提高计算机的性能，必须了解磁盘的使用和维护。

计算机中的磁盘包括硬盘和软盘。硬盘一般固定在机箱中，但移动式硬盘除外。软盘可随身携带。目前，由于软盘的存储容量很小，已逐渐被淘汰，取而代之的是体积小、质量轻、可靠性高、存储容量较大、数据传输速度快、携带方便的 U 盘。

在计算机中，硬盘的盘符一般从 C 开始，依次是 D、E、……，光盘的盘符一般是从最后一个硬盘盘符后开始，若是插接 U 盘或移动硬盘，则其盘符依次后推。

1．硬盘分区

计算机中存放信息的主要存储设备是硬盘，但硬盘不能直接使用，必须先在上面创建一个或多个分区。

分区是硬盘上的一个区域，能够进行格式化并分配有驱动器号。硬盘分区之后，会形成 3 种形式的分区状态：主分区、扩展分区和非 DOS 分区。主分区至少有 1 个，最多 4 个，扩展分区可以没有，最多 1 个。主分区和扩展分区总共不能超过 4 个。

主分区是能够安装操作系统，能够进行计算机启动的分区，该分区格式化后才能安装操作系统。主分区需要设定为活动分区，才能通过硬盘启动系统。主分区通常标记为字母 C。

非 DOS 分区（Non-DOS Partition）是一种特殊的分区形式，它是将硬盘中的一块区域单独划分出来供另一个操作系统使用，对主分区的操作系统来讲是一块被划分出去的存储空间。只有非 DOS 分区的操作系统才能管理和使用这块存储区域。

扩展分区是不能直接用的，它是以逻辑分区的方式来使用的，一个扩展分区最多可分成 23 个逻辑分区，每个分区都单独分配一个盘符，可以被计算机作为独立的物理设备使用。

2．查看磁盘分区信息

方法是：单击"开始"→"控制面板"，切换到"小图标"方式，双击"管理工具"，再双击"计算机管理"图标，弹出"计算机管理"窗口，在左窗格中展开"存储"节点，选择"磁盘管理"选项，在右窗格中显示磁盘及分区相关信息，如图 2-3-1 所示。

图 2-3-1　查看硬盘信息

在该窗口中，可以查看硬盘的分区情况，以及文件系统的类型、状态、容量、空闲空间等信息。

3．格式化磁盘

硬盘分区后，在使用时还需要对其进行格式化。在格式化磁盘时，使用文件系统对其进行配置，以便 Windows 可以在磁盘上存储信息。

格式化会删除磁盘上的所有数据，并重新创建文件分配表。格式化还可以检查磁盘上是否有坏的扇区，并将坏扇区标出，以后存放数据时会绕过这些坏扇区。一般新的硬盘都没有格式化过，在安装 Windows 7 操作系统时必须先对其进行分区并格式化，而用户在日常使用中基本上不需要对硬盘进行格式化，只需要对移动硬盘、U 盘等进行格式化。

2.3.2　磁盘管理工具

磁盘管理是计算机使用时的一项常规任务。它是以一组磁盘管理应用程序的形式提供给用户的，位于"计算机管理"控制台中，包括检查磁盘程序、磁盘碎片整理程序、磁盘整理程序。

1．磁盘清理

磁盘用久了，会积累大量的垃圾文件，它们占据了大量的磁盘空间。例如，浏览网页时积累的各种临时文件。使用 Windows 7 提供的"磁盘清理"程序能帮助用户释放硬盘驱动器空间，删除临时文件、Internet 缓存文件，可以安全地删除不需要的文件，腾出它们占用的系统资源，以提高系统性能。

2．检查磁盘

计算机使用时间太久后，由于某些原因，硬盘中的文件会在不知不觉中丢失一小片。使用 Windows 7 提供的"检查磁盘"程序可以修复这些细微的文件错误。"检查磁盘"程序最好能定期运行。

3．磁盘碎片整理

磁盘经过长时间地使用（经常添加或删除文件）后，难免会出现很多零散的空间和磁盘碎片（磁盘上很小很小的零散的存储空间）。一个文件可能会被分别存放在不同的磁盘空间中，这样在访问该文件时系统就需要到不同的磁盘空间中去寻找该文件的不同部分，从而影响了运行速度。使用 Windows 7 提供的"磁盘碎片整理"程序可以重新组织文件在磁盘中的存储位置，将文件的存储位置整理到一起，同时合并可用空间（将不连续空间变为连续空间），从而提高磁盘的访问速度。

技能训练

实训 3　磁盘管理操作

一、实训目的

1. 熟悉查看硬盘属性的方法。
2. 熟悉"磁盘检查"工具的使用。
3. 熟悉"磁盘碎片整理"工具的使用。
4. 掌握"磁盘清理"工具的使用。
5. 了解"磁盘格式化"工具的使用。

二、实训内容

1. 查看硬盘属性和设置硬盘卷标
2. 检查修复磁盘错误
3. 磁盘碎片整理
4. 磁盘清理
5. 格式化磁盘

三、实训步骤

1. 查看硬盘属性和设置硬盘卷标

◀步骤▶▶▶

（1）打开 Windows 资源管理器。
（2）右击 C 盘图标，在弹出的快捷菜单中选择"属性"命令，弹出"属性"对话框。
（3）在对话框的"常规"选项卡中可以看到磁盘空间的使用信息。
（4）在"卷标"文本框中输入 Windows 7。
（5）单击"确定"按钮。

2. 检查修复磁盘错误

◀步骤▶▶▶

（1）打开 Windows 资源管理器。

（2）右击 C 盘图标，在弹出的快捷菜单中选择"属性"命令，弹出"属性"对话框。

（3）单击"工具"选项卡，单击"开始检查"按钮，弹出"检查磁盘"对话框。

（4）在该对话框中勾选"自动修复文件系统错误"和"扫描并试图恢复坏扇区"复选项，单击"开始"按钮。

（5）磁盘检查完成，单击"确定"按钮。

3．磁盘碎片整理

步骤

（1）打开 Windows 资源管理器。

（2）右击 C 盘图标，在弹出的快捷菜单中选择"属性"命令，弹出"属性"对话框。

（3）单击"工具"选项卡，单击"立即进行碎片整理"按钮，弹出"磁盘碎片整理程序"窗口，如图 2-3-2 所示。

图 2-3-2　"磁盘碎片整理程序"窗口

（4）要整理某个磁盘，最好先单击"分析磁盘"按钮对磁盘进行分析，然后根据分析结果确定是否需要进行碎片整理。

（5）如果需要进行磁盘碎片整理，则单击"磁盘碎片整理"按钮。

（6）如果要对磁盘整理设定计划操作，则单击"配置计划"按钮，会弹出 2-3-3 所示的对话框，设置计划操作及对应磁盘。

图 2-3-3　磁盘清理计划设置对话框

注意

　　磁盘在使用了一段时间后，会产生许多磁盘碎片，从而降低了文件的访问速度。当磁盘中的文件碎片超过 10%时，就应该整理磁盘碎片了，用 Windows 提供的"磁盘碎片整理程序"（可将磁盘不连续空间变为连续空间的工具）进行整理即可。
　　由于整理磁盘需要花费大量的时间，所以在整理磁盘前，应先分析该磁盘，以确定是否需要整理。若需要整理，则应选择在空闲时间进行。

4．磁盘清理

步骤

（1）打开 Windows 资源管理器。

（2）右击 C 盘图标，在弹出的快捷菜单中选择"属性"命令，弹出"属性"对话框。

（3）在"常规"选项卡中单击"磁盘清理"按钮，弹出如图 2-3-4 所示的对话框，经过分析计算后会打开如图 2-3-5 所示的对话框。

图 2-3-4　正在计算要释放的空间

图 2-3-5　"磁盘清理"对话框

67

（4）勾选要删除的文件。

（5）单击"确定"按钮，会打开确认对话框，然后单击"删除文件"按钮即开始清理磁盘，如图 2-3-6 所示。

图 2-3-6　正在清理磁盘

5．格式化磁盘

步骤

（1）在 USB 接口上插入要格式化的 U 盘。

（2）在 Windows 资源管理器中右击 可移动磁盘 (H:) 图标，在弹出的快捷菜单中选择"格式化"命令，弹出如图 2-3-7 所示的对话框。

（3）单击"开始"按钮便开始格式化，格式化完毕时会出现如图 2-3-8 所示的对话框。

（4）单击"确定"按钮。

图 2-3-7　"格式化"对话框

图 2-3-8　格式化完成对话框

注意

格式化命令将清空磁盘上所有的内容，使用时应特别小心。

格式化时，如果勾选"快速格式化"复选项，将只删除磁盘上的所有内容，而不扫描磁盘上是否有损坏的地方。

在格式化过程中，最好不要中断操作。

2.4 文件安全管理

2.4.1 加密文件系统

1. EFS 简介

加密文件系统（Encrypting File System，EFS）是 Windows 的一项功能，用于将信息以加密格式存储在 NTFS 格式的硬盘上。如果硬盘上的文件已经使用了 EFS 进行加密，即使黑客能访问到你硬盘上的文件，由于没有解密的密钥，文件也是不可用的。

EFS 加密基于公钥策略。在使用 EFS 加密一个文件或文件夹时，系统首先会生成一个由伪随机数组成的 FEK（File Encryption Key，文件加密钥匙），然后利用 FEK 和数据扩展标准 X 算法创建加密后的文件，并把它存储到硬盘上，同时删除未加密的原始文件。接下来系统利用你的公钥加密 FEK，并把加密后的 FEK 存储在同一个加密文件中。而在访问被加密的文件时，系统首先利用当前用户的私钥解密 FEK，然后利用 FEK 解密出文件。在首次使用 EFS 时，如果用户还没有公钥/私钥对（统称为密钥），则会首先生成密钥，然后加密数据。如果你登录到了域环境中，密钥的生成依赖于域控制器，否则它就依赖于本地机器。

采用加密文件系统（EFS）对机密数据文件进行加密可以加强数据的安全性。该方案有效地减小了数据失窃的隐患。EFS 加密机制和操作系统紧密结合，EFS 加密的用户验证过程是在登录 Windows 时进行的，只要登录到 Windows，就可以打开任何一个被授权的加密文件。所以，EFS 加密系统对被授权的用户是透明的。也就是说，如果你加密了一些数据，那么你对这些数据的访问将是完全允许的，并不会受到任何限制。而其他非授权用户试图访问你加密过的数据时，就会收到"访问拒绝"的错误提示。

如果把未加密的文件复制到经过加密的文件夹中，这些文件将会被自动加密。若是将加密数据移动到 NTFS 分区上，数据依旧保持加密属性。被 EFS 加密过的数据不能在 Windows 中直接共享，如果通过网络传输经 EFS 加密过的数据，将会以明文的形式传输。

2. EFS 加密功能的使用说明

要使用 EFS 加密功能，首先要保证是 Windows 2000/XP/Server 2003/Windows 7 操作系统，Windows 98/Me 和 Windows XP Home Edition 不支持 EFS 加密；其次，要保证文件所在的分区格式是 NTFS 格式，FAT32 分区里的数据是无法加密的；第三，对压缩过的文件或文件夹也无法进行 EFS 加密；第四，Windows 的系统文件和系统文件夹无法被加密。

2.4.2 BitLocker 驱动器加密

在 Windows 7 中，使用 BitLocker 驱动器加密，可以帮助保护内部硬盘驱动器、可移动存储设备（如外部硬盘驱动器或 USB 闪存驱动器）驱动器上存储的所有文件。

在将新的文件添加到已使用 BitLocker 加密的驱动器时，BitLocker 会自动对这些文件进行加密。文件只有存储在加密驱动器中时才保持加密状态，如果复制到其他驱动器或计算机后，文件将被解密。

与用于加密单个文件的加密文件系统（EFS）不同，BitLocker 可加密整个驱动器。用户可以正常登录和使用文件，但是 BitLocker 会帮助阻止黑客访问系统文件或访问驱动器。

BitLocker 驱动器加密和加密文件系统 EFS 的主要区别如表 2-4-1 所示。

表 2-4-1   BitLocker 与 EFS 的区别

BitLocker	EFS
BitLocker 用于对操作系统驱动器、固定数据驱动器和可移动数据驱动器上的所有个人文件和系统文件进行加密	EFS 用于对个人文件和文件夹逐个加密，它不对某个驱动器的整个内容进行加密
BitLocker 不依赖于与文件相关联的各个用户账户，适用于所有用户或组	EFS 将根据与其关联的用户账户来加密文件。如果计算机具有多个用户或组，则每个用户或组都可以单独加密各自的文件
BitLocker 使用受信任的平台模块（TPM），该模块是许多计算机中一种支持高级安全功能的特殊微芯片，用于加密操作系统驱动器	EFS 不需要或不使用任何特殊硬件
必须是管理员才能在安装了 Windows 的驱动器和固定数据驱动器上打开或关闭 BitLocker 加密	使用 EFS 不必具有管理员身份

说明：可以同时使用 BitLocker 驱动器加密和加密文件系统 EFS 两种功能对计算机中的数据进行保护。

2.4.3 用户账户

用户账户是用于通知 Windows 可以访问哪些文件和文件夹，可以对计算机和个人进行哪些更改的信息集合。通过用户账户可以与多人共享计算机。每个人都可以使用用户名和密码访问其用户账户。

Windows 7 有 3 种类型的账户，每类账户为用户提供不同的计算机控制级别：

● 管理员账户具有计算机的完全访问权，可以对计算机进行最高级别的控制。
● 标准账户适用于日常计算，可以使用计算机上安装的大多数程序，并且可以更改某些设置，但不影响到计算机的其他用户。
● 来宾账户主要用于需要临时使用计算机的用户。

在 Windows 7 中，可以创建多个用户账户和密码，多个用户可以在不同账户之间切换，而不必重新启动计算机。

2.4.4　屏幕保护程序

在实际工作中，可以使用屏幕保护程序中的密码来对我们正在编辑或阅读的文件信息进行保护操作。

2.4.5　Windows 7 的系统保护和系统还原

随着网络的不断普及，计算机可能会因为遭到病毒、木马等软件的攻击，而出现无缘无故的死机、运行缓慢等症状。因此，确保系统数据信息安全就显得尤为重要。

顾名思义，数据备份与恢复就是将数据以某种方式加以保留，以便在系统遭受破坏或其他特定情况下，重新加以利用的一个过程。

系统保护是定期创建和保存计算机系统文件和设置相关信息的功能。通过创建还原点将这些文件保存在还原点中，当发生计算机运行缓慢或无法正常工作、意外修改或删除了某个文件或文件夹时，可以使用"系统还原"和还原点将计算机的系统文件和设置还原到较早的时间点。

2.4.6　Windows 7 的备份和系统还原

在 Windows 7 中，除了使用系统还原功能将计算机的系统文件还原到早期的还原点以外，还提供了文件备份、系统映像备份等工具帮助用户方便地对电脑数据进行备份。

1．备份文件

在 Windows 7 中，可以为使用计算机的所有人员创建数据文件的备份，如备份个别文件夹、库和驱动器。在默认情况下，Windows 将定期创建备份，也可以更改计划，随时手动创建备份。设置 Windows 备份之后，Windows 将跟踪新增或修改的文件和文件夹并将它们添加到备份中。

2．创建系统映像

系统映像是驱动器的精确副本，其中包含 Windows 的副本、系统设置和文件的副本。如果硬盘或计算机无法工作，则可以使用系统映像来还原计算机的内容。从系统映像还原计算机时将进行完整还原，即当前的所有程序、系统设置和文件都将被系统映像中的相应内容替换，而不能选择根据需要还原个别文件和文件夹。

注意

① 一般不要将文件备份或系统映像保存到安装 Windows 的硬盘中。
② 将用于备份的介质（外部硬盘、DVD 或 CD）存储在安全的位置，以防止未经授权的人员访问文件。
③ 最好将备份的数据加密。
④ 创建系统映像的驱动器和保存备份的驱动器必须使用 NTFS 文件系统。

实训 4　文件安全管理

一、实训目的

1. 掌握加密文件或文件夹的方法。
2. 掌握设置屏幕保护密码的方法。
3. 掌握设置用户账户的方法。
4. 了解 BitLocker 驱动器加密的方法。
5. 了解系统保护和系统还原。
6. 了解 Windows 7 的备份和系统还原。

二、实训内容

1. 加密文件或文件夹
2. 加密 BitLocker 驱动器
3. 设置用户账户
4. 设置屏幕保护密码
5. 打开磁盘的系统保护
6. 创建还原点
7. 使用还原点恢复系统
8. 备份文件
9. 创建系统映像
10. 使用备份还原文件
11. 从系统映像备份还原计算机

三、实训步骤

1．加密文件或文件夹

【实例】给"公司资料"文件夹加密（文件的加密与文件夹相似）。

◀步骤▶▶▶

（1）在 Windows 资源管理器中右击"公司资料"文件夹，在弹出的快捷菜单中选择"属性"命令，打开如图 2-4-1 所示的对话框。

（2）在"常规"选项卡中单击"高级"按钮，打开如图 2-4-2 所示的对话框。

图 2-4-1 "公司资料 属性"对话框

图 2-4-2 "高级属性"对话框

（3）在"压缩或加密属性"选项组中勾选"加密内容以便保护数据"复选框，单击"确定"按钮后返回图 2-4-1 所示的对话框。

（4）单击"确定"按钮，打开"确认属性更改"对话框，如图 2-4-3 所示。

图 2-4-3 "确认属性更改"对话框

（5）要想只加密文件夹，可勾选"仅将更改应用于该文件夹"单选按钮，否则选择"将更改应用于该文件夹、子文件夹和文件"单选按钮。

（6）单击"确定"按钮，被加密的文件和文件夹的名称将默认显示为淡绿色。

2．加密 BitLocker 驱动器

【实例】给 F 盘加密。

步骤

（1）右击 F 盘图标，在弹出的快捷菜单中选择"启用 BitLocker"命令，打开如图 2-4-4 所示的对话框。

图 2-4-4　设置密码

（2）在对话框中选择"使用密码解锁驱动器"复选项并键入密码和再次键入密码。

（3）单击"下一步"按钮，打开如图 2-4-5 所示的对话框。

图 2-4-5　选择存储恢复密钥的方式

（4）选择"将恢复密钥保存到文件"选项，会打开如图 2-4-6 所示的对话框，选择好保存位置，文件名使用默认，单击"保存"按钮，返回图 2-4-5 所示的对话框。

图 2-4-6　恢复密钥保存在 U 盘上

（5）单击"下一步"按钮，单击"启动加密"按钮后 BitLocker 开始加密，如图 2-4-7 所示。

图 2-4-7　"正在加密"对话框

（6）加密完成后，在 Windows 资源管理器的导航窗格中单击 F 盘图标，会弹出如图 2-4-8 所示的对话框。

图 2-4-8　无法打开已加密的 F 盘示例

（7）如果在 Windows 资源管理器的右窗格中双击 F 盘图标，会弹出如图 2-4-9 所示的对话框。

图 2-4-9　输入密码提示框

操作提示

　　如果要将驱动器解密，可以单击"开始"→"控制面板"，切换到"小图标"方式，单击"BitLocker 驱动器加密"选项，在打开的如图 2-4-10 所示的窗口中选择"关闭 BitLocker"选项。

图 2-4-10　关闭 BitLocker

3．设置用户账户

【实例】在计算机中创建一个名为 USER1 的标准账户并设置密码。

《步骤》▶▶▶

（1）单击"开始"→"控制面板"命令，弹出"控制面板"窗口，将查看方式设置为"类别"，单击"添加或删除用户账户"选项，会打开如图 2-4-11 所示的窗口。

图 2-4-11　"管理账户"窗口

（2）单击窗口下方的"创建一个新账户"选项，打开如图 2-4-12 所示的窗口。

图 2-4-12　创建新账户

（3）键入新账户名 USER1 后，单击"创建账户"按钮，返回图 2-4-11 所示的窗口。

（4）单击 USER1 账户，在打开的窗口中单击"创建密码"选项，会打开如图 2-4-13 所示的窗口。

（5）在密码框中输入新密码和确认新密码后，单击"创建密码"按钮。

图 2-4-13　设置账户密码

4．设置屏幕保护密码

◀步骤▶▶▶

（1）右击桌面空白区域，在弹出的快捷菜单中选择"个性化"命令。

（2）在打开的"个性化"窗口下方选择"屏幕保护程序"图标，会出现如图 2-4-14 所示的对话框。

图 2-4-14　设置屏幕保护程序

（3）在"屏幕保护程序"下拉列表中选择一个保护程序后，在预览窗口可预览屏幕保护程序的显示效果。如果单击"预览"按钮，可全屏显示预览效果。

（4）在"等待"数值框中可以设置等待的分钟数。

（5）选择"在恢复时显示登录屏幕"复选框。

（6）单击"确定"按钮。

5．打开磁盘的系统保护

【实例】为了创建C盘的系统还原点，请打开C盘的系统还原功能。

◀步骤▶▶▶

（1）单击"开始"→"控制面板"，切换到"小图标"方式，双击"系统"，在左窗格中单击"系统保护"选项，弹出如图2-4-15所示的对话框。

（2）在"保护设置"列表区域中选择C盘，然后单击"配置"按钮，弹出如图2-4-16所示的对话框。

图2-4-15　"系统属性"对话框

图2-4-16　配置系统保护参数

（3）根据需要，可选择"还原系统设置和以前版本的文件"单选按钮，或者选择"仅还原以前版本的文件"单选按钮。

（4）根据分区剩余磁盘空间情况拖动滑块，确定要使用的磁盘空间大小。

（5）单击"确定"按钮，返回到图2-4-15所示的对话框。

6．创建还原点

【实例】在确保已打开系统还原功能后为C盘创建还原点。

◀步骤▶▶▶

（1）承接上例。在图2-4-15所示的对话框中单击"创建"按钮，弹出如图2-4-17所示的对话框。

（2）在该对话框中输入还原点的描述，单击"创建"按钮，弹出如图2-4-18所示的对话框。

图 2-4-17　输入还原点描述

图 2-4-18　还原点正在创建和完成

（3）单击"关闭"按钮，完成还原点的创建并返回图 2-4-15 所示的对话框。

操作提示

① 对于非系统分区，一般情况下不需要启动系统还原功能，为了节约磁盘空间，可以在图 2-4-16 中选择"关闭系统保护"单选按钮。

② 第一次创建还原点最好在系统安装完驱动程序和常用软件之后，以后可以根据需要不定期地创建还原点。

③ 由于在安装驱动程序等软件的同时会自动创建还原点，所以安装软件之后是否创建还原点要视实际情况而定。但在安装不太稳定的共享软件之前，为了防止万一，还是先创建还原点比较稳妥。

④ 创建系统还原点时必须确保有足够的可用磁盘空间，否则会导致创建失败。

7. 使用还原点恢复系统

【实例】如果 Windows 7 出现了故障，但仍可以正常模式启动，此时可以利用先前创建的还原点对系统进行恢复。

步骤

（1）单击"开始"→"所有程序"→"附件"→"系统工具"→"系统还原"命令，弹出"系统还原"对话框。

（2）单击"下一步"按钮，会打开如图 2-4-19 所示的对话框。

图 2-4-19　选择还原点

（3）在对话框中选择一个系统还原点后，单击"下一步"按钮，弹出如图 2-4-20 所示的对话框。

图 2-4-20 "确认还原点"对话框

（4）单击"完成"按钮，在弹出的警告对话框中单击"是"按钮即可进行系统还原，还原结束后系统会自动重新启动。

8．备份文件

步骤

（1）单击"开始"→"控制面板"，切换到"小图标"方式，单击"备份和还原"选项，弹出如图 2-4-21 所示的对话框。

图 2-4-21 "备份或还原文件"窗口

（2）单击"设置备份"，弹出如图 2-4-22 所示的对话框。

图 2-4-24   选取备份的位置和名称

（5）单击"保存设置并运行备份"按钮便开始进行文件备份，如图 2-4-25 所示，单击"查看详细信息"按钮可查看详细备份进度，如图 2-4-26 所示。

图 2-4-25   正在进行备份

图 2-4-26　查看详细备份进度

9．创建系统映像

◀步骤▶▶▶

（1）单击"开始"→"控制面板"，切换到"小图标"方式，单击"备份和还原"选项，弹出如图 2-4-21 所示的对话框。

（2）在左窗格中单击"创建系统映像"，然后按照向导中的步骤操作即可。

10．使用备份还原文件

◀步骤▶▶▶

（1）承接上例，或者单击"开始"→"控制面板"，切换到"小图标"方式，单击"备份和还原"选项。

（2）单击"还原我的文件"按钮，在弹出的对话框中单击"浏览文件夹"按钮，选择要还原的文件或文件夹，如图 2-4-27 所示。

图 2-4-27　"还原文件"对话框

（3）单击"下一步"按钮，然后按照向导中的步骤完成操作。

11．从系统映像备份还原计算机

（步骤）▶▶▶

（1）单击"开始"→"控制面板"，切换到"小图标"方式，单击"恢复"选项，打开如图 2-4-28 所示的窗口。

图 2-4-28　"恢复"窗口

（2）单击"高级恢复方法"选项，弹出"选择一个高级恢复方法"对话框。

（3）在对话框中选择"使用之前创建的系统映像恢复计算机"选项，然后按照步骤完成相应的操作。

2.5　汉字输入

基础知识

Windows 7 提供了多种汉字输入法供用户使用，如全拼、智能 ABC、郑码、双拼和微软拼音等。使用之前要先选择，方法有如下两种：

（1）单击任务栏中的▦图标，会弹出如图 2-5-1 所示的"输入法"列表，再选择要用的输入法。

（2）按 Ctrl+Shift 组合键从多种输入法中选择一种要用的输入法。

图 2-5-1　"输入法"列表

2.5.1 输入法状态栏的使用

当切换到某一种输入法时，会显示一个输入法语言栏，其用途是：中/英输入法的切换、输入方法切换、全角与半角的切换、中/英文标点的切换，如图 2-5-2 所示。

图 2-5-2　输入法状态栏

1．"中英文切换"按钮

"中英文切换"按钮用于在中文和英文输入法之间进行切换。单击该按钮或按 Shift 键，图标变成英，表示转为英文输入状态；再次单击该按钮，将重新切换为汉字输入状态。

2．"功能菜单"按钮

有的汉字输入法自身带有不同的输入选项，单击该按钮，可以作相应的设置。例如，智能 ABC 有"全拼"和"双打"两种输入方式，单击该按钮可以在"输入选项"菜单中实现这两种输入方式之间的切换。

3．"全角/半角切换"按钮

单击该按钮或按 Shift+Space 组合键，可以切换全角与半角状态。在默认状态下是半角，此时输入的英文或数字占据的宽度是汉字的一半，如果是全角状态，此时输入的英文或数字都与汉字等宽。图 2-5-3 说明了全角与半角的不同。

> 汉　　字：半角状态下，英文或数字只有汉字的一半宽。
> 全角字符：Ａ Ｂ Ｃ Ｄ Ｅ Ｆ Ｇ Ｈ Ｉ ０ １ ２ ３ ４ ５ ６ ７ ８ ９ 。
> 半角字符：ABCDEFGHI0123456789

图 2-5-3　全角与半角的比较

4．"中/英文标点切换"按钮

单击该按钮或按 Ctrl+. 组合键，可以在中文标点与英文标点之间切换。在英文状态下，所有的标点与键盘是一一对应的；在中文状态下，中文标点与键盘的对照关系如表 2-5-1 所示。

表 2-5-1　中文标点与键盘的对应关系

中文标点符号	键位	说明	中文标点符号	键位	说明
。句号	.		（左括号	(	
，逗号	,		）右括号	)	
；分号	;		——破折号	-	按 Shift+-组合键
：冒号	:		、顿号	\	
？问号	?	中英文相同	—连接号	&	
！感叹号	!	中英文相同	￥人民币符号	$	
"" 双引号	""	中文双引号自动配对	《〈左单双书名号	<	自然嵌套
'' 单引号	''	中文单引号自动配对	〉》右单双书名号	>	自然嵌套
·间隔号	@		……省略号	^	

5．软键盘

Windows 提供了 14 种软键盘，分别用于输入某类符号或字符，如数学符号、特殊符号、标点符号、单位符号等。默认时，软键盘为 PC 键盘，可以输入正常的文字。如果想使用其他软键盘，可以右击■按钮，此时会弹出"功能菜单"，选择软键盘如图 2-5-4（左）所示，选择要用的软键盘后会显示相应的软键盘，如图 2-5-4（右）所示。

图 2-5-4　"软键盘"菜单和软键盘

不再使用其他软键盘时，要单击关闭软键盘，否则不能输入正常的文字内容。

6．显示/隐藏输入法语言栏

右击任务栏中的语言栏，屏幕上会弹出如图 2-5-5 所示的菜单，单击"还原语言栏"命令，可显示语言栏；在语言栏上单击"隐藏语言栏"按钮，可将语言栏隐藏在任务栏中。

图 2-5-5　输入法状态菜单

2.5.2　智能 ABC 输入法

智能 ABC 输入法是朱守涛先生研制开发的一种汉字输入方法，属于音形结合码，它可以使用全拼、简拼、双拼、混拼、笔形输入法，还可以使用音形结合输入法。下面仅介绍全拼、简拼和混拼输入法。

1. 输入方法

（1）全拼输入法。对于汉语拼音比较熟练的人，可以采用全拼输入法。全拼输入法可按单字输入，也可按词组输入。

单字输入方法是直接输入汉字的全部拼音，以空格结束，然后再输入所需汉字前对应的数字键。如果所需的汉字不在提示行中，可按"]"或"["键向后翻页或向前翻页。如果所需的汉字在提示行的第一个位置，则可以直接按空格键来输入。例如，输入"重"字，先输入拼音"chong"，提示行为：1.冲2.重3.虫4.充5.宠6.崇7.茺8.忡，再输入数字 2，"重"字就输入了。这种输入法的缺点是重码多、速度慢。

词组输入的方法是将各字的拼音连续输入，用空格结束，若有重码，再按数字键选择。例如，输入"重庆电子科技职业学院"，可以这样输入拼音"chongqing　dianzi　kejizhiye　xueyuan"。

（2）简拼输入法。对于汉语拼音把握不太准的人，可以采用简拼输入法。简拼输入法主要用于词组的输入，方法是只输入词组中各个音节的第一个字母，对于 zh、ch、sh 的音节，也可以取前两个字母。例如，输入"计算机"，可输入"jsj"；输入"长城"，可输入"chch"、"cch"、"chc"或"cc"。

（3）混拼输入法。混拼输入法也主要用于词组的输入，其方法是将组成词组的部分字用全拼，部分字用简拼，目的是减少重码。例如，输入"计算机"，可以输入："jsj"、"jsuanj"、"jisji"、"jsji"。

2. 智能 ABC 的输入技巧

（1）自动记忆功能。自动记忆通常用来记忆词库中没有的新词，如人名、地名等。对于系统没有的词组，只要输入一遍以后，系统就自动记忆了。当输入了三遍后，系统将它作为永久词组保存，并可以用简拼输入。例如，输入"电子学院"，只要第一次输入"dianzixueyuan"，再次输入时，就变为词组了，而且还可以用简拼输入。

（2）强制记忆。强制记忆，一般用来定义那些非标准的汉语拼音词语。利用该功能，可以直接把新词加到用户库中。强制记忆一个新词，必须输入词条内容和编码两部分。词条的内容，可以是汉字、词组或短语，也可以由汉字和其他的字符组成；编码可以是汉语拼音、外来语原文，或者是使用者所喜欢的任意标记。

允许定义的非标准词的最大长度为 15 个字，输入码的最大长度为 9 个字符，最大词条容量为 400 条。定义新词的方法如下：

1）单击"功能菜单"图标，在弹出的菜单中选择"输入选项"命令，在弹出的窗口中单击"用户自定义词工具"按钮，弹出如图 2-5-6 所示的对话框。

2）在"新词"文本框中输入所需要记忆的内容。

3）在"外码"文本框中输入其记忆代码。

4）单击"添加"按钮。

定义了新词，以后再输入这些新词时，只需要在外码前加上字母 u 即可输入。例如，要输入"重庆电子工程职业学院"，只需输入"udzx"，按空格键即可。

图 2-5-6　"定义新词"对话框

（3）中文输入过程中的英文输入。在输入中文文章的过程中，又要输入英文单词，这时完全可以不必切换到英文方式，方法是：键入字母"v"作为标志符，后面跟随要输入的英文，按空格键即可，英文字母就会出现，而"v"本身并不会出现。例如，在输入汉字过程中，又要输入英文"they"，则只要输入"vthey"，再按空格键即可。如果要输入英文"They"，则可以先输入"T"（用 Shift+s 组合键或 Caps Lock 键来控制输入），再输入"vhey"，按空格键即可。

（4）中文数字和量词的简化输入法。智能 ABC 提供阿拉伯数字和中文大小写数字的转换能力："i"为输入小写中文数字的前导字符；"I"为输入大写中文数字的前导字符（注意，大写字母 I 用【Shift+i】组合键来控制输入），如下：

前导符	1	2	3	4	5	6	7	8	9
i	一	二	三	四	五	六	七	八	九
I	壹	贰	叁	肆	伍	陆	柒	捌	玖

例如：

输入：i2 + 空格（或回车键）　　　　显示：二

输入：I2 + 空格　　　　　　　　　　显示：贰

输入：i2004 + 空格　　　　　　　　　显示：二〇〇四

输入：I2004 + 空格　　　　　　　　　显示：贰零零肆

对一些常用量词也可简化输入，例如输入"ig"或"Ig"，按空格，都将显示"个"。系统规定数字输入中字母的含义为：

前导符	g	s	b	q	w	e	z	n	y	r	h	f	a
i I	个	十 拾	百 佰	千 仟	万	亿	兆	年	月	日	时	分	秒
	l	m	c	i	u	t	p	k	j	x	o	$	d
i、I	里	米	厘	毫	微	吨	磅	克	斤	升	度	元	第

说明： 在 26 个英文字母中，输入 "i" +除 "v" 字母外的其余字母，都可以得到相应的中文量词。

（5）单音节词的输入。以下的 27 个单音节词，只输入声母就可以显示出来。与字母的对应关系如下：

a	b	c	d	e	f	g	h	i	j	k	l	m	n	o
啊	不	才	的	饿	的	个	和	一	就	可	了	没	年	哦
p	q	r	s	t	u	v	w	x	y	z	zh	sh	ch	
批	去	日	是	他			我	小	有	在	这	上	出	

2.5.3 五笔字型输入法

1. 五笔字型输入法的基本思想

五笔字型输入法认为汉字是由字根构成，字根是由笔画构成的。汉字的笔画种类繁多，但五笔字型输入法将汉字的笔画分成横、竖、撇、捺、折五类，笔画代号如表 2-5-2 所示。其基本思想是：从汉字中选出 130 多种常见字根，将它们分布在键盘上，作为输入汉字的基本单位；当要输入汉字时，先把汉字拆分为一个一个的字根，并按书写顺序对其编码，然后通过键盘编码输入。

表 2-5-2　五笔字型笔画表

笔画	笔画代号	运笔方向	笔画的变化
横	1	左右	一 ㇀
竖	2	上下	丨 丿
撇	3	右上左下	丿
捺	4	左上右下	丶 乀
折	5	带转的笔画	乙 乛 ㇅ ㇈ 乚 丁 乚

2. 五笔字型字根键盘

（1）字根的含义。所谓字根是指由笔画构成的相对不变的结构。字根是汉字的组成部分，例如汉字 "地、坏、堆、基" 中有相同的部分 "土"；汉字 "好、妈、妮、姚" 中有相同的部分 "女"，这些相同的部分就是字根。

（2）字根在键盘上的分布。五笔字型输入法将字根分布在键盘的 25 个键位（A～Y）上，

Z 键作学习键使用。这 25 个键位按起始笔画不同，分成五个区：1 区（又称横区，即首笔为横的字根分布在该区）、2 区（竖区）、3 区（撇区）、4 区（捺区）、5 区（折区）。每个区又根据字根的特征分成五个位，各区均从中间向左或向右编排位号：1、2、3、4、5。五笔字型字根在键盘上的分布如图 2-5-7 所示。

五笔字型键盘字根总图

金钅夕 儿乂厂 ⺈夕鱼 丿川夕 **35 Q**	人 亻代 癶 **34 W**	月彡 用乃 豖豕 ⺇�舟 **33 E**	白斤 手斤厂 斤 **32 R**	禾丿竹 攵夂 **31 T**	言讠 文方广 亠言主 **41 Y**	立 辛六门 丷 **42 U**	水氵冫 氺 ⅰ⻌ **43 I**	火灬 米⺍⺌ **44 O**	之辶廴 宀冖 **45 P**

工匚 七戈弋 廿卅艹 **15 A**	木 丁西 **14 S**	大犬三 古石厂 長ナ手 ナ丁 **13 D**	土士二 干十寸 雨 **12 F**	王一 主戈五 **11 G**	目丨上 止卜 ⺊且广 ⺊止 **21 H**	日曰 早⻌ 刂刂刂 虫 **22 J**	口 川 **23 K**	田甲囗 四车力 皿 **24 L**

Z	纟幺纟 ⺈弓匕 **55 X**	又マム ス巴马 **54 C**	女巛 ヨ九彐 臼 **53 V**	子孑 山阝了 耳也 **52 B**	乙己已 巳尸尸 心忄 羽⻌⺄ **51 N**	山由贝 几⺆⺆ **25 M**

五笔字型字根助记词

```
11 王旁青头戋五一          21 目具上止卜虎皮          31 禾竹一撇双人立          41 言文方广在四一          51 已半巳满不出己
12 土士二干十寸雨          22 日早两竖与虫依          　 反文条头共三一          　 高头一捺谁人去          　 左框折尸心和羽
13 大犬三羊古石厂          23 口与川，字根稀          32 白手看头三二斤          42 立辛两点六门病          52 子耳了也框向上
14 木丁西                  24 田甲方框四车力          33 月衫乃用家衣底          43 水旁兴头小倒立          53 女刀九臼山朝西
15 工戈草头右框七          25 山由贝，下框几          34 人和八，三四里          44 火业头，四点米          54 又巴马，丢矢矣
                                                   35 金勺缺点无尾鱼          45 之宝盖，                55 慈母无心弓和匕
                                                   　 犬旁留乂儿一点夕          　 摘礻（示）衤（衣）          　 幼无力
                                                   　 氏无七
```

图 2-5-7　五笔字型字根在键盘上的分布

（3）键名的含义。键盘分区、分位以后，每一键位上就对应了一组字根，键名就是从每一组字根中选出的一些组字能力强、使用频率较高、形体上又具有一定代表性的字根，它们中除"纟"外，本身就是一个汉字。键名的键位分布如图 2-5-8 所示。

图 2-5-8　键名键位图

（4）字根键位的特征。每个键位上的字根一般具有以下三种特征，个别除外：

1）与键名形态相近。例如，键名"土"，与之相近的字根有士、干、十等；键名"已"，与之相近的字根有已、巳、己、尸等。

2）字根的首笔代号与区号一致，次笔代号与位号一致。例如，D 键的区位号为 13，其上的字根"大、犬、石、厂"首笔笔画为横，其代号为 1，与区号一致；它们的次笔笔画为竖，其代号为 3，与位号一致。

3）字根的首笔代号与区号一致，其笔画数目与位号一致。如，一、二、三分别位于横区的

1、2、3号位上；丶、冫、氵、灬分别位于捺区的1、2、3、4号位上。其余各区也有类似情况。

3．汉字的结构

汉字由字根组成，汉字的字型结构取决于汉字中字根之间的位置关系，由此，可以分为四种类型：单根结构、交叉结构、连笔结构和离散结构。

（1）单根结构。汉字由一个字根组成的结构称为单根结构。例如前面讲过的成字字根。

（2）交叉结构。汉字由两个或两个以上的字根交叉套叠组成的结构称为交叉结构。例如，"夷"字是由"一"、"弓"、"人"三个字根交叉套叠组成的。

（3）连笔结构。汉字由一个单笔画字根和另一个字根连接组成的结构称为连笔结构。例如，"千"字是由"丿"（单笔画字根）、"十"两个字根连接组成的。

注意

> 连笔结构还包括带点结构。所谓带点结构，是指由一个字根和一个点组成的结构。例如，"勺"字是由"勹"、"丶"组成的。

（4）离散结构。汉字的字根之间保持有一定距离的结构称为离散结构。例如，"吕"、"照"、"边"等。另外，有一些汉字的字根与字根之间虽然相连组成，但它们也属于离散结构，例如，"足"、"先"、"直"等。注意这种离散结构与连笔结构的区别。

4．汉字的拆分原则

在上述汉字字型的四种结构中，单根结构只由一个字根组成，无须拆分，因此拆分原则只针对后三种结构而言。汉字的拆分原则可以概括如下：

能散不连兼顾直观能连不交取大优先

能散不连：如果一个汉字可以视为几个字根的"散"的关系，就不要视为"连"的关系。例如，"午"字可拆分为"𠂉"、"十"两个字根的离散结构，而不要拆分为"丿"、"干"两个字根的连笔结构。

兼顾直观：在拆分汉字时，有些情况下需要照顾汉字字根的完整性，使拆得的字根有较好的直观性。

能连不交：如果一个汉字能按"连"的关系拆分，就不要按"交"的关系拆分。例如，"生"字可拆分为"丿"、"圭"两个字根的连笔结构，而不要拆分为"𠂉"、"土"两个字根的交叉结构。

取大优先：指的是在各种可能的拆法中，优先考虑每次拆出的字根笔画尽可能多、字根个数尽可能少的拆分方法。例如，"京"字可拆分为"亩"、"小"两个字根，而不要拆分为"亠"、"口"、"小"三个字根。

5．汉字的输入方法

汉字按其分类和功能的不同，可有六种输入方法：
● 单笔画的输入方法。
● 成字字根（单根字）的输入方法。

- 键名的输入方法。
- 组合字的输入方法。
- 简码的输入方法。
- 词组的输入方法。

（1）单笔画的输入。所谓单笔画是指"一"、"丨"、"丿"、"丶"、"乙"五种笔画。输入方法：先击两下单笔画所在的键，再击两下"L"键。例如：

一：击键 GGLL（11、11、24、24）

丨：击键 HHLL（21、21、24、24）

丿：击键 TTLL（31、31、24、24）

丶：击键 YYLL（41、41、21、21）

乙：击键 NNLL（51、51、21、21）

（2）成字字根的输入。所谓成字字根是指本身就是汉字的字根。成字字根又叫单根字。输入方法：先击一下成字字根所在的键（俗称"报户口"），再依次击该字的第一笔画、第二笔画和最末笔画所在的键，不足四码时以空格结束，即：成字字根代码+第一笔画代码+第二笔画代码+最末笔画代码。例如，成字字根"西"，输入时键入"SGHG"即可。

（3）键名汉字的输入。输入方法：连续击键名所在的键四下即可。例如，键名字"金"，输入时键入"QQQQ"即可。

（4）组合字的输入方法。由一个字根组成的汉字称为单根字，即前面讲过的成字字根；由二个字根组成的汉字称为二根字；由三个字根组成的汉字称为三根字；由四个或四个以上字根组成的汉字称为多根字；二根字、三根字和多根字统称为组合字。

1）二根字的输入方法：二根字的编码=第1、2字根代码+1个识别码+1个空格。

2）三根字的输入方法：三根字的编码=第1、2、3字根代码+1个识别码。

3）多根字的输入方法：多根字的编码=第1、2、3个字根码+最末笔字根码。

　　在二根字和三根字的输入中，有的不需要加识别码，而有的一定要加识别码才能输入。

注意

（5）简码的输入方法。为了提高汉字的输入速度，五笔字型输入法取常用汉字编码的开头一个、两个或三个代码作为汉字的编码，这种编码称为简码，原来的编码则称为全码。对于这些汉字，既可以用简码输入，又可以用全码输入。简码分为三级：一级简码（高频字）、二级简码和三级简码。

1）高频字的输入。高频字是五笔字型编码中使用频度最高的字，每一键位对应一个，共有25个，它们是：

| 第1区：一（G），地（F），在（D），要（S），工（A） |
| 第2区：上（H），是（J），中（K），国（L），同（M） |
| 第3区：和（T），的（R），有（E），人（W），我（Q） |
| 第4区：主（Y），产（U），不（I），为（O），这（P） |
| 第5区：民（N），了（B），发（V），以（C），经（X） |

输入方法：先击本键位一下，再击空格键一下。

2）二级简码的输入。二级简码是由每一个该字全码中的前两个字根代码组成的。例如，"遇"的全码是 JMhp，但只需打前面两码，因此，它的二级简码是 JM。输入方法：先输入汉字的前两个字根代码后，再击空格。

3）三级简码的输入。三级简码由汉字的前三个字根代码组成。例如，"微"字的三级简码是 TMG。输入方法：先输入汉字的前三个字根代码后，再击空格。

4）无简码汉字的输入。无简码由汉字的前三个字根代码和最后一个字根码组成。例如，"靠"字是无简码的汉字，其全码为 TFKD。输入方法：先输入汉字的前三个字根代码后，再击空格。

（6）词组的输入。词组分为二字词、三字词、四字词和多字词。

二字词的输入方法：二字词是由两个汉字组成的词。输入方法：依次键入两个汉字的前两个字根代码。例如：

词	拆取字根	击键
农民	冖𧘇已七	PENA

三字词的输入方法：三字词是由三个汉字组成的词。输入方法：先键入前两个汉字的第一个字根代码，再键入第三个汉字的前两个字根代码。例如：

词	拆分字根	击键
进一步	二一止小	FGHI

四字词的输入方法：四字词是由四个汉字构成的词。输入方法：依次键入每个字的首位字根代码。例如：

词	拆分字根	击键
五笔字型	一竹宀一	GTPG

多字词的输入方法：多字词是由四个以上的汉字构成的词。输入方法：先键入前三个汉字的第一字根码，再键入最后一个汉字的字根码。例如：

词	拆分字根	击键
中华人民共和国	口亻人囗	KWWL

6. 识别码

（1）汉字的字型结构。前面已经分析了汉字的四种结构，在这里，我们还将进一步分析汉字的字型结构。根据组成汉字的字根之间的位置关系，还可以把二根字和三根字分为三种字型：左右型、上下型、杂合型，其字型代码如表 2-5-3 所示。

表 2-5-3　字型代码表

字型	字型代号	字例
左右	1	江给相
上下	2	字空花
杂合	3	困凶户

左右型：汉字的字根分列左右，左右字根之间有一定的距离。例如肚、怕、汉、根、批、测等。

上下型：汉字的字根分列上下，上下字根可离可连。例如盲、男、党、意、舅等。

杂合型：汉字的字根间既没有左右之分，也没有上下之分，即字根间或相互交叉，或一个字根被另外的字根全包围或半包围。例如连、因、厅、存、风、本、册、圆、鬼等。

（2）识别码的作用。识别码的作用是减少重码，以提高汉字的盲打速度。

（3）识别码的构成。在输入汉字时，有些不同的汉字具有相同的编码，例如，以下三组二根字中，每一组都具有相同的编码。

● KL：另　叻

● SF：杜　杆　村

● KC：吧　邑　吗叹

为了能区分以上每一组中汉字的相同编码，必须给它们加上识别码。

识别码的全称又叫末笔字型交叉识别码，它由两位数字构成：十位数字是汉字的末笔笔画代号，个位数字是汉字字型的代号。数字代号对应的唯一的一个键位就是该汉字要加的识别码。末笔字型交叉识别码的对应关系如表2-5-4所示。

表2-5-4　末笔字型交叉识别码

字型 笔画	左右型 1	上下型 2	杂合型 3
横 1	11 G	12 F	13 D
竖 2	21 H	22 J	23 K
撇 3	31 T	32 R	33 E
捺 4	41 Y	42 U	43 I
折 5	51 N	52 B	53 V

上例中，字的识别码分别是：另（B）、叻（N）、杜（G）、杆（H）、村（Y）、吧（N）、吗（G）、叹（Y）、邑（B）。

对于末笔的确定，五笔字型输入法作了如下规定：

1）凡有"囗"、"辶"、"廴"字根的汉字，其末笔为被包围的那部分字根的末笔。例如：

困：末笔应取"丶"，识别码为L。

回：末笔应取"一"，识别码为D。

连：末笔应取"丨"，识别码为H。

2）凡有"刀"、"九"、"力"、"匕"字根的汉字，其末笔均为折笔。例如：

券：末笔应取"乙"，识别码为B。

轨：末笔应取"乙"，识别码为N。

历：末笔应取"乙"，识别码为V。

伦：末笔应取"乙"，识别码为N。

3）凡有"戋"、"戈"字根的汉字，其末笔均为撇笔。例如，藏的末笔应为"丿"。

7. 学习键的使用

在五笔字型输入法中，"Z"键称为学习键，又叫做万能键。它可代替其他 25 个字母键中的任一键用于输入汉字。例如，在拆分汉字"槽"时，不清楚这个字的第二、三个字根如何拆分时，可用两个"Z"字母来代替，此时只要键入"SZZJ"，屏幕的提示行中会给出满足要求的所有汉字代码（每行只有五个汉字），键入所需汉字前面的数字即可输入该汉字。

技能训练

实训 5　汉字输入练习

一、实训目的

1. 掌握在 Windows 中汉字输入法的切换方法。
2. 掌握智能 ABC 或五笔字型输入方法之一。

二、实训内容

1. 单笔画的输入练习
2. 成字字根的输入练习
3. 键名汉字的输入练习
4. 高频字的输入练习
5. 二级简码汉字的输入练习（按区位排列）
6. 三级简码汉字的输入练习
7. 无简码汉字的输入练习
8. 加识别码汉字的练习

三、实训步骤

说明：下面提供的是五笔字型输入法的练习材料，对于智能 ABC 输入法的练习材料，读者可自己找文章练习。

步骤 ▶▶▶

1. 单笔画的输入练习

一 丨 丿 丶 乙

2．成字字根的输入练习

五士干十寸雨二犬石古三西厂丁戈早曰止七上川甲四车虫由贝几竹八力夕辛六
门乃用手斤儿小米已己心羽耳了也刀九臼巴马弓匕

3．键名汉字的输入练习

王土大木工目日口田山禾白月人金言立水火之已子女又纟

4．高频字的输入练习

一地在要工上是中国同和的有人我主产不为这民了发以经

5．二级简码汉字的输入练习（按区位排列）

	11——15	21——25	31——35	41——45	51——55

11　五于天末开下理事画现玫珠表珍列玉平不来与屯妻到互
12　二寺城霜载直进吉协南才垢圾夫无坟增示赤过志地雪支
13　三夯大厅左丰百右历面帮原胡春克太磁砂灰达成顾肆友龙
14　本村枯林械相查可机格析极检构术样档杰棕杨李要权楷
15　七革基苛式牙划或功贡攻匠菜共区芳燕东芝世节切芭药

	11——15	21——25	31——35	41——45	51——55

21　睛睦盯虎止旧占卤贞睡肯具餐眩瞳步眯瞎卢眼皮此
22　量时晨果虹早昌蝇曙遇昨蝗明蛤晚景暗晃显晕电最归紧昆
23　呈叶顺呆呀中虽吕另员呼听吸只史嘛啼吵喧叫啊哪吧哟
24　车轩因困四辊加男轴力斩胄办罗罚较边思轨轻累
25　同财央朵曲由则崭册几贩骨内风凡赠峭迪岂邮凤

31　生行知条长处得各务向笔物秀答称入科秒秋管秘季委么第
32　后持拓打找年提扣押抽手折扔失换扩拉朱搂近所报扫反批
33　且肝采肛胆肿肋肌用遥朋脸胸及胶腔爱甩服妥肥脂
34　全会估休代个介保佃作伯仍从你信们偿伙亿他分公化
35　钱针然钉氏外旬名甸负儿铁角欠多久匀乐炙锭包凶争色

41　主计庆订度让刘训为高放诉衣认义方说就变这记离良充率
42　闰半关亲并站间部曾商产瓣前闪交六立冰普帝决闻妆冯北
43　汪法尖洒江小浊澡渐没少泊肖兴光注洋水淡学沁池当汉涨
44　业灶类灯煤粘烛炽烟灿烽煌粗粉炮米料炒炎迷断籽娄烃
45　定守害宁宽寂审宫军宙客宾家空宛社实宵灾之官字安它

51　怀导居民收慢避惭届必怕愉懈心习悄屡忧忆敢恨怪尼
52　卫际承阿陈耻阳职阵出降孤阴队隐防联孙耿辽也子限取陛
53　姨寻姑杂毁旭如舅九奶婚妨嫌录灵巡刀好妇妈姆
54　　对参戏台劝观矣牟奶难允驻驼马邓艰双
55　线结顷红引旨强细纲张绵级给约纺弱纱继综纪弛绿经比

6．三级简码汉字的输入练习

霖桔裁埋硅磊非桔森柯柑棵柳某勒桂若莫茵娃蜡晶蛔哇呵哩唱品咖别架震堪磕椅禁棋哥菲
蔓颧荔颗曝喷嘲嘻鄙啡嘌嘶喝器嘿辕罪布辐项苫帅跺晤横碍桌填帆坦吊瑞盂贺周蚌距芋莫
财践苫桌帆崭查呀辊森坷莫贺埋硅奔磊非桂桔森柯柑棵柳某勒莽若莫茵蛙蜡晶蛔哇柯咖堪
帅槽垣碍项坦盂坦帧布畦架荔颗喷嘲嘻鄙啡喳嘶噶器嘿辕畸罪莫莫噪蠹吊罩辐删瑞距唬横
韭癌蔼捍斑亘班梆碑笨舞碧蓖蔽币团辨辩斌病帛栽材操插差拆阐秤冲冲畴馨幢垂簇措担德
敌掂店凋掉调路董豆堵暑短盾星蛾峨矾诽峰逢覆复盖缸搞稿搁阁巩托拐捍搞话徊凰谎疾挤
简减槛讲轿谨矩菌咯考拷课坑吭筐捆括辣啦蓝栏谰揽插复莉丽痢撩撂临凛掳路赂略谩棉描
蘑抹谋闹诺捆啤帕排畔乒培赔砰啤拼乓坪苹菩旗乾堑蕃桥乔圈拳壤攘嚷擅坑身巩讲拭试首
寿暑各撕损襄擅谭特疼图团蟀曦唾微麻蛙瘟雾误晰辆橄席喜峡夏羡箱襄详响哮挟插薪新衅
星幸许熏压衙讶森坷详考医种禹语肮阅咱暂赃乍许摘斋樟哲者蔗振征政症证质种重诸拄著
柱蛀筑桩装撞捉着族醉哎锻价萝霖桔裁埋硅磊非桔森柯柑棵柳某勒周桂柑若莫茵娃蜡晶蛔
哇呵哩唱品咖别架震堪磕椅禁棋哥菲蔓颧荔颗曝喷嘲嘻鄙啡嘌嘶喝器嘿辕罪布辐项苫帅跺
晤横碍桌填帆坦吊瑞盂贺查蚌距芋践苫桌帆莫贺裁埋硅奔磊非桂桔森柯柑棵柳某勒莽若莫
茵蛙蜡亘班梆碑笨舞碧蓖蔽币团辨辩诚震梁布辈匿磕椅禁棋模哥非蔓掉调路董豆堵暑短盾
星蛾峨矾诽峰逢覆复盖缸搞稿搁阁巩托拐许捍搞话徊凰谎村疾挤简减槛讲轿谨靳咎矩菌咯
考拷课坑吭筐捆括辣啦蓝栏谰揽插复莉丽痢撩撂临凛掳路赂略麻谩棉描蘑抹谋闹诺课啤帕
排畔乒培赔砰啤扯拼乓坪苹菩旗乾堑蕃桥乔圈拳壤攘嚷擅坑身讲拭试首寿暑薪族价撕损襄
擅谭特疼图团蟀曦所唾微瘟雾误晰辆橄席喜峡夏羡箱襄详响锻哮挟插薪新衅星幸许熏压衙
讶详医种禹语肮阅咱暂赃乍许摘斋樟玫萝埋哲者蔗振征政症证质种重诸拄著柱蛀筑桩装撞
捉着族醉哎暇懂恫谍肮肮崔均兢崩觅砍暖殉爽鲜园裔赵铸琢秦豺卵膀摈壳焕羔钞洒否揪糙
祖燥黑凿渡巫补冤谈裨精逝晃味隘氨昂懊邦苞胞雹抱凫辟遍饼拨勃圪怖花沧肠梆臣诚吃滁
除楚础创淳存撮耽氮惮蛋惦殿嘱骑威砌弃沏歧陡读墩吨敦囤惰恩范饭房氛愤俘浮附疙隔棺
馆龟柜熟郭邯池函悍郝呓号痃淳恒喉伺吼厚候钫护沪慌恍恢饥囤悸伺假郊阶尽烬局拒据锯
惧剧倔凯刻窟夸块决蚀恤篱寥陵隆陋炉鹿陆履处局李乱迈芒盲毛锰泌密眠悯陌氖恼馁拟离
碾扭陪配烹霹僻聘屏祁起启迄汽枪呛抢禽楚情邱屈趣缺炔埃挨唉按胺案拔靶罢效验爸扳板
扮绊绑背绷彼毕庇辫秉玻波驳惨怪柴掺缠睫撤骋翅宠绸初雏纯绅疵雌殆逮怠弹挡倒稻嫡北
缔丢动缎掇娥珐返沸费芬吩纷汾份佛径痉净究纠厩驹聚娟爵难俊竣骏概康磕垦岿斐缆琅榔
育良浪矛狠练粮泗令琉硫流袭聋笼垄拢搂篓碌禄驴缕派轮伦沦论螺骡骆络驾曼砒披琵吡
疲屁贫玻破恼馁拟扭陪配烹霹掐谦侵氢驱娶券却群染妊纫缄绑匣叁嫂涩煞缮韶邵绍蛇慑设
振绅姚婶肾渗食驶始释室受瘦梳返叔熟树鼠竖数恕摔吮楚浪伤纤岵缯袄苔悯陌抬摊滩坛唐
滔绦梯锑迢通桶捅统痛投腿陀娃谈弯婉威巍潍维萎魏稳嗡翁屋侮溪袭系纤嚼讽将肮肮崔均
兢崩觅砍暖殉爽鲜园裔赵铸琢秦豺卵膀摈壳焕羔钞洒否揪糙祖燥黑凿渡巫补冤谈裨精逝晃
味隘氨昂懊邦苞胞雹抱趣缺炔埃挨唉按胺案拔靶罢效验爸扳板扮绊绑背绷彼毕庇辫秉玻波
驳惨怪柴掺缠睫撤骋翅宠绸初雏纯绅疵雌殆逮怠弹挡倒稻嫡缔丢动缎掇娥珐返沸费芬吩纷
汾份佛径痉净履究纠厩驹聚娟爵难俊竣骏概康磕垦岿斐缆琅榔育良浪矛狠练粮泗令琉硫流
袭聋笼垄拢搂篓碌禄驴缕楚派轮伦沦论螺骡骆络驾曼砒披琵楚吡疲屁贫玻破沏歧骑威砌

弃掐谦侵氢驱娶券却群染妊纫缄绑匣叁嫂涩煞缮韶邵绍蛇慨设振绅姚姊肾渗食驶始释室受
谈弯婉威巍潍维荽魏稳嗡翁屋侮溪袭系纤嚼讽将肮肮崔均兢崩觅砍暖殉爽鲜园裔赵铸琢秦
豺卵膀摈壳焕羔钞洒否揪糙祖燥黑凿渡巫补冤谈裨精逝晃味隘氨昂懊邦苞胞雹抱趣缺炔埃
挨唉按胺案拔靶罢效验爸扳板扮绊绑背绷彼毕庇辫秉玻波驳惨怪柴掺缠睫撤

7．无简码汉字的输入练习

辈匿暮墓募薯蠕噪槽韭型删厨桐垣帧矗唬堤贵题帖酮躁幅墟崖域垣砸勤醛露耐酣苕橱�早韩
捌稗痹蹭蝉颤掣痴酬稠筹捶雕痘犊赌端蹲躲罐喊监矫街靠篮酶蔑摸模摹摩牌徘搏撒墙瓢筛
善射甥牲柿肺嗜署酞躺蹄甜筒颡献嗅循鸦雅养跃攒咋蜘智州抓熬傲堡豹蹦逼弊彪鳖濒脯擦
猜踩搽察揣狙常橙穿船椿唇蠢茨蹉搭戴袋诞捣道盗蹬颠滇淀爹侗洞逗遁额遏袄腐糕歌鸽割
羹梗够刚冠浩荷盒貉鸿簧幌辉祸棘裸瞒满猫貌糜勉膜侥救狙撅觉勘窥赖阑猓镰敛两燎裂烈
霍期欺签浦萍坏彭澎躯辱褥塞赛莎燃偷兔挽喂窝熙啥傻裳裴沛棠剔堂探袒踏塔宿速俗嗽颜
邀尧莹影俞逾渝喻峪帜衷猪煮咨资额飘掌遮镇整斜携涎狭辖铣喂揍咨善挺铜蔑勉酶矮俺跛
版片被毙编遍畅惩匙搐传醇戳词聪葱篡郸蹈递垫叠兜都毒钝恶耍孰其绳摄念冷慧讳惑顿留
颅恐咳寇垮佥魁郎垒患核统流游愚犹悠泳追庸蒸尉纬围违望骚煽呜爬鸟势舒淑孰婆剩您怜
叛凄歉敲撬倥被寝茅监矫街靠篮酶蔑摸模摹摩牌徘搏撒墙瓢筛善射甥牲柿肺嗜署酞躺蹄甜
筒颡献嗅循鸦雅养跃攒咋蜘智州抓熬傲堡豹蹦逼弊彪鳖濒脯擦猜踩搽察揣狙常橙穿船椿唇
蠢茨蹉搭戴袋诞捣道盗蹬颠滇淀爹侗洞逗遁额遏袄腐糕歌鸽割羹梗够刚冠浩荷盒貉鸿簧幌
辉祸棘裸瞒满猫貌糜勉膜侥救狙撅觉勘窥赖阑猓镰敛两燎裂烈霍期欺签浦萍坏彭澎躯辱褥
塞赛莎燃偷兔挽喂窝熙啥傻裳裴沛棠剔堂探袒踏塔宿速俗嗽颜邀尧莹影俞逾渝喻峪帜衷猪
煮咨资额飘掌遮镇整斜携涎狭辖铣喂揍咨善挺铜蔑勉酶矮俺跛版片被毙编遍畅惩匙搐传醇
戳词聪葱篡郸蹈递垫叠兜都毒钝恶耍孰其绳摄念冷慧讳惑顿留颅恐咳寇垮佥魁郎垒患核统
流游愚犹悠泳

8．加识别码汉字的练习

正责麦青灭走井击元未声去云套奋页故有矿泵万杆苦草苗艺卡里旱足吗固回连岩见千升自
利和备血冬看牛迫气把逐伍什企余位仅杀尔讨床甫访应京壮兰斗状头章问疗油粒农异改尺
飞孟孔召隶她奴幼乡纹弄吾盏歹玛圭卉址刊雷坝坊垃亏厌硒夯矽丈辜尤厄码枉酉栈杜栖栗
杠朴杏贾枚柏杉粟札匡甘戎戒昔茧匣芹艾匹巾败岁冈汞巨芯茸卓旺旦晒冒申蛊旷蚊蚂曳吐
咕吠叮叭兄喵叹邑囚轧贱冉壬秆竿午舌矢香笛秃舟乏乞私笆皇丘扛皂扯扑拍拥扒斥泉扎肚
肘伏伐仆佣父仿仔仓仇仑鱼句钾铀钡铂勿钥勺锌勾庄讣卞齐吝库庙亢哀亦户亡肪孕舀仁仕
付丹笺讥享亨玄羊闲丫音闽闸痈闷闯疤浅尘汗汁沽汀汇泪汕沂汐兆泣洱汝粕宋冗穴宰刁丑
眉忻翌尿屎忌孜耶奸尹刃丸圣驮驯叉予驰双毋弗幻弘封场奇厘植碓置圆待等告彻程推抗值
住今触剂市美判卷单润悟阻剥刑敖琼赶坤坍霍劫奎砧厕酥朽票框椎巧蕾芜葫茄恭苟芦荤虏
虾蛆晾蛹吁呕哭啄岸贼贴凹屺佳伎仗倡仲仟肩诀扇忘妄诵君恳妒忍徒秸廷刮辞臭卤秧筋愁
捂挂拜皋拈爪捏皑扦卑誓凉拌抖抉拂腮债仰佯岔忿昏钟钒狈锈狄卯犯钓钩钩饯诚讫谁论讼
讠庐谆迹迹谜豪�闺痔眷誊翔羌酉疟童剖兑竞彦阁凉瘴洼酒湘泄涅溅尚沃雀誉渔汹涧漏粪
炯烂礼怯惜悼惶翟惊忙买屑坠聂绣

能力测试

1. 在 D 盘或 E 盘中建立如图 2-5-9 所示的文件夹结构。

2. 在 C 盘查找扩展名为 jpg 的文件，并复制若干个到自己的姓名文件夹中。

3. 查找 C 盘的 Pbrush.exe 文件，将其复制到自己所建的 Windows 7 文件夹中。

4. 通过"网上邻居"将其他机器上的共享文件拷贝到自己的姓名文件夹中。

图 2-5-9 文件夹结构

5. 将"自己的姓名"文件夹包含到库中。

6. 在自己所建的 Word 2010、 PowerPoint 2010、 Excel 2010 文件夹中分别建立 Microsoft Word 文档、 Microsoft PowerPoint 演示文稿、 Microsoft Excel 工作表文件。

7. 将 Word 2010 文件夹包含到文档库中。

8. 分别查看本机上 C 盘和 D 盘的容量及剩余的磁盘空间。

9. 将自己创建的文件夹中的文件删除，然后再到"回收站"中恢复它们。

自测题

一、选择题

1. 下面几种操作系统中，（　　）不是网络操作系统。
   A. MS-DOS
   B. Windows 7
   C. Windows NT
   D. UNIX

2. 在 Windows 7 中查找文件时，如果输入"*.docx"，表明要查找当前目录下的（　　）。
   A. 文件名为*.docx 的文件
   B. 文件名中有一个*的 docx 文件
   C. 所有的 docx 文件
   D. 文件名长度为一个字符的 docx 文件

3. 在 Windows 7 中鼠标的右键多用于（　　）。
   A. 弹出快捷菜单
   B. 选中操作对象
   C. 启动应用程序
   D. 移动对象

4. 在 Windows 7 中，任务栏可用于（　　）。
   A. 启动应用程序
   B. 修改文件的属性
   C. 平铺各应用程序窗口
   D. 切换当前应用程序窗口

5. 在 Windows 7 中，要恢复被删除的文件或快捷方式，应启动（　　）程序。
   A. Windows 资源管理器
   B. 收藏夹
   C. 回收站
   D. 控制面板

6. 在 Windows 7 计算机窗口的文件夹图标上，▷表示（　　），◢表示（　　）。

    A．该文件夹下只有文件，没有其他文件夹

    B．一定是个空文件夹

    C．该文件夹下的文件及文件夹已列出

    D．该文件夹下的文件及文件夹尚未列出

7. 在 Windows 7 中，要在 D 盘新建一个文件夹 user，下面正确的操作顺序是（　　）。

    1）在桌面上双击"计算机"图标。

    2）选择"文件"→"新建"→"文件夹"命令。

    3）双击 D:驱动器图标。

    4）在新建文件夹图标下的"新建文件夹"字样上直接输入 user，回车。

    A．1）2）3）4）   B．1）3）2）4）

    C．2）3）1）4）   D．2）1）3）4）

8. 用（　　）键可在任务栏的两个应用程序按钮之间切换。

    A．【Alt+Esc】   B．【Alt+Tab】   C．【Ctrl+Esc】   D．【Ctrl+Tab】

9. 选择（　　）选项之后，用户就不能再自行移动桌面上的图标。

    A．自动排列   B．按类型排列   C．平铺   D．层叠

10. 能在各种中英文输入法之间切换的操作是（　　）。

    A．【Ctrl+Shift】   B．【Ctrl+Space】

    C．【Shift+Space】   D．【Alt+Tab】

11. 在 Windows 7 资源管理器中，能随着选择项目不同而发生变化的是（　　）。

    A．工具栏   B．菜单栏

    C．地址栏   D．搜索框

12. 双击一个窗口的标题栏，可以使得窗口（　　）。

    A．最大化   B．最小化

    C．关闭   D．移动

13. 在 Windows 7 资源管理器中，能显示文件最常见属性的是（　　）。

    A．导航窗格   B．详细信息窗格

    C．地址栏   D．文件列表窗格

14. 在 Windows 7 中，查找文件不仅可以通过传统方法浏览文件夹和驱动器，还可以通过（　　）进行浏览。

    A．任务栏   B．库   C．开始菜单   D．桌面

15. 在 Windows 7 中，用鼠标将窗口的上边缘或下边缘拖动到屏幕的顶部或底部，将使窗口（　　）。

    A．扩展至整个桌面的高度   B．扩展为全屏

    C．对齐屏幕顶部   D．对齐屏幕底部

16. 如果将窗口的标题栏拖动到屏幕的左侧或右侧，直到出现已展开窗口的轮廓，释放鼠标，可将窗口（　　）。

    A．扩展为屏幕大小的一半   B．扩展为全屏

    C．最小化   D．关闭

17. Windows 7 中，在不同的应用程序之间切换的快捷键是（   ）。

    A.【Ctrl+Tab】   B.【Alt+Tab】

    C.【Shift+Tab】   D.【Ctrl+Break】

18. 在 Windows 7 的中文录入法中，为了实现全角与半角状态之间的切换，应按的键是（   ）。

    A.【Shift+空格】   B.【Ctrl+空格】

    C.【Shift+Ctrl】   D.【Ctrl+F9】

19. 在 Windows 7 中，实现中文与英文输入方式的切换，通常应按的键是（   ）。

    A.【Shift+空格】   B.【Shift+Tab】

    C.【Ctrl+空格】   D.【Alt+F6】

20. Windows 7 中，"复制"命令的快捷键是（   ）。

    A.【Ctrl+A】   B.【Shift+V】

    C.【Ctrl+V】   D.【Ctrl+C】

二、判断题

（   ）1. 在中文 Windows 7 中，允许每个文件名最长不超过 8 个字节。

（   ）2. Windows 7 只允许在屏幕上打开一个窗口。

（   ）3. Windows 7 的正常退出，不用关闭系统，直接关闭电源即可。

（   ）4. Windows 7 中的跳转列表用来打开最近使用的项目。

（   ）5. 当应用程序窗口被最小化之后，该程序也就结束运行了。

（   ）6. 当 Windows 应用程序菜单中的命令变灰时，说明该命令在当前不能执行。

（   ）7. 在 Windows 下删除一个子文件夹，该子文件夹下的所有文件都将被删除。

（   ）8. 移动文件到其他文件夹中后，原文件夹内就没有这些文件了。

（   ）9. 复制文件到其他文件夹中后，原文件夹内不保留这些文件了。

（   ）10. 若菜单选项前有√，则表示该选项正被使用。

（   ）11. 在 Windows 7 中，当在搜索框中输入第一个字符时，搜索工作就已经开始。

（   ）12. 在 Windows 7 的资源管理器窗口中，导航窗格用于访问库、文件夹、保存的搜索结果和整个硬盘。

（   ）13. 将窗口的标题栏拖离桌面的顶部可还原窗口。

（   ）14. 在 Windows 7 资源管理器窗口中，工具栏上显示的按钮会随着操作的对象不同而发生变化。

（   ）15. 在 Windows 7 的资源管理器中，地址栏具有导航的功能。

（   ）16. 库中组织的文件或文件夹可来源于不同的存储位置。

（   ）17. 在 Windows 7 中，便携式计算机可以通过合上盖子来关闭计算机。

（   ）18. 在 Windows 7 中，显示桌面按钮位于任务栏最右端。

（   ）19. 在 Windows 7 中，用户不能创建自己的库。

（   ）20. 在 Windows 7 中，不能将程序锁定到任务栏中。

学习帮助

　　1．汉字输入可以使用打字软件配合练习，如《金山打字通》等。要提高录入速度，只有勤学苦练才是捷径。

　　2．练习五笔字型输入法前，必须先熟记字根表，然后再循序渐进地练习。练习智能 ABC 输入法时，注意多练习用词组和简拼来输入。

　　3．五笔字型输入法是根据字型进行编码的一种输入方法，它不需要掌握汉字的读音，这对拼音不熟悉的人来说，是一种适用的输入方法。这种输入方法的突出特点是重码少、速度快。因此，它又非常适合专业录入人员使用，有这方面兴趣的学生不妨去学一学。

　　4．对于 Windows 7 的系统设置、Windows 7 应用程序的使用，建议同学们自己学习。

第 3 章　认识 Office 2010

本章简介

Microsoft Office 2010 是 Microsoft 公司推出的办公套件，该套件中包括 Word、Excel、PowerPoint、Access、Publisher 和 Outlook 等常见组件。Microsoft Office 2010 较以前版本在用户使用界面上做了彻底的改变，其目的是更好地满足现代办公的需求，同时也极大地提高了办公效率。

通过本章的学习，读者可以快速熟悉 Office 2010 的工作界面，掌握 Office 2010 的新功能和相关操作技能。

学习目标

☞ 了解 Office 2010 的应用程序

☞ 熟悉 Office 2010 的工作界面

☞ 掌握 Office 2010 的基本操作

3.1 了解 Office 2010 的应用程序

 基础知识

Office 2010 中包括了一组强大的应用程序，如 Word、Excel、PowerPoint、Outlook、Publisher、Access、OneNote、InfoPath、SharePoint Workspace，它们为人们处理文本、统计数据、展示想法、与人联系等提供了方便。Office 2010 不仅能更好地满足现代办公的需求，而且也极大地提高了现代办公的效率。

3.1.1 常用的应用程序

1．Word 2010

Microsoft Word 2010 是文字处理程序，使用该程序可以完成文字的录入、编辑、格式化工作，还可以用它来创建信函、报表、网页以及复杂的文档。

2．Excel 2010

Microsoft Excel 2010 是电子表格程序，该程序提供简化计算的公式和函数，使用户能轻松实现各类计算，如财务计算、销售计算等。

3．PowerPoint 2010

Microsoft Office PowerPoint 2010 是演示文稿程序，该程序是表达信息的一种方式，如展示个人想法、介绍公司产品、教育培训等。

3.1.2 其他应用程序

在 Microsoft Office 2010 某些版本中还包括了下面的应用程序。

1．Access 2010

Microsoft Access 2010 是一个数据库应用程序设计和部署工具，可以用它来管理数据、跟踪重要信息，如用户可以输入数据、查询数据、生成报表等。用户不仅可以将数据保留在计算机上，也可以将其发布到网站上，以便其他用户可以通过 Web 浏览器来使用数据库。

2．Outlook 2010

Microsoft Outlook 2010 是用于处理电子邮件、日程安排、联系人信息和待办事项的程序，使用该程序为用户管理日常事务提供了极大的方便。

3．Publisher 2010

Microsoft Publisher 2010 是进行出版物设计的程序，该程序能创建、个性化和共享广泛的专业级出版物和市场推广资料，如制作宣传册、新闻稿、明信片、贺卡、电子邮件新闻稿。

4．InfoPath 2010

Microsoft InfoPath 2010 是电子表单设计程序，它是一个强大但易于使用的工具，可以帮助用户快速从对业务最重要的人身上收集信息。

5．OneNote 2010

Microsoft OneNote 2010 是一种将文本、图片、数字手写、录音和录像等信息全部收集并组织到计算机上的一个数字笔记本。用户使用它可以有效地收集、组织、查找及共享笔记和信息。

6．SharePoint Workspace 2010

SharePoint Workspace 2010 是客户端应用程序，可随时用于以交互方式快速访问 Microsoft SharePoint Server 2010 和 Microsoft SharePoint Foundation 2010 上的文档库和列表，帮助企业用户轻松完成日常工作中诸如文档审批、在线申请等业务流程，帮助企业用户进一步拓展 SharePoint 平台的内容管理，内外部协同和企业业务流程管理能力，并可将 SharePoint 平台和企业其他业务系统进行集成。

3.2 认识 Office 2010 的工作界面

 基础知识

Microsoft Office 2010 的工作界面与 Office 2007 相比发生了一些细微的变化。下面主要以 Word 2010、Excel 2010 和 PowerPoint 2010 三个常用组件为例来简单介绍其界面以及 Office 2010 的新增功能。

3.2.1 Office 2010 的启动菜单

单击"开始"→"所有程序"→Microsoft Office 后，会出现如图 3-2-1 所示的 Office 2010 的启动菜单。如果要启动 Office 2010 的某个应用程序，再单击对应的程序图标即可。

图 3-2-1　Microsoft Office 2010 的启动菜单

3.2.2　Office 2010 的功能区及组成

Office 2010 与以前的版本相比有完全不同的工作界面，其核心部分是功能区。图 3-2-2 至 3-2-4 分别是 Word 2010、Excel 2010 和 PowerPoint 2010 的功能区，可以看出三个功能区的风格非常类似。

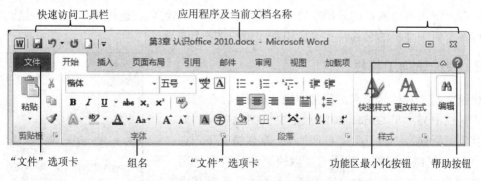

图 3-2-2　Word 2010 功能区的基本组成

图 3-2-3　Excel 2010 功能区的基本组成

图 3-2-4　PowerPoint 2010 功能区的基本组成

功能区是展示工具和功能的方式，它包含若干个围绕特定方案或对象进行组织的选项卡，而且，每个选项卡的控件又细化为几个组。当单击某个选项卡时，实现特定任务需要的工具会出现在您的眼前，使您更容易发现所需要的工具（这比以前版本需要在菜单中去找更直观）。

注意

在功能区中，选项卡显示的工具多少与显示器大小、屏幕分辨率和应用程序窗口的大小有关，图 3-2-5 所示是作者在机器中看到的"开始"选项卡的最大信息量。

图 3-2-5　在高分辨率和屏幕最大化下的功能区显示情况

1．标题栏

Office 应用程序窗口的顶部栏称为标题栏。标题栏中包含快速访问工具栏（可选）、当前应用程序窗口中文档的名称及控制应用程序窗口的按钮。

2．快速访问工具栏

快速访问工具栏是用来汇集常用操作的工具。在快速访问工具栏中显示了 Office 2010 已定义的图标按钮，如"保存"、"新建"、"打开"、"打印"等。默认情况下，它位于 Word 窗口的顶部，使用它可以快速访问频繁使用的工具。可以将命令添加到快速访问工具栏，从而对其进行自定义，单击"快速访问工具栏"旁的下拉按钮，会弹出如图 3-2-6 所示的菜单。

3．上下文工具

在功能区中并不是包括了所有的选项卡，有些选项卡只在特定操作中才会显示。例如，在 Word 文档中插入或选中图片时，才会显示图片工具的"格式"选项卡，如图 3-2-7 所示。

图 3-2-6　快速访问工具菜单

图 3-2-7　选定文档中的图片时才会出现的"格式"选项卡

4．组

在 Office 2010 功能区的每个选项卡中，都有不同的组，如"开始"选项卡中有"剪贴板"、"字体"、"段落"、"样式"、"编辑"组，每个组中包含不同的工具和控件。

5．屏幕提示

在 Office 2010 中，当鼠标指针悬停在一个工具图标上时，将在鼠标指针的下方显示该工具的名称和功能描述，如图 3-2-8 所示。

图 3-2-8　"格式刷"工具上的屏幕提示

6．对话框启动器

尽管 Office 2010 的界面是面向结果的，但有一些功能仍然需要从对话框中设置，单击"字体"对话框启动器后，将启动相应的对话框，如图 3-2-9 所示。

图 3-2-9　单击"字体对话框启动器"会显示"字体"对话框

7. 实时预览

实时预览功能是 Office 2010 的一项崭新功能，该功能将突出显示的格式应用到当前文档的选区，不必实际应用那个格式就能即时地看到效果。例如：选定一个形状，当鼠标指针在绘图工具"格式"选项卡的形状外观选项间移动时，文档中的形状立即更改其外观，如图 3-2-10 所示。

图 3-2-10　一个圆圈的实时预览效果

说明："实时预览"功能并没有真正应用该格式，如果要使用该格式，不要忘记单击需要的格式化命令。

8. 浮动工具栏

浮动工具栏是 Office 2010 的功能，它由一组格式化工具组成。在我们第一次选定文本时，浮动工具栏如幻影一般出现，当鼠标指针逐渐靠近它时，它渐渐变得清晰，如图 3-2-11 所示。

图 3-2-11　当第一次选定文本时出现浮动工具栏

说明：图形和其他非文本对象没有相应的浮动工具栏。

9. 状态栏

状态栏位于应用程序窗口的底部，其组成取决于使用的应用程序，它提供了若干与当前文档相关的可选信息项，右击状态栏，可显示状态栏菜单，图 3-2-12 所示是 Word 2010 中的状态栏菜单。

图 3-2-12　Word 2010 的状态栏信息

3.2.3　Microsoft Office Backstage 视图

在 Office 2010 的 Word、Excel、PowerPoint 等应用程序窗口中,在选项卡区的最左侧是"文件"选项卡,单击"文件"选项卡,会打开 Microsoft Office Backstage 视图,这是 Office 2010 的新增功能,如图 3-2-13 至图 3-2-15 所示。

图 3-2-13　Word 中的 Backstage 视图示例

图 3-2-14　Excel 中的 Backstage 视图示例

图 3-2-15　PowerPoint 中的 Backstage 视图示例

功能区包含用于在文档中工作的命令集，而 Backstage 视图是用于对文档执行操作的命令集。在 Backstage 视图中，可以管理文档和有关文档的相关数据，如创建、保存和发送文档；检查文档中是否包含隐藏的元数据或个人信息；设置打开或关闭"记忆式键入"建议之类的选项等。

3.2.4 自定义功能区

在 Office 2010 中，改进了自定义功能区，用户可以添加自定义选项卡和自定义组，并向自定义组中添加命令。虽然用户可以向自定义组添加命令，但是无法更改 Microsoft Office 2010 中内置的默认选项卡和组。

自定义的功能区设置只对正在使用的 Office 程序有效，不会应用于所有 Office 程序。

3.3 了解 Office 2010 的文件

3.3.1 文件格式

在 Office 2010 中，每个程序都以特定的文件格式保存数据，在 Windows 中，这些文件格式通常使用两种方式来确定使用什么程序创建文件。

1. 文件图标

在 Windows 文件夹窗口中，根据不同的文件图标可以确定是由 Office 2010 的什么程序创建的文件，如图 3-3-1 所示。

图 3-3-1　Office 2010 不同程序创建的文件图标

2. 文件扩展名

通过由 3~5 个字母构成的文件扩展名也可以确定某个文件是由什么程序创建的。Office 2010 的 Word、Excel、PowerPoint 程序的文件扩展名中包括一个字母 x，.docx 用于 Word 文档，.xlsx 用于 Excel 工作簿，.pptx 用于 PowerPoint 演示文稿。

3.3.2　Office 文件的制作流程

Office 程序能创建的文件类型很多，但各类文件的制作流程一般包括如图 3-3-2 所示的步骤。

图 3-3-2　Office 文件的制作流程图

3.4　获取帮助

Microsoft Office 中的每个程序都有其自己的"帮助"主页，如图 3-4-1 所示。要打开应用程序的"帮助"窗口，可以单击功能区右边的 按钮或按 F1 键。

图 3-4-1　Word 2010 和 Excel 2010 的"帮助"窗口

Microsoft Office 帮助有两种版本：一种是脱机帮助，这是在安装 Microsoft Office 时安装在计算机中的；另一种是联机帮助，是在 Microsoft Office Online 网站上提供的免费内容。

3.4.1　浏览脱机帮助

在"帮助"窗口中，列出了一般的帮助类别，单击某个类别或子类别可查看相应的主题，或者在"搜索"框中输入要浏览的主题后，单击"搜索"按钮也可查看相应的主题。

3.4.2 搜索 Office Online

如果要搜索联机内容，则要单击"搜索"按钮的下拉箭头，从弹出的菜单中选择
来自 Office Online 的内容 下面的一个选项，如图 3-4-2 所示。

图 3-4-2 搜索联机内容

实训 Office 2010 的基本操作

一、实训目的

1. 熟悉 Office 2010 工作界面。
2. 掌握 Office 2010 工作界面的基本操作。

二、实训内容

1. 启动/退出 Office 2010 程序
2. 设置快速访问工具栏
3. 自定义快速访问工具栏中的命令
4. 自定义功能区
5. 打开/关闭功能区
6. 设置文档保存方式
7. 设置文档窗口的显示比例
8. 获取主题信息

三、实训步骤

说明：Office 2010 程序的启动和退出方式基本一致，下面是以 Word 2010 程序为例进行操作实训。

1. 启动/退出 Office 2010 程序

【步骤】▶▶▶

（1）单击"开始"→"所有程序"→Microsoft Office→Microsoft Word 2010 命令，会出现如图 3-5-1 所示的窗口。

图 3-5-1　启动 Word 2010 后自动创建的空白文档

（2）如果要关闭 Word 文档，采用以下方法之一即可：

方法 1：单击窗口右上角的"关闭"按钮 ▣。
方法 2：单击"文件"选项卡，再单击 ▣退出 按钮。
方法 3：单击窗口左上角的 ▩ 按钮，再单击"关闭"命令。
方法 4：按【Alt+F4】键。

2. 设置快速访问工具栏

【步骤】▶▶▶

（1）单击"快速访问工具栏"左侧的 ▾ 按钮。
（2）在出现的下拉菜单中选择相应的命令。

3. 自定义快速访问工具栏中的命令

【步骤】▶▶▶

（1）单击"快速访问工具栏"左侧的 ▾ 按钮。

（2）在出现的下拉菜单中单击"其他命令"（或单击"文件"选项卡，再单击"选项"
→"快速访问工具栏"选项），会出现如图 3-5-2 所示的对话框。

图 3-5-2 "Word 选项"对话框

（3）选定要添加的命令，单击 添加(A) >> 按钮后会看到该命令出现在对话框右侧的列表中。

（4）单击"确定"按钮。

4. 自定义功能区

（步骤）

（1）单击"文件"选项卡，再单击"选项"，单击"自定义功能区"，再单击"新建选项
卡"按钮，会出现如图 3-5-3 所示的对话框。

图 3-5-3 自定义功能区

（2）要在"新建选项卡"中添加若干个组，可单击"新建组"按钮若干次。

（3）选定要向其中添加命令的"新建组（自定义）"，在"从下列位置选择命令"列表中选择要添加的命令→单击"添加"按钮。

（4）如果要继续向组中添加命令，则重复第（3）步。

（5）如果选定"新建选项卡（自定义）"项，单击"重命名"按钮可自定义选项卡的名称。

（6）如果选定"新建组（自定义）"项，单击"重命名"按钮可自定义组的名称。

（7）如果要查看和保存自定义设置，则单击"确定"按钮，在应用程序窗口可看到自定义的选项卡，如图 3-5-4 所示。

图 3-5-4　自定义选项卡和自定义组示例

5. 打开/关闭功能区

（步骤）

方法 1：双击功能区中的选项卡名称。
方法 2：按【Ctrl+F1】键。
方法 3：单击窗口左上角的"功能区最小化"按钮 。

　　如果功能区被关闭，单击某个选项卡可临时恢复显示，当使用其中的一个工具后，该功能区又将自动隐藏。

操作提示

6. 设置文档保存方式

（步骤）

（1）单击"文件"选项卡，单击 选项 ，再单击"保存"选项，会出现如图 3-5-5 所示的对话框。

（2）在对话框中设置文档的保存格式、时间间隔、默认文件位置等。

（3）单击"确定"按钮。

图 3-5-5　设置文档的保存方式

7. 设置文档窗口的显示比例

步骤

方法 1：使用"显示比例控件"设置。

（1）用鼠标拖动"显示比例控件"（在状态栏右侧）上的滑块，可调节文档窗口的显示比例，如图 3-5-6 所示。

图 3-5-6　显示比例控件

（2）单击该控件左侧的 ⊖ 按钮（或右侧的 ⊕ 按钮），文档窗口的显示将缩小 10%（放大 10%）。

方法 2：使用"显示比例"对话框设置。

（1）单击"视图"选项卡中的"显示比例"按钮，或单击"显示比例控件"左侧的 100% 数字按钮，会出现如图 3-5-7 所示的对话框。

图 3-5-7　设置文档的显示比例

（2）在对话框中，选择所需的显示比例。

（3）单击"确定"按钮。

8．获取主题信息

◀步骤▶▶▶

方法1：使用"搜索"框搜索主题。

（1）单击应用程序功能区右边的 按钮或按【F1】键，打开"帮助"窗口。

（2）在"搜索"框中键入要搜索的主题词，例如"新增功能"。

（3）单击 搜索 按钮，即可查找到相关主题，如图3-5-8所示。

方法2：使用"目录"窗格浏览主题。

（1）单击应用程序功能区右边的 按钮或按F1键，打开"帮助"窗口。

（2）单击"帮助"窗口工具栏中的 按钮，打开"目录"窗格，如图3-5-9所示。

（3）单击"目录"窗格中的类别图标，会展开其中的主题。

（4）单击想了解的主题，其相关内容会显示在右边窗格中。

图3-5-8　搜索"新增功能"主题

图3-5-9　在"目录"窗口中浏览并查找主题

第 4 章　Word 2010 的使用

本章简介

　　Word 2010 是 Microsoft 公司推出的 Office 2010 办公软件中的组件之一。Word 2010 是文字处理程序，其功能强大，用它不仅能够制作各种办公文档，还能制作版式复杂的印刷文档，甚至还可以制作 Web 主页等。随着 Word 功能的不断增强和完善，它越来越受到全球用户的欢迎。

　　本章将由浅入深地带领读者学会 Word 2010 的基本操作技能，能够熟练快速地制作出专业、精美的 Word 文档。

学习目标

- ☞ 了解 Word 2010 的新功能
- ☞ 掌握 Word 2010 的基本操作
- ☞ 能熟练地编辑处理 Word 2010 文档
- ☞ 能制作各种样式的 Word 表格
- ☞ 能进行 Word 2010 文档的图文混排
- ☞ 能利用 Word 2010 样式和目录熟练地编排毕业论文

4.1 初识 Word 2010

基础知识

Microsoft Office Word 2010 是文字处理程序，用它可以制作具有专业水准的办公文档或个人文档。Word 2010 的界面和默认文件格式与 Word 2007 版本差异不大，本节将对此进行介绍。

4.1.1 Word 2010 的功能

一、Word 2010 的主要功能

1. 面向结果的界面

面向结果的 Word 2010 界面能在用户需要的时候提供清晰的、条理分明的各种工具，比如，在新建一份文档时，与编辑文档相关的工具都展示在功能区的"开始"选项卡中，用户只需点几下鼠标，即可完成字体格式、段落格式、样式等设置工作。

2. 轻松实现图文混排

Word 2010 不仅可以将文字、表格、图形进行混排，还可以对图形进行加工处理，使用户能更轻松地创建精美的文档。Word 2010 还为图片和文本提供了艺术效果，并且文本应用效果后仍可进行拼写检查。

3. 超强的制表功能

在 Word 2010 中可以自动制表和手工绘表，表格中的数据可以自动计算，表格线可以自动保护。

4. 具有拼写和语法检查功能

Office 2010 提供的拼写和语法检查功能可以对英文文本的正确性进行检查，如果文本有拼写错误，该文本下方将标记红色波浪线；如果文本有语法错误，该文本下方将标记绿色波浪线，使用自动的拼写和语法检查功能可以将错误减到最少。在 Word 2010 中，可以针对一个文档或所有文档禁用拼写和语法检查。

5. 提供模板和向导功能

Word 2010 提供了非常丰富且适用的模板，它能帮助用户快速建立相应格式的文档。

二、Word 2010 的新增功能简介

1. 文字效果

在 Word 2010 中，新增了文字效果功能，可用的文字效果包括渐变填充、自定义阴影、倒影、发光、柔化边缘和斜边等。在文字上应用文字效果后，用户仍然可以对该文字进行编辑和拼写检查。

2. Backstage 视图

Backstage 视图是管理文件的场所，是用于对 Word 文档执行操作的命令集，即创建、保存、检查隐藏元数据或个人信息和设置选项。

查看 Backstage 视图的方法是：打开一个文档，然后单击"文件"选项卡，会打开如图 4-1-1 所示的界面。要从 Backstage 视图快速返回到文档，可以单击"开始"选项卡或者按【Esc】键。

图 4-1-1 Microsoft Office Backstage 视图

3. SmartArt 图形图片布局

早在 Word 2007 中，就增加了 SmartArt 图形，但在 Word 2010 中，新增了 SmartArt 图形图片布局功能，如图 4-1-2 所示。SmartArt 图形是信息和观点的视觉表示形式。用户可以通过从多种不同布局中进行选择来创建 SmartArt 图形，从而快速、轻松、有效地传达信息。如果在文档中已经包含图片，则可以像处理文本一样，将这些图片快速转换为 SmartArt 图形。比如可以使用照片或其他图像来讲述故事，如图 4-1-3 所示。

图 4-1-2   新增的 SmartArt 图形图片布局

图 4-1-3   SmartArt 图形示例

4．"文档导航"窗格和搜索功能

在 Word 2010 中，新增了"文档导航"窗格，使用导航窗格可以迅速轻松地管理长文档。比如，可以对整个文档进行浏览，同时还能够跟踪在文档中的位置。打开"文档导航"窗格的方法是：切换到"视图"选项卡，在"显示"组中勾选"导航窗格"复选框，如图 4-1-4 所示。

图 4-1-4   导航窗格示例

该窗格包括两个部分：文档结构图和搜索框。在文档结构图中，文档可以标题列表形式显示，也可以缩略图形式显示。单击"文档结构图"中的标题后，Word 文档就会跳转到文档中的相应标题，并将其显示在窗口的顶部，同时在"文档结构图"中突出显示该标题。

在"导航窗格"中，还可以实现以下功能：

- 单击文档结构图中的各个标题，可查看该标题中的内容。
- 单击各标题前的折叠图标，可展开或隐藏嵌套标题。
- 拖放文档内的标题以重排结构，并且可以添加、删除、剪切或复制标题及其内容。
- 在文档结构图中，可以升级或降级指定标题或某一标题及其所有嵌套标题。
- 可以查看文档中所有页面的缩略图，单击这些缩略图可以浏览文档对应页面的内容。

在"搜索"框中输入要查找的文本，可进行渐进式地搜索文本所在的位置，并且单击"搜索"框下方的"浏览当前搜索结果"选项卡▤，可在该窗格中查看搜索的结果。

5．恢复未保存的文档

如果用户正在编辑新创建的文档，但在没有保存的情况下就关闭了该文档，则 Word 2010 会临时保留该文档的草稿，以便将来进行恢复。该文档的草稿保存在 C:\Users\User_Name\AppData\Local\Microsoft\Office\Unsaved Files 文件夹中，并在创建之后保留四天。

如果用户正在编辑以前保存过的文件，Word 2010 会按预先设置的时间间隔自动保存文档，当在没有保存当前编辑的情况下就关闭了该文档，用户可以使用自动保存的文档来进行恢复。这些自动保存的文档保存在 C:\Users\User_Name\AppData\Local\Microsoft\Office\Unsaved Files 文件夹中，并在创建之后保留四天，或者保留到下次修改该文档时。

6．翻译屏幕提示

如果打开了"翻译屏幕提示"，当用鼠标指向文档中的某个单词或选定的短语时，会弹出如图 4-1-5 所示的小窗口，并查看翻译。在"翻译屏幕提示"小窗口中，单击"播放"按钮，可以播放单词或短语的发音；单击"复制"按钮，可以将翻译粘贴到其他文档中。打开"翻译屏幕提示"功能的方法是：切换到"审阅"选项卡，单击"语言"组中的"翻译"，再单击"翻译屏幕提示"命令。

图 4-1-5　"翻译屏幕提示"小窗口

4.1.2　Word 2010 的工作界面

启动 Word 2010 后的窗口如图 4-1-6 所示。

图 4-1-6　Word 2010 窗口

在第 3 章中已介绍了文件选项卡、标题栏、快速访问工具栏、功能区的功能，所以不再重复，本节只对其他部分进行介绍。

1．编辑区

编辑区又称文本区。在该区可以输入文本、表格和图形，还可以进行编辑和排版工作。编辑区中闪烁的"|"称为"插入点"，表示当前输入文字将要出现的位置。当鼠标在编辑区操作时，鼠标指针变成 I 形，其作用是可快速地重新定位插入点。将鼠标指针移动到所需的位置，单击鼠标按键，插入点将在该位置闪烁。

2．选定区

选定区是位于编辑区左端的一个隐含栏，当鼠标指针在该区时将变为 ⁴ 形状。利用选定区可以很方便、快捷地选择文本。

3．滚动条

垂直滚动条可以帮助用户移动文档的页面，当单击滚动条上的 ▲、▼ 按钮时，文本可一次上下移动一点；当拖动滚动条上的灰色滑块时，可快速移动文本；当上下拖动滚动滑块时，Word 2010 会跟踪文档中用户要去的地方。

水平滚动条可将文档控制在屏幕的中心位置。拖动水平滚动条上的滑块，可将文本在屏幕上左右移动。

4．标尺

Word 中的水平和垂直标尺常常用于对齐文档中的文本、图形、表格和其他元素，还可用于调整文本段落的缩进、设置页边距和设置制表位等。标尺只在页面视图中才显示，如果在页面视图中未显示，只需单击垂直滚动条顶端的"标尺"按钮 即可。

5．制表符

在 Word 2010 中，可以在标尺上设置制表位来对齐文本。用于对齐文本的制表符有五种类型：左对齐式制表符、居中式制表符、右对齐式制表符、小数点对齐式制表符、竖线对齐式制表符，其类型及含义如表 4-1-1 所示。

表 4-1-1　制表位的类型及含义

⌞ 左对齐式制表符	用于设置文本的起始位置。在键入时，文本将从该制表位的右侧开始显示
⊥ 居中式制表符	用于设置文本的中间位置。在键入时，文本以此位置为中心显示
⌟ 右对齐式制表符	用于设置文本的右端位置。在键入时，文本将从该制表位的左侧开始显示
⊥ 小数点对齐式制表符	用于使十进制数字按照小数点对齐。无论位数如何，小数点始终位于相同位置
∣ 竖线对齐式制表符	该制表位不定位文本。可用它在制表符的位置插入一条竖线，该竖线纵向贯穿段落

注意

　　制表符选择器上还有两个选项 和 ，它们分别是用于"首行缩进"和"悬挂缩进"。该内容将在 4.4 节介绍和在实训 6 中操作练习。

单击窗口中的制表符选择器，可依次在左对齐式制表符、居中式制表符、右对齐式制表符、小数点对齐式制表符、竖线对齐式制表符、首行缩进图标、悬挂缩进图标之间进行切换。

在标尺上添加制表符的方法是：选择制表符的类型，然后在标尺上单击鼠标左键即可增加一个制表符。

删除制表符的方法是：用鼠标指向制表符，然后将其拖离标尺即可删除一个制表符。

调整制表符位置的方法是：用鼠标拖住制表符在标尺上左右移动即可调整制表符的位置。

6．导航按钮

导航按钮位于垂直滚动条底部，这些按钮可以帮助你移动文档。 按钮是选择浏览对象按钮，用它可以选择要寻找的对象（如文档中的特殊文本、图片、图表、页脚等）， 、 按钮可以帮助用户前后寻找。

7．状态栏

状态栏位于窗口的底部，其中包括页数、节、当前所在页数/总页数、插入点所在位置（行和列）、字数、视图按钮、显示比例控件等信息。如果单击状态栏中的各个状态项，会弹出相应的对话框；如果单击视图按钮，会切换到相应的视图。

4.1.3 Word 2010 的视图

为了增加文档的处理方式，Word 2010 提供了多种环境的显示模式，即视图。如页面视图、阅读版式视图、Web 版式视图、大纲视图、草稿，用户可根据自己处理文档的需要选择相应视图。下面将对各种视图作简单介绍。

1．页面视图

页面视图是使用频率最高的视图，用于显示整个页面的分布状况和整个文档在每一页上的位置，包括文本、图形、表格、文本框、页眉、页脚和页码等，不仅能方便地编辑它们，而且能对大部分对象进行实时预览。它具有"所见即所得"的显示效果，与打印效果完全相同，如图 4-1-7 所示。

图 4-1-7　"页面视图"示例

2．阅读版式视图

阅读版式视图是为了方便用户在计算机屏幕上进行阅读的一种优化视图，如图 4-1-8 所示。

操作提示

在阅读版式中，可以通过多种方法查看文档：①单击页面下角的箭头；②按 Page Down 和 Page Up 或空格键和 Backspace；③单击屏幕顶部中间的导航箭头。

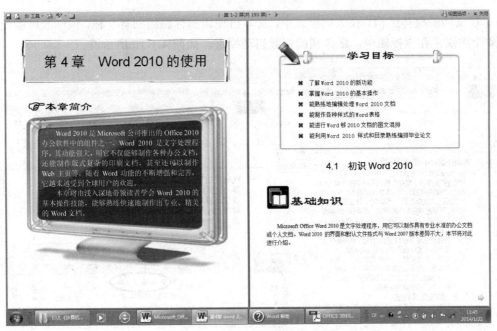

图 4-1-8　"阅读版式视图"示例

3．Web 版式视图

Web 版式视图优化了版式布局，在屏幕上阅读和显示文档时效果极佳，它显示的正文更大，并且自动换行以适应窗口的变化。在 Web 版式视图中可以设置文档的背景、制作主页等，如图 4-1-9 所示。

图 4-1-9　"Web 版式视图"示例

4．大纲视图

大纲视图将根据文本格式的级别来分级显示文档的大纲结构，用它可以很方便地组织文档并掌控文档的整体结构。在大纲模式中，文本可使用的标题级别有 9 种，但一般可能使用到 3 或 4 个级别。在该视图中，低级别的标题自动缩进，如图 4-1-10 所示。

图 4-1-10　"大纲视图"示例

5. 草稿

Word 2010 中的草稿类似于以前版本中的普通视图，它简化了版面的布局，用户看不到页边距、页眉和页脚等效果。草稿可以让用户只关注文字输入，从而有效提高文本的输入速度，如图 4-1-11 所示。

图 4-1-11　"普通视图"示例

实训 1　Word 2010 界面的基本操作

一、实训目的

1. 掌握 Word 2010 的启动和退出方法。
2. 掌握编辑标记的显示/隐藏方法。
3. 掌握制表位的设置方法。
4. 了解窗口的拆分方法。

二、实训内容

1. Word 2010 的启动
2. Word 2010 的退出
3. 显示/隐藏编辑标记
4. 始终显示特定标记
5. 显示/隐藏标尺
6. 快速设置制表位
7. 更改默认制表位的间距
8. 显示/隐藏页面的上下边距
9. 拆分窗口

三、实训步骤

1. Word 2010 的启动

◀步骤▶▶▶

方法 1：通过"开始"菜单启动。单击"开始"→"所有程序"→Microsoft Office→Microsoft Word 2010 命令。

方法 2：通过快捷图标启动。双击桌面上的快捷图标 。

方法 3：通过文件名启动。在 Windows 资源管理器中，双击 Word 文档，将启动 Word 程序并打开该文档。

注意

用方法 1 和方法 2 启动 Microsoft Word 2010，会弹出如图 4-1-4 所示的窗口，Word 将新建一份名为"文档 1"的空白文档。

方法 3 称为关联启动。所谓关联启动就是双击某个文件，会打开与它相关联的应用程序。例如，双击扩展名为.docx 的文件，会打开 Word 2010 应用程序；双击扩展名为.txt 的文件，会打开记事本应用程序；双击扩展名为.xlsx 的文件，会打开 Excel 2010 应用程序；双击扩展名为.pptx 的文件，会打开 PowerPoint 2010 应用程序等。这种方法可以同时打开多个 Word 文件。

方法 4：安全模式启动。在启动 Microsoft Word 2010 的同时按住【Ctrl】键，直到出现如图 4-1-12 所示的对话框，单击"是"按钮以安全模式启动。

图 4-1-12　"文档结构图"示例

注意

有下面几种情况可以选择安全模式启动 Word：
①需要禁止 Word 加载项。
②Word 遇到困难并且正在尝试诊断问题。
③需要观察 Word 的默认行为。

2．Word 2010 的退出

◀步骤▶▶▶

方法 1：单击 Word 窗口右上角的 按钮。
方法 2：单击"文件"选项卡，再单击 按钮。
方法 3：右击任务栏中要关闭的"Word 文档"窗口按钮，单击"关闭窗口"命令。
方法 4：按【Alt+F4】组合键。
方法 5：单击窗口左上角的 按钮，再单击"关闭"命令。

注意

如果在退出 Word 2010 之前，正在编辑的文档还没有存盘，此时系统将提示用户是否将编辑的文档存盘。

3．显示/隐藏编辑标记

步骤

方法：切换到"开始"选项卡，单击"段落"组中的 🔛 按钮，可以显示或隐藏编辑标记和段落标记。

> **注意**
>
> 编辑标记（如空格、制表符、段落标记、格式标记）是一种非打印字符，它能够在文档中显示，但不会被打印出来。编辑标记的主要作用是便于查看文档的格式设定。
>
> 段落标记的主要作用是对段落进行分段，并且将该段落中的所有格式继承到下一个段落中。
>
> 如果选择始终显示特定的标记（如段落标记或空格），"显示/隐藏编辑标记"按钮不会隐藏所有的格式标记。

4．始终显示特定标记

步骤

（1）单击"文件"选项卡，再单击 选项 按钮。

（2）单击"显示"选项，在"始终在屏幕上显示这些格式标记"下方勾选要在文档中始终显示的标记，如图 4-1-13 所示。

图 4-1-13　选择始终要显示的标记

5. 显示/隐藏标尺

（步骤）►►►

方法：单击垂直滚动条顶端的"查看标尺"按钮 ，可显示/隐藏标尺。

6. 快速设置制表位

（步骤）►►►

（1）反复单击水平标尺左端的"制表符"选择器，选择所需的制表符类型。

（2）在标尺上单击需要设置制表位的位置。

（3）拖动标尺上的制表符，可以将其移动到其他位置。

（4）要删除制表位，可将其向上或向下拖离标尺。

7. 更改默认制表位的间距

（步骤）►►►

（1）切换到"页面布局"选项卡，单击"段落"组的对话框启动器，如图 4-1-14 所示。

（2）在"段落"对话框中单击"制表位"按钮，会弹出如图 4-1-15 所示的对话框。

图 4-1-14　对话框启动器

图 4-1-15　设置默认的"制表位"

（3）在"默认制表位"框中输入所需的默认制表位间距大小。

（4）单击"确定"按钮。

（5）在文本编辑区按一下【Tab】键，制表位将定位在指定的距离处。

8. 显示/隐藏页面的上下边距

（步骤）►►►

（1）在页面视图中，如果可以看到整个页面的上边距和下边距时，将鼠标指针指向页面间的空白处，指针变为双箭头 时（如图 4-1-16（左）所示）双击即可隐藏页面上下边距。

（2）当不显示上边距和下边距时，指向页面间的分隔线，指针变为双箭头↕时（如图4-1-16（右）所示）双击即可显示页面上下边距。

图 4-1-16　双击可显示/隐藏页面上下边距

9．拆分窗口

◀步骤▶▶

方法 1：使用"窗口拆分条"完成。

（1）指向"查看标尺"按钮上方的"窗口拆分条"，如图 4-1-17 所示。

（2）将"窗口拆分条"向下拖动，可将窗口分为上下两个窗格。

（3）将"窗口拆分条"向上拖动，可取消窗口的拆分。

（4）双击"窗口拆分条"，可将窗口分为两个相等的窗格，如图 4-1-18 所示。

窗口拆分　查看标尺按钮

图 4-1-17　窗口拆分条

图 4-1-18　窗口被拆分为上下两部分

方法 2：使用"视图"选项卡完成。

（1）切换到"视图"选项卡，单击"窗口"组中的"拆分"按钮，鼠标指针处会跟随一条灰色的分隔条。

（2）移动鼠标，在窗口适当位置单击鼠标即可将窗口拆分成上下两部分。

（3）如果要取消拆分窗口，切换到"视图"选项卡，单击"窗口"组中的"取消拆分"按钮即可。

4.2 Word 文档的基本操作

Word 文档的处理一般包括：新建文档、输入文本、保存文档、打开文档、打印文档、发布文档等基本操作。

4.2.1 了解 Word 2010 的文件格式

Word 2010 的文件格式与 Word 2007 类似，仍然支持打开和保存早期格式文件。在打开早期格式文件时，会开启兼容模式，并且会在文档窗口标题栏中的文件名后显示"（兼容模式）"。兼容模式有两种：一种是 Word 2007 兼容模式；另一种是 Word 97-2003 兼容模式。在兼容模式中，不会使用 Word 2010 中的新功能或增强功能，以便使用早期 Word 版本的用户可以使用全部编辑功能，而且保存时，会保留原来的文档布局。

1．Word 2010 的本地文件格式

Word 2010 的本地文件格式主要有以下 4 种：

- .docx：不包含宏的 Word 文档。
- .docm：包含宏或启用宏的 Word 文档。
- .dotx：不包含宏的 Word 模板。
- .dotm：包含宏或启用宏的 Word 模板。

在 Word 2010 中，如果要将一个.docx 的文档转换为.docm 以使它能包含宏，必须使用"另存为"命令，并选择文件类型为"启用宏的 Word 文档（*.docm）"。如果将一个.docm 文件转换为*.docx，也必须使用"另存为"命令，并选择文件类型为"Word 文档（*.docx）"，此时，文档中的宏被移除。

2．Word 2010 的其他文件格式

在 Word 2010 中，除了可将文档保存为.docx、.docm、.dotx、.dotm 格式以外，还可以保存为早期的文件格式和多种其他文件格式，如表 4-2-1 所示。

表 4-2-1　Word 2010 的其他文件格式

doc	早期版本的 Word 文件类型
dot	早期版本的 Word 模板文件类型
txt	纯文本文件类型，不能保存原文件的格式
htm 或 html	网页格式
rtf	大纲格式文档，可以在 PowerPoint 中直接打开编辑
pdf 或 xps	固定版式的电子文件格式，可以保留文档格式并支持文件共享

下面简单介绍 PDF 文件格式。PDF（便携文档格式）是一种电子文件格式。这种文件格式与操作系统平台无关，也就是说在任何一种操作系统中都是通用的。PDF 文件格式将文字、字型、格式、颜色及独立于设备和分辨率的图形图像等封装在一个文件中，所以，无论在哪种打印机上都能保证准确的打印效果，忠实地再现原稿格式。

如果用户希望自己保存的文件不会被别人修改，但可以让别人分享和打印，可以利用 Word 2010 提供的功能将文档转换为 PDF 文件格式。

注意

如果将文档另存为 PDF 文件后，则无法再转换回 Word 文档格式。如果要查看 PDF 文件，则必须在计算机上安装 PDF 读取器，比如 Adobe Reader、Adobe Acrobat、Adobe Photoshop、CAJViewer 等。

4.2.2　创建空白文档

当启动 Word 2010 应用程序后，系统会自动建立一个名为"文档 1.doc"的空白文档；如果此时单击快速访问工具栏中的"新建"按钮，系统会自动建立一个名为"文档 2.doc"的空白文档，依此类推。

1．输入文本

新建一份空白文档之后，便可开始输入文本。在输入文本时，每个字符都在闪烁的竖条光标右侧出现，当文本填满一行时，Word 会自动换行，开始新一行的文本输入，直到用户按下【Enter】键（回车键）才会结束一个段落的输入。

2．新建段落

当用户按下【Enter】键结束一个段落的输入时，会在段落末尾插入一个段落标记，同时，竖条光标跳到下一行，可以开始另一个段落文本的输入。为了便于以后排版，建议用户一定在每个自然段落结束处才按一次【Enter】键。

如果将插入点定位在一个段落的首字符前并按回车键，可以在该段落前插入一个空行；如果将插入点定位在一个段落的中间某处并按回车键，可以将该段落分成两个自然段。

操作提示

> 如果想在文档空白处的任意位置输入文本或插入对象，可采用 Word 的"即点即输"功能，即用鼠标双击该处后，竖条插入点就定位在此处。该功能只在页面视图中有效。

3. 使用默认制表位对齐文本

每一个新建的空白文档都已默认设置了制表位，按【Tab】键可将文本对齐到默认的制表位。如果多次按【Tab】键，可增加文本间隔的宽度，如图 4-2-1 所示。

图 4-2-1　利用制表位对齐文本

4. 插入与改写

Word 2010 有两种文本输入模式：插入模式和改写模式。默认是插入模式，即在输入文本时，如果插入点右边已有文字，这些文字将向右移动以容纳新输入的文字。相反，如果处于改写模式，输入的文本将替换掉插入点右边的文字。

在 Word 2010 中，使用【Insert】键在插入模式和改写模式之间进行切换。如果用户想取消【Insert】键的控制功能，可单击"文件"选项卡中的"选项"→"高级"，按图 4-2-2 所示清除"用 Insert 控制改写模式"复选框。

图 4-2-2　取消 Insert 键对改写模式的控制

4.2.3　使用模板创建文档

用户不必每次从空白开始创建文档，对一个初学者来说，使用 Word 2010 提供的模板创建文档是个不错的选择。

1．了解模板

在 Word 中创建的每一个新文档（包括空白文档）都是基于某一个模板的。在新建空白文档时，Word 自动应用默认的模板（Normal.dotm）。

有时，我们需要使用特定的模板来创建文档。模板设置了文档的基本格式，如页面大小、页边距、信息占位符等。

Office 2010 提供了大量的模板，有的直接安装在系统中，如多种信件、简历、传真和报告模板；有的是联机提供的，如小册子、名片、备忘录等。

2．使用模板创建文件

如果要写一份个人简历，可以使用 Word 2010 提供的简历模板来完成。方法如下：

（1）切换到"文件"选项卡，单击"新建"→"样本模板"选项，会弹出如图 4-2-3 所示的对话框。

图 4-2-3　使用模板创建"简历"文档

（2）选择"基本简历"模板后，在右侧窗格中会显示该模板的预览图。

（3）单击"创建"按钮。

4.2.4　创建特定的文档

在 Word 2010 中，还可以创建特定的文档，如书法字帖、稿纸文档、博客等。

"书法字帖"功能可以帮助用户灵活地创建字帖文档，自定义字帖中的字体颜色、网格样式、文字方向等，然后将它们打印出来，这样就可以获得符合自己的书法字帖，从而提高自己的书法，如图 4-2-4 所示。

图 4-2-4　"书法字帖"文档示例

"稿纸"功能可以帮助用户创建空白的稿纸样式文档，或将稿纸网格应用于现有的 Word 文档中，如图 4-2-5 所示。

图 4-2-5　稿纸文档示例

4.2.5　保存文档

如果当前文档不是新文档，单击"快速访问工具栏"中的"保存"按钮，或单击"文件"选项卡中的"保存"命令，或按【Ctrl+S】键，即可保存文档。但如果当前文档是新文档，单

击“保存”按钮后，会弹出“另存为”对话框，这时需要指明文件保存的位置、文件名及文件类型等。

1．自动保存和自动恢复

在文本输入过程中，用户应当随时保存文档，主要是为了防止突然断电，或 Word 程序异常关闭，或其他意外事故发生后引起数据丢失。

在发生意外后，为了将损失降到最低，用户需要启用 Word 的“自动保存”和“自动恢复”功能。启用后，用户就可以打开、还原或删除文档的自动保存版本。

2．设置和保存文档密码

在保存文档前，可以先设置文档的打开密码和修改密码，这样，能有效防止别人查看或修改文档内容。

在设置密码时，密码长度应大于或等于 6 个字符，并且要由大写字母、小写字母、数字和非字母数字符号中的三种组合构成。如果密码长度超过 7 个字符，并且包含四种字符的密码称为强密码，否则称为弱密码。例如，X4kn*6Tg8 是强密码，而 Hollo12 是弱密码。

4.2.6 打开文档

在 Word 2010 中，可以用不同的方式打开文档，如果要编辑文档，可以打开原始文件；如果只是查看，可以用只读方式打开文档；如果不想在原文件中编辑修改，可以用副本方式打开文档，程序将创建文件的副本，以后所做的任何更改都将保存到该副本中，程序为副本提供新名称，默认情况下是在文件名的开头添加副本（1）。

另外，Word 2010 允许同时对多个文档进行操作，当打开多个文档时，每个文档独占一个窗口，通过任务栏上的窗口按钮可在多个文档之间进行切换。

技能训练

实训 2 制作一份简单的 Word 文档

【实例】创建一份 Word 文档，要求如下：

（1）启用 Word 文档的“自动恢复”和“自动保存”功能，并将保存自动恢复信息时间间隔设置为 5 分钟。

（2）在 Word 文档中，按照图 4-2-6 所示输入文本。

（3）将文本保存到“E:\Word 示例”文件夹中，并命名为“排版练习 1.docx”。

（4）将已保存的文档保存为早期的版本，并命名为“金玉良言.doc”。

比尔盖茨的十条"金玉良言"

比尔盖茨的业界地位仅次于杜拉克，据权威英国《金融时报》调查：全球 25 个国家的 1000 位 CEO、基金经理认为："微软仍是最受尊敬的公司，并在企业创新、投资价值两项中排名第一。"

调查结果发现："商界舵手最重要的表现，是越来越注重领导的创新能力。在企业增长方面的突出表现，是稳中求胜的理念转而改为主动出击的新思维。"今天的比尔·盖茨成为最受尊敬的商界领袖，其地位和影响力仅次于世界管理学之父杜拉克。盖茨先生在一次讲话中，语重心长地讲了他的十条忠告，相信会对大家有所启发。

1．社会充满不公平现象。你先不要想去改造它，只能先适应它。

2．世界不会在意你的自尊，人们看的只是你的成就。在你没有成就以前，切勿过分强调自尊。

3．你只是中学毕业，通常不会成为 CEO，直到你把 CEO 职位拿到手为止。

4．当你陷入人为困境时，不要抱怨，你只能默默地吸取教训。

5．你要懂得：在没有你之前，你的父母并不像现在这样"乏味"。你应该想到，这是他们为了抚养你所付出的巨大代价。

6．在学校里，你考第几已不是那么重要，但进入社会却不然。不管你去到哪里，都要分等排名。

7．学校有节假日，到公司打工则不然，你几乎不能休息，很少能轻松地过节假日。

8．在学校，老师会帮助你学习，到公司却不会。如果你认为学校的老师要求你很严格，那是你还没有进入公司打工。因为，如果公司对你不严厉，你就要失业了。

9．人们都喜欢看电视剧，但你不要看，那并不是你的生活。只要在公司工作，你是无暇看电视剧的。

10．永远不要在背后批评别人，尤其不能批评你的老板无知、刻薄和无能。

这十条金科玉律般的职工座右铭，我建议作为职工必读的经典之作。要把它张贴在自己工作生活的墙上，经常阅读反省，对我们大有好处。比尔·盖茨之所以成为最受尊敬的人，以及近十年"世界首富"，恐怕其间重要道理正在于此。

大家放眼望去会发现：大凡成功者，在谈到成功时，很少谈"做事"，而都在讲"做人"。因为不会做人，就不会做事，就会走上无为的一生，或走上大起大落坎坷艰难的不归之路。

著名经济学家茅于轼先生说："要在三四十岁思考人生，七老八十再想用处就不大了。"人，出生入死要深思！才是大道理。

图 4-2-6 "排版练习 1"文档

（5）给"排版练习 1.docx"文档设置打开密码和修改密码。

（6）如果有未保存的文档被意外关闭了，请恢复未保存的文档。

一、实训目的

1．掌握 Word 2010 文档的创建、保存和打开的方法。

2．掌握文本的基本输入方法。

3．掌握 Word 2010 文档密码的设置方法。

4．理解 Word 2010 文档的"自动保存"和"自动恢复"功能。

二、实训内容

1．创建新文档

2．启用"自动恢复"和"自动保存"功能

3．输入文本

4．保存尚未命名的新文档

5．保存为早期版本的文档

6．设置文档的打开密码

7．设置文档的修改密码

8．打开文档

9．打开最近使用的文档

10．恢复未保存的文档

三、实训步骤

1．创建新文档

【步骤】▶▶▶

（1）单击"开始"→"所有程序"→Microsoft Office→Microsoft Word 2010 命令，或双击桌面上的 快捷图标。

（2）Word 启动后，系统会自动建立一个名为"文档 1.doc"的空白文档，用户可以直接在此文档中输入文字。

（3）如果需要再建立一个新文档，可选择以下两种方法之一：

方法 1：单击"快速访问工具栏"中的 按钮（如果没有该按钮，则单击 按钮从下拉菜单中选择"新建"命令，再单击该按钮）。

方法 2：切换到"文件"选项卡，单击"新建"选项，会打开如图 4-2-7 所示的窗口，选择"空白文档"，然后单击"创建"按钮。

图 4-2-7 新建文档窗口

2. 启用"自动恢复"和"自动保存"功能

《步骤》▶▶▶

（1）承上例，依次单击"文件"选项卡→"选项"→"保存"命令，会弹出如图 4-2-8 所示的对话框。

图 4-2-8　设置自动保存时间

（2）确保图中所示的"保存自动恢复信息时间间隔"和"如果我没保存就关闭，请保留上次自动保留的版本"复选框被勾选。

（3）将"保存自动恢复信息时间间隔"框中的时间设置为 5 分钟。

（4）单击"确定"按钮。

操作提示

> 恢复文件所包含的新信息量取决于保存恢复文档的频率（即时间间隔）。此处的设置为每隔 10 分钟保存一次恢复文件，所以，恢复文件中将不包含在发生电源故障或其他问题之前最后 9 分钟所做的工作。

3. 输入文本

《步骤》▶▶▶

（1）在竖条光标处使用空格键退后两个汉字，或按【Tab】键。

（2）输入第一个段落的文本。

（3）第一段文本输入完毕，按【Enter】键，光标将换到下一行，表示重新开始一个段落。这时，可输入第二个段落的文本。

（4）用同样的方法将所有文本输入完成。

操作提示

> 　　如果要修改文档中的错误，可将插入点定位到错误的文本处，按【Del】键删除插入点右边的字符，按【Backspace】键删除插入点左边的字符。
>
> 　　如果要在文本中间插入内容，可将插入点定位到需要插入内容的地方，然后输入内容。

4．保存尚未命名的新文档

◀步骤▶▶▶

（1）承前例，选择以下三种方法之一，会弹出如图 4-2-9 所示的对话框：

方法 1：单击"快速访问工具栏"中的"保存"按钮🖫。

方法 2：单击"文件"选项卡中的"保存"命令。

方法 3：按【Ctrl+S】键。

图 4-2-9　"另存为"对话框

（2）在导航窗格中选择要保存的位置 E:盘。

（3）单击"新建文件夹"按钮，会在 E:盘中新建文件夹，将其命名为"Word 示例"。

（4）双击"Word 示例"文件夹将其打开。

（5）在"文件名"文本框中输入"排版练习 1.docx"。

（6）单击"保存"按钮。

注意

> 　　第一次保存某文档时，注意至少要做两件事情：一是为新文档取名；二是选择新文档要存放到什么位置，以便以后查找。
>
> 　　对于已命名的文档，单击"保存"后系统自动将当前文档的内容保存在同名的文档中，不出现对话框。

5．保存为早期版本的文档

（步骤）▶▶▶

（1）承前例，单击"文件"选项卡中的"另存为"命令，会弹出"另存为"对话框。

（2）在对话框的"保存类型"下拉列表中选择"Word 97-2003 文档"。

（3）在"文件名"文本框中重新输入"金玉良言.doc"。

（4）单击"保存"按钮，会弹出如图 4-2-10 所示的对话框。

图 4-2-10　保存为早期版本的 doc 文件

（5）单击"继续"按钮，将在 Word 窗口中打开"金玉良言.doc"文档，在标题栏中可看到文件名后有"（兼容模式）"的标注（"排版练习 1.docx"文档自动关闭）。

6．打开文档

（步骤）▶▶▶

（1）承接上例。单击"文件"选项卡中的"打开"命令，会弹出如图 4-2-11 所示的对话框。

图 4-2-11　"打开"对话框

（2）打开文件所在的文件夹。

（3）可以按图中所示的两种方法之一打开文档。

（4）如果要以副本或者只读方式打开文档，可以单击"打开"按钮旁边的箭头，然后单击"以副本方式打开"或"以只读方式打开"。

7．设置文档的打开密码

步骤

（1）承前例，单击"文件"选项卡中的"信息"选项，再单击"保护文档"下拉列表中的"用密码进行加密"命令，会弹出如图 4-2-12 所示的对话框。

（2）在对话框的"密码"框中键入密码。

（3）单击"确定"按钮，会弹出如图 4-2-13 所示的对话框。

（4）在对话框的"重新输入密码"框中再次键入密码。

（5）单击"确定"按钮。

（6）保存文件。

图 4-2-12　设置打开权限密码

图 4-2-13　确认打开权限密码

8．设置文档的修改密码

步骤

（1）承前例，单击"文件"选项卡中的"另存为"命令，在弹出的对话框中单击"工具"按钮，如图 4-2-14 所示。

图 4-2-14　"工具"下拉列表

（2）单击"常规选项"，会弹出如图 4-2-15 所示的对话框。

（3）在对话框中输入修改文档时的密码。

（4）单击"确定"按钮，会弹出如图 4-2-16 所示的对话框。

（5）重新键入密码进行确认，单击"确定"按钮后返回"另存为"对话框。

（6）单击"保存"按钮。

图 4-2-15　设置修改文档密码

图 4-2-16　"确认密码"对话框

9．打开最近使用的文档

（步骤）

方法 1：通过"文件"选项卡启动。

（1）单击"文件"选项卡中的"最近所用文件"选项，会打开如图 4-2-17 所示的 Backstage 视图。

图 4-2-17　"文件"下拉菜单

（2）在"最近使用的文档"列表中单击要打开的文件。

方法 2：通过"开始"菜单启动。

（1）单击"开始"→"所有程序"→Microsoft Word 2010 程序图标，会打开"最近"子菜单，如图 4-2-18 所示。

图 4-2-18　Word 2010 的"最近"菜单

（2）单击要打开的 Word 文档。

10．恢复未保存的文档

◀步骤▶▶▶

（1）在 Word 2010 应用程序中单击"文件"选项卡。

（2）选择以下方法之一，会在一个新窗口中打开如图 4-2-19 所示的保存草稿文件夹：

方法 1：单击"最近所用的文件"选项，再单击"恢复未保存的文档"命令。

方法 2：单击"信息"选项，再单击"管理版本"下拉列表中的"恢复未保存的文档"命令。

图 4-2-19　选择未保存的文档草稿

（3）选择要恢复的文件后单击"打开"按钮，会打开如图 4-2-20 所示的窗口。

图 4-2-20　恢复先前未保存的文档

（4）在文件顶部的功能区中单击"另存为"按钮，可将文档保存到用户指定的位置。

实训 3　制作特定的文档

一、实训目的

1. 掌握使用模板创建文档的方法。
2. 了解 Word 2010 "书法字帖"文档的创建方法。
3. 了解 Word 2010 稿纸的应用方法。
4. 了解 PDF 格式的作用。

二、实训内容

1. 使用模板创建一份个人简历
2. 将 Word 文档保存为 PDF 文件格式
3. 创建一份"书法字帖"文档
4. 将现有文档设置为稿纸格式

三、实训步骤

1. 使用模板创建一份个人简历

【实例】创建一个名为"简历.docx"的文档，其格式如图 4-2-21 所示。

图 4-2-21　个人求职简历示例

步骤 ▶▶▶

（1）单击"文件"选项卡中的"新建"命令，在 Backstage 视图中选择"样本模板"，如图 4-2-22 所示。

（2）在"样本模板"列表区中选择"平衡简历"模板。

（3）单击"创建"按钮，会创建一份包含格式的文档。

（4）单击文档中的文本占位符，输入自己的个人信息。

（5）完成后，保存该文档。

图 4-2-22   使用模板创建文档

2．将 Word 文档保存为 PDF 文件

【实例】将前例创建的"简历.docx"文档转换为 PDF 文件，命名为"简历.pdf"，为该 PDF 文件设置密码，并在转换后能自动打开 PDF 文件。

〔步骤 〕

（1）承前例。单击"文件"选项卡中的"另存为"命令，弹出"另存为"对话框。

（2）在"保存类型"列表中选择"PDF(*.pdf)"类型，对话框变为如图 4-2-23 所示。

图 4-2-23   "另存为"对话框

（3）要使 PDF 文件保存后立即打开，应勾选"发布后打开文件"复选框。

（4）如果希望文档的打印质量较高，则选择"标准（打印和联机发布）"单选项。

（5）如果希望减小文档的大小，则选择"最小文件大小（联机发布）"单选项。

（6）单击"选项"按钮，弹出如图 4-2-24 所示的对话框。

（7）勾选"使用密码加密文档"复选框，单击"确定"按钮返回到"另存为"对话框。

（8）单击"保存"按钮后会打开"简历.pdf"文件，如图 4-2-25 所示。

图 4-2-24 "选项"对话框

图 4-2-25 打开的 PDF 文件

3. 创建一份"书法字帖"文档

【实例】创建如图 4-2-26 所示的文档。要求：每页显示 4 行，每行 5 个汉字。

图 4-2-26　"书法字帖"文档示例

【步骤】▶▶▶

（1）切换到"文件"选项卡，单击"新建"，选择"书法字帖"选项，再单击"创建"按钮，会弹出如图 4-2-27 所示的对话框。

图 4-2-27　"增减字符"对话框

（2）在"可用字符"列表中按住【Ctrl】键选取不连续的若干文字（或按住【Shift】键选取连续的若干文字）。

（3）单击"添加"按钮，选取的文字会出现在"已用字符"列表中。

（4）单击"关闭"按钮，将创建书法字帖文档。

（5）切换到"书法"选项卡，单击"选项"按钮，再单击"常规"选项卡，会弹出如图 4-2-28 所示的对话框。

（6）按图中所示设置参数。

（7）单击"确定"按钮。

（8）保存文档。

图 4-2-28 设置字帖选项参数示例

4. 将现有文档设置为稿纸格式

【实例】将一份现有的文档设置为稿纸格式，如图 4-2-29 所示。要求：在稿纸文档的页眉的右侧显示"第 X 页 共 Y 页"；在页脚的左侧显示"行数×列数=格数"。

图 4-2-29 应用了稿纸格式的文档示例

◀步骤▶▶▶

（1）打开要应用稿纸设置的 Word 文档。

（2）切换到"页面布局"选项卡，单击"稿纸"组中的"稿纸设置"命令，会弹出如图 4-2-30 所示的对话框。

图 4-2-30 "稿纸设置"对话框

（3）在对话框的"格式"下拉列表中，选择"方格式稿纸"样式。

（4）在"页眉"下拉列表中，选择"第 X 页 共 Y 页"选项；在"对齐方式"下拉列表中，选择"右"选项。

（5）在"页脚"下拉列表中，选择"行数×列数=格数"选项；在"对齐方式"下拉列表中，选择"左"选项。

（6）单击"确定"按钮。

4.3 Word 文档的编辑

基础知识

在 Word 2010 中，编辑文档主要包括：选定文本、删除文本、移动和复制文本、查找与替换文本、重复与撤消文本、自动更正等。

4.3.1 选定文本

在进行文本编辑操作时，一般要遵循"先选定，后操作"的原则，即先选定要编辑的文本，然后再对其进行操作。被选定的文本会加上底色显示，如图 4-3-1 所示。

图 4-3-1　选定的文本

选定文本的方法如下：

（1）选定任意文本的内容：有两种方法，一是直接用鼠标从要选定文本的首部（或尾部）拖动到其尾部（或首部）；二是先单击要选定文本的首部（或尾部），然后拖动垂直滚动条或向下滚动鼠标滑轮，再按住【Shift】键不放单击其尾部（或首部）。如果选定的文本较少（未跨页），采用第 1 种方法较便捷；如果选定的本文较多（跨过几页），则建议采用第 2 种方法容易操作。

（2）选定单字或单词：双击该单词。

（3）选定一个句子：按往【Ctrl】键不放，单击该句子。

（4）选定一个文本行：在文本选定区，单击该行对应的位置。

（5）选定多个文本行：在文本选定区，单击某行并向下拖动鼠标。

（6）选定一个段落：有两种方法，一是在文本选定区，双击该段落对应的位置。二是在文本编辑区，三击该段落任意位置。

（7）选定整个文档：有三种方法，一是在文本选定区，三击鼠标；二是按住【Ctrl】键不放，单击文本选定区的任意位置；三是按【Ctrl+A】组合键。

（8）选定多个文本区域：先选定第一个区域，按住【Ctrl】键再选择其他区域。

（9）选定矩形文本块：先按住【Alt】键，再从该矩形块的左上角拖动鼠标到右下角，如图 4-3-2 所示。

图 4-3-2　矩形块文本的选定

4.3.2　移动和复制

通过移动或复制信息来创建一份文档，可以节省时间，提高文档编辑效率。移动和复制信息都是通过"剪贴板"来完成的。

1．认识剪贴板

剪贴板是系统内存中的一个临时存储区域，用于在不同应用程序之间交换信息。剪贴板中可以存放文本、图形、图像、声音、文件等信息，其使用方法是：将选定的信息通过"复制"或"剪切"操作存放到剪贴板中，当需要应用的时候，再从"剪贴板"中"粘贴"到目标位置。在 Windows 系统中，信息会一直保存在"剪贴板"中，直到复制或剪切其他内容或关闭计算机。

在 Microsoft Office 应用程序中，也有自己的"剪贴板"，称为 Office 剪贴板，它的功能更强大。Windows 剪贴板只能保存一个复制或剪切项目，而"Office 剪贴板"最多可以容纳 24 个项目。例如：可以将 Office 文件中的多个文本或图形项目复制到"Office 剪贴板"，然后再将其中的一个或全部项目粘贴到另一个 Office 文件中。

打开 Office 剪贴板的方法是：切换到"开始"选项卡，单击"剪贴板"组的对话框启动器会打开"剪贴板"任务窗格，如图 4-3-3 所示。

图 4-3-3　"剪贴板"任务窗格

2．复制信息

复制就是将选定的信息复制到另一位置，复制后，原来位置的信息仍然存在。复制操作就是通过"复制"命令将选定的内容复制到剪贴板中。在 Word 文档中，可以多次使用"复制"命令将不同的信息复制到剪贴板中。

3．移动信息

移动就是将选定的信息移动到文档的另一位置，移动后，原来位置的信息不存在了。移动操作就是通过"移动"命令将选定的内容移动到剪贴板中。在 Word 文档中，可以多次使用"剪切"命令将不同的信息移动到剪贴板中。

4．粘贴信息

粘贴就是将剪贴板中的内容插入到光标所在的位置。在 Word 文档中，如果直接使用"粘贴"命令，只能将最近一次复制或剪切的信息插入到光标位置。如果想要插入某次复制或剪切的信息，则需要从剪贴板窗格中选择粘贴。其方法是：在剪贴板窗格中直接单击要粘贴的项目。

操作提示

　　在实际应用中，要快速地实现复制、剪切、粘贴操作，常常使用【Ctrl+C】、【Ctrl+X】、【Ctrl+V】组合键来完成。

4.3.3　撤消与重复

　　在进行插入、删除、移动、复制等操作时，Word 2010 会自动记录下用户所执行过的每一步操作，因此，在 Word 文档的编排过程中，如果对先前所做的工作感到不满意，这时可以利用工具栏中的"撤消"按钮 ⟳ 还原到先前的工作状态。Word 允许进行多次"撤消"操作。

　　例如，刚删除了一段文本，如果单击一次 ⟳，则可以撤消刚才的删除操作，还原被删除的文本。如果确定仍然要删除这段文本，可单击"重复"按钮 ⟲，继续完成删除文本的操作。

　　撤消和重复操作的组合键分别是【Ctrl+Z】、【Ctrl+Y】。

4.3.4　查找与替换文本

　　Word 的查找功能非常有用，如果用户要在文档（特别是长文档）中查找某个信息，使用该功能可以很快找到，而不用逐行查找。例如，想在一个文档中查找"Word 2010"词组，根据用户的指令，可以在每次出现"Word 2010"时停止。这时，用户可以对查找到的内容进行编辑。

　　当在 Word 文档中有若干处相同的内容要进行修改时，千万不要逐个查找并修改，因为这样做效率很低，而且还有可能漏掉要修改的内容。所以，这时一定要使用 Word 的"替换"功能，它可以"一次设置，全部修改"，即所谓的"批量修改"。

4.3.5　自动更正

　　Word 2010 提供了一种自动更正的功能，可以帮助用户更正一些常见的输入错误、拼写错误和语法错误等，这对英文输入很有帮助，对中文输入更大的用处是将一些常用的、比较长的词句定义为自动更正词条，再用一个缩写词条名来代替它。

　　例如，如果文本中经常要输入"重庆电子工程职业学院"这个词，我们可以把它的自动更正词条定义为"CDX"，以后当键入"CDX"加一个空格时，Word 2010 就会自动把它更正为"重庆电子工程职业学院"。其方法如下：

　　（1）单击"文件"选项卡中的"选项"命令，在弹出的对话框中单击"校对"选项，会弹出如图 4-3-4 所示的对话框。

　　（2）单击 自动更正选项(A)... 按钮，会弹出如图 4-3-5（左）所示的对话框。

　　（3）分别在"替换"和"替换为"框中按图中所示输入文本。

　　（4）单击"添加"按钮，该词条就添加到了自动更正的列表框中，如图 4-3-5（右）所示。

　　（5）单击"确定"按钮。

图 4-3-4 "校对"选项对话框

图 4-3-5 创建"自动更正词条"

（6）按【Caps Lock】键切换到大写状态，在文档中输入"CDX"，再按【Space】键，Word 就用相应的词条"重庆电子工程职业学院"来代替。

实训 4　Word 文本的基本编辑

【实例】将图 4-3-6 所示的"排版练习 1.docx"原文档按要求进行编辑。要求如下：

（1）在"排版练习 1"文档中，加入标题"自学辅导教学适应教育发展趋势"。

（2）将"排版练习 1"文档进行如下编辑：

● 将第一自然段中的"首先，……。"移动到第二自然段前面。

● 将第一自然段中的"其次，……。"移动到第三自然段前面。

● 将第一自然段中的"第三，……。"移动到第四自然段前面。

原文档示例

　　首先，自学辅导教学实验符合我国实施素质教育的趋势。其次，自学辅导教学实验符合终身学习的趋势。第三，自学辅导教学实验符合信息技术发展的趋势。当今世界科技进步日新月异，人类正在快速迈向知识经济时代。面对 21 世纪的到来，各个国家综合国力的竞争日益激烈。但是，所有这些激烈的竞争中，归根结底还是人的素质的竞争。要提高我国国民的素质，比较关键的还是首先提高我们的教育质量。提高教育质量就是利用教育科学研究，用科学的方法遵循教育规律，来提高质量。所以，在这个大背景下，进一步研究和推广自学辅导教学这项实验，更有特殊意义。它的重要意义表现在这项改革实验符合教育发展的趋势。

　　当前及今后我们教育战线上面临的一项非常重要的任务，就是要全面推进素质教育，要特别重视培养学生的创新精神和实践能力。而旨在培养学生自学能力的自学辅导教学实验是为推行素质教育创造条件的一个重要方面。推进素质教育，减轻学生过重的学习负担，要从改进我们的教学方法和学习方法入手。如果我们用科学方法让学生在有限的时间内能够得到更多的知识，他们的能力成长得更快，那是我们所希望的。而所有能力当中，培养学生的自学能力或者说获取知识的能力，这是使他们终身受益的一项教育基础作用。自学辅导教学实验，其核心是提倡在教师指导下以学生自学为主，老师是引导他们而不是代替他们来学习，因此，进一步研究和实验这项教学改革对于推进我们正在实施的素质教育是有很大意义的。

　　我国已经明确提出，要逐步完善终身学习体系。终身学习体系，就是说在人的一生当中任何的年龄阶段，在任何的工作岗位上，在任何的时间都有可能不断地学习。在这种条件下，一个人要能不断地学习，他的自学能力就成为他不断获取知识、不断更新知识的一个重要的基础。所以在学校教育中，特别是在基础教育阶段就应高度重视培养学生的学习能力。同时，学习能力也是创新能力的基础。从这个意义上看，从小培养他们自学能力，就成为我们教育中不可回避的一个责任，而目前正在进行的自学辅导教学实验，显然有利于培养他们的自学能力。

　　现代信息技术的迅猛发展，将会引起 21 世纪新的学习革命、教育方式的革命。人们将有可能在任何时间、任何地点，接受任何形式的教育，所有学习者只要有学习愿望，都将有可能通过网络选择适当的时间、地点，选择学习内容和符合自身学习特点的学习方式。这种学习的主动权就不在教师了，而在学生本人。学习者能不能选择适合他最有效的学习方式、学习内容，这将取决于他的自学能力。

　　——摘自《中国教育报》

编辑后的文档效果图

　　自学辅导教学适应教育发展**大趋势**　　①插入标题

　　当今世界科技进步日新月异，人类正在快速迈向知识经济时代。面对 21 世纪的到来，各个国家综合国力的竞争日益激烈。……它的重要意义表现在这项改革实验符合教育发展的**大趋势**。

　　首先，自学辅导教学实验符合我国实施素质教育的**大趋势**。

　　当前及今后我们教育战线上面临的一项非常重要的任务，就是要全面推进素质教育，要特别重视培养学生的创新精神和实践能力。……因此，进一步研究和实验这项教学改革对于我们正在实施的素质教育是有很大意义的。　　④查找替换

　　其次，自学辅导教学实验符合终身学习的**大趋势**。　　③移动文本

　　我国已经明确提出，要逐步完善终身学习体系。……而目前正在进行的自学辅导教学实验，显然有利于培养他们的自学能力。

　　第三，自学辅导教学实验符合信息技术发展的**大趋势**。

　　现代信息技术的迅猛发展，将会引起 21 世纪新的学习革命、教育方式的革命。人们将有可能在任何时间、任何地点，接受任何形式的教育，……学习者能不能选择适合他最有效的学习方式、学习内容，这将取决……

　　自学辅导教学适应教育发展**大趋势**　　④复制标题

图 4-3-6　编辑"排版练习 1"文档

　　（3）将标题"自学辅导教学适应教育发展趋势"复制一份到文章的末尾。

　　（4）将"排版练习 1"文档中的最后一行文本"——摘自《中国教育报》"删除。

　　（5）将"排版练习 1"文档中的"趋势"修改为"大趋势"，并且设置为"华文琥珀"、"五号"、"红色"，加"着重号"。

一、实训目的

1. 掌握文本的插入和修改方法。
2. 掌握文本的删除、移动和复制方法。
3. 掌握文本的查找和替换方法。
4. 掌握文本的重复与撤消方法。

5. 熟悉 Word 自动更正的设置。
6. 熟悉 Word 剪贴板的使用。

二、实训内容

1. 插入文本
2. 移动文本
3. 复制文本
4. 剪贴板的使用
5. 删除文本
6. 查找文本
7. 替换文本
8. 创建和使用自动更正词条

三、实训步骤

1. 插入文本

（步骤）▶▶▶

（1）将插入点定位在第一自然段的行首，按【Enter】键，将插入一个空行。
（2）将光标移到增加的空行处。
（3）输入标题内容。

2. 移动文本

（步骤）▶▶▶

方法 1：利用鼠标拖放完成。
（1）将插入点定位在第二自然段的行首，按【Enter】键，将在该段前面插入一个空行。
（2）选定要移动的文本"首先，……"这句文字。
（3）将鼠标指针指向已选定的文本，此时指针变为形状。
（4）按住鼠标左键，指针变为形状时将其拖动到第二自然段前面的空行处。
（5）用类似（1）～（4）的方法完成其他两句文字的移动。
方法 2：利用按钮命令完成。
（1）分别在第二、三、四自然段的前面插入一个空行。
（2）选定要移动的文本"首先，……"这句文字。
（3）单击"开始"选项卡中的"剪切"按钮。
（4）将插入点定位在第二自然段前面的空行处。
（5）单击"开始"选项卡中的"粘贴"按钮。
（6）用类似（2）～（5）的方法完成其他两句文字的移动。

3．复制文本

步骤 ▶▶▶

（1）将插入点定位在最后一个自然段的末尾处，按【Enter】键将在该段后面插入一个空行。

（2）选定要复制的标题"自学辅导教学适应教育发展趋势"。

（3）按【Ctrl】键，用鼠标将其拖动到文档最后的空行处。

注意

> 　　利用按钮命令来完成文本的移动或复制操作，不仅适合在同一个文档中进行，也适合在多个文档之间或在应用程序之间进行。
> 　　复制文本与移动文本的操作非常类似，不同的是：在用鼠标拖动时，还要同时按住【Ctrl】键或将"剪切"操作✄改为"复制"操作🗐。

4．剪贴板的使用

步骤 ▶▶▶

（1）单击"开始"选项卡中的"剪贴板"对话框启动器打开"剪贴板"。

（2）任意选定一段文本，单击"复制"按钮🗐（或"剪切"按钮✄），可以看到剪贴板中增加了一项内容。

（3）每重复一次步骤（2），在"剪贴板"中都会增加一个项目。

（4）单击"剪贴板"中的某个项目图标，可将其粘贴到目标位置。

（5）单击"剪贴板"中的 全部粘贴 按钮，可以将剪贴板中的所有项目粘贴到目标位置。

（6）单击"剪贴板"中的 全部清空 按钮，可以将剪贴板中的所有项目全部删除。

（7）要控制"剪贴板"的显示方式，单击 选项▼ 按钮，选择所需的显示方式，如图 4-3-7 所示。

图 4-3-7　控制"剪贴板"的显示方式

5．删除文本

步骤 ▶▶▶

（1）将光标移到最末一行文本的选定区。

（2）在选定区单击，可以选定最后一行文本。

（3）按【Del】键或【Backspace】键，可以删除该文本。

6．查找文本

步骤 ▶▶▶

方法 1：通过按钮命令查找。

（1）在"开始"选项卡的"编辑"组中单击"查找"命令左侧的向下箭头，在下拉菜单中选择"高级查找"命令，在弹出的对话框中单击"更多"按钮，显示如图 4-3-8 所示的对话框。

图 4-3-8 "查找和替换"对话框的"查找"选项卡

（2）在"查找内容"框中输入"趋势"。

（3）在"搜索范围"下拉列表中选择"全部"。

（4）单击"查找下一处"按钮，Word 将查找到的第一个与之相符的字符串突出显示。

（5）单击"查找下一处"按钮，Word 继续查找下一个与之相符的字符串；反复单击"查找下一处"按钮，可以查找到所有与之相符的字符串，直至文档结束。

（6）单击"取消"按钮关闭对话框。

方法 2：通过"选择浏览对象"按钮查找。

（1）单击垂直滚动条下方的"选择浏览对象"按钮，会弹出如图 4-3-9 所示的工具栏。

图 4-3-9 通过"选择浏览对象"按钮"查找和替换"

（2）单击"查找"图标，会弹出如图 4-3-8 所示的对话框。

（3）其余操作同方法 1 的步骤（2）～（6）。

注意

在方法 2 中，可以用单击垂直滚动条下方的"下一次查找/定位"按钮和"前一次查找/定位"按钮来代替单击"查找下一处"按钮，并且此时可将对话框关闭。这样做的好处就是：用户查阅、编辑查找的文本更方便，因为"查找和替换"对话框不再浮在文档窗口上，也就不再遮挡屏幕了。

方法 3：通过"导航窗格"查找。

（1）打开"导航窗格"，可用以下两种方法之一：

● 在"视图"选项卡的"显示"组中勾选"导航窗格"复选框。

● 在"开始"选项卡的"编辑"组中单击"查找"命令。

（2）在"导航窗格"的"搜索"框中输入文本"趋势"，在文档窗口中被找到的文本会突出显示，如图 4-3-10 所示。

图 4-3-10　利用"导航窗格"查找文本示例

7．替换文本

（步骤）

（1）在"开始"选项卡的"编辑"组中单击"替换"命令，在弹出的对话框中单击"更多"按钮，弹出如图 4-3-11 所示的对话框。

图 4-3-11　设置要替换的文字

（2）在"查找内容"组合框中输入"趋势"。

（3）在"替换为"组合框中输入"大趋势"。

（4）单击"格式"按钮，选择"字体"命令，会弹出如图 4-3-12 所示的对话框。

（5）按图中所示分别设置"中文字体"、"字号"、"字体颜色"和"着重号"。

（6）单击"确定"按钮，回到图 4-3-11 所示的对话框。

（7）单击"查找下一处"按钮，光标停留在第一个相符的字符串处，并突出显示，若要替换该字符串，则单击"替换"按钮，之后光标停留在下一个相符的字符串处。如果不想替换该字符串，则单击"查找下一处"按钮。

（8）如果不想逐个替换，则单击"全部替换"按钮，会弹出如图 4-3-13 所示的对话框。

（9）单击"确定"按钮。

图 4-3-12　设置替换后的文字格式

图 4-3-13　替换完成对话框

4.4　Word 文档的格式化

基础知识

Word 文档编辑完后，接下来要做的事情还很多，而且也很重要。为了使文档看起来更美观，我们还要对文档进行格式化。Word 有四个级别的格式：字符、段落、页面（节）和文档。本节把格式化操作归类为三种：字符格式化、段落格式化和页面格式化。

4.4.1　字符格式化

字符格式化是指改变字符的一种或多种属性及格式。主要包括设置字体、字号、字型、颜色、字符间距、字符边框和底纹等，在 Word 2010 中还新增了文本效果，如图 4-4-1 所示。

图 4-4-1 字符格式化示例

1. 了解字符格式化工具

设置字符格式可以用以下方式完成：

- 使用"开始"选项卡的"字体"组。
- 使用"字体"对话框。
- 使用"文本效果"对话框。
- 使用"浮动工具栏"（当鼠标悬停在选定的文本上时出现）。
- 使用快捷键。

大部分字符的格式设置命令显示在"开始"选项卡的"字体"组中，如图 4-4-2 所示；另一部分字符的格式设置命令则出现在"字体"对话框中，如图 4-4-3 所示；还有少量的字符格式设置命令没有出现在功能区中，只能通过前面介绍过的自定义功能区的方法定义后再使用。另外，文本效果除可在"字体"组中直接设置外，还可以通过"文本效果"对话框来设置，如图 4-4-4 所示。

图 4-4-2 "开始"选项卡中的"字体"组

图 4-4-3 "字体"对话框的"高级"选项卡　　　　图 4-4-4 "文本效果"对话框

2．复制格式

复制格式就是将一个位置的格式应用到另一个位置。利用"开始"选项卡的"格式刷"按钮 ✔格式刷 可以实现格式的复制。"格式刷"工具的使用有两种方法：一是单击"格式刷"按钮 ✔格式刷，只能复制一次格式；二是双击"格式刷"按钮 ✔格式刷，可以复制若干次格式。如果想结束格式复制，就按【Esc】键或再次单击"格式刷"按钮。

3．清除格式

要清除选定文本的格式，切换到"开始"选项卡，单击"字体"组中的"清除格式"工具 🗛。

注意

> "格式刷"和"清除格式"工具不限于字符格式，对许多其他种类的格式也起作用。

4.4.2 段落格式化

段落是由文本、图形和其他对象构成的，以段落标记（即一个回车符）结束。段落格式化是指对一个段落的整体结构和外观进行设置，它包括两个方面：一是结构性格式，如对齐、缩进、行间距、段间距、首字下沉、制表位等；二是装饰性格式，如边框、底纹、项目符号和编号等。段落标记不仅标记一个段落的结束，还存储了该段落的格式化信息。

在段落的格式化中，如果对一个段落操作，则只需在操作前将插入点定位在该段落中；若是对几个段落同时操作，则应当选定这几个段落，再进行各种段落的格式化操作。

1．段落的对齐

段落的对齐主要包括：两端对齐、居中对齐、右对齐、分散对齐，段落的对齐效果如图4-4-5 所示。

图 4-4-5 段落的对齐效果示例

2．段落的缩进

段落的缩进是指文本编辑区左右边界到段落左右边界之间的距离。段落的缩进形式主要有：首行缩进、悬挂缩进、左缩进、右缩进，段落缩进的效果如图 4-4-6 所示。

图 4-4-6　段落的缩进效果示例

Word 2010 提供了多种段落缩进的方法：使用标尺、使用"段落"命令、使用快捷按钮等，但最快捷的方法是使用标尺。标尺栏上的缩进控件如图 4-4-7 所示。

制表符选择器上的首行缩进

悬挂缩进　左编进　　首行缩进　　　　　　　右缩进

图 4-4-7　标尺上的缩进控件

注意

制表符选择器上有两个选项▽和凵是用于缩进的。可以单击这些选项，然后单击标尺来定位缩进，不用在标尺上滑动缩进游标来定位缩进。单击"首行缩进"▽，然后在要开始段落的第一行的位置单击水平标尺上半部分。单击"悬挂缩进"凵，然后在要开始段落的第二行和后续行的位置单击水平标尺的下半部分。

3．行间距和段间距

行间距是指段落中相邻两行文字之间的距离。段间距是指相邻两个段落之间的距离。行间距有单倍行距、1.5 倍行距、两倍行距、多倍行距、最小值、固定值 6 种；段间距有段前间距和段后间距 2 种，其示例效果如图 4-4-8 所示。

图 4-4-8　段落格式化示例

4．设置段落的边框和底纹

在 Word 2010 中，除了可以为字符加边框和底纹外，还可以为段落加边框和底纹，其示例效果如图 4-4-8 所示。

5．首字下沉

首字下沉是将段落的第一个字放大，可用于文档或章节的开头，在新闻稿件中常见这种排版，其示例效果如图 4-4-8 所示。

6．项目符号和编号

在 Word 中，可以快速给现有文本添加项目符号或编号，也可以在键入文本时自动创建列表。默认情况下，如果段落以星号或数字"1"开始，Word 会自动开始项目符号或编号列表，如图 4-4-8 所示。

4.4.3　页面格式化

只对文档进行字符格式化和段落格式化，还不能满足日常工作的需要，所以还需要对 Word 文档进行页面格式化。页面格式化的主要内容包括对页面属性、页眉和页脚、页码、分栏、分页、分节、页面边框等设置。

1．页面设置

页面设置包括：页边距、纸张方向、纸张大小、节的起始位置、页眉和页脚距边界的距离、页面垂直对齐方式、文字方向等属性的设置。

页边距是页面四周的空白区域。页边距分为左边距、右边距、上边距和下边距，如图 4-4-9 所示。在页边距中可以插入文字和图形，如页眉、页脚和页码等。

纸张方向有两种：纵向和横向，默认为纵向。

纸张大小有若干种：A4、A3、B4、B5、16 开、32 开、自定义等，默认的大小是 A4。

页面垂直对齐方式有 4 种：顶端对齐、居中、两端对齐、底端对齐。

2．页眉和页脚

页眉和页脚是文档中每个页面的顶部、底部和两侧中的区域。在页眉和页脚中可以插入文本或图形。例如，可以添加页码、时间和日期、公司徽标、文档标题、文件名或作者姓名，如图 4-4-9 所示。

图 4-4-9　页面格式化示例

3．设置分页

Word 2010 在处理文档时，若写满一页，会自动插入分页符开始新的一页，这种自动分页叫软分页。用户也可以在需要的特定位置强制地插入分页符，这种分页叫硬分页。在草稿和 Web 版式视图中，软分页符显示为虚线，硬分页符显示为虚线加上"分页符"字样；在大纲视图中，不显示软分页符，硬分页符显示为虚线加上"分页符"字样；在页面视图中，硬分页符的显示如图 4-4-9 所示。

插入硬分页符的方法是：将插入点定位在要分页处，按【Ctrl+Enter】组合键或者切换到"页面布局"选项卡，单击"分隔符"，从下拉菜单中选择"分页符"命令。

4．分栏

分栏是将文本从左至右逐栏排列。将文本分栏排版后，版面更加生动活泼，这种排版方式常见于报刊杂志中。默认情况下，Word 2010 将文本设置成单栏，但用户可以将文本设置成两栏、三栏、多栏等，如果未选定文本进行分栏操作，Word 将对整个文档进行分栏；如果选定了文本，Word 只对选定的文本进行分栏，并在分栏文本的前后自动插入分节符（连续），如图 4-4-9 所示。分栏只在"页面视图"中才能显示，如果在其他视图下建立分栏，Word 2010 会自动切换到"页面视图"模式。

5．分节

Word 采用分节符将文档分成若干不同的格式部分，每一部分被称作节。新建的文档，文档只有一节，如果需要在同一文档中应用不同的节格式时，才需要对文档分节。分节以后的文档，可以在不同的节应用不同的格式：页眉和页脚、纸张大小、纸张方向、页边距、分栏、脚注、页面边框等。

下面举例说明"分节"的作用。在 Word 文档未分节前，默认只有一节，所以在设置了页眉和页脚以后，文档的每一页都具有了相同的页眉和页脚。但是，如果我们对文档分了节，则可以对不同的节设置不同的页眉和页脚，具体实例请翻阅本书的页眉和页脚的设置效果。图4-4-10 所示是对文档分节后将不同的节设置成不同版式的效果。

图 4-4-10　分节后的版式效果

实训5　文档的字符格式化

【实例】制作一份电脑销售广告单。按图 4-4-11 所示的文档格式进行字符的格式化。

说明：

（1）该实例的文本素材保存在"字符格式化示例素材"文档中，请到中国水利水电出版社网站或万水书苑下载。

（2）该文档中的文字颜色可根据自己的喜好自行设计。

图 4-4-11　字符格式化示例

一、实训目的

1. 熟练掌握 Word 文档的字体、字号、字型的设置方法。
2. 熟悉字符间距、文字效果的设置方法。
3. 掌握字符边框和底纹的设置方法。

二、实训内容

1. 使用"开始"选项卡"字体"组中的按钮设置字符格式
2. 在"字体"对话框中设置字符格式
3. 使用"带圈字符"对话框设置®
4. 使用"格式刷"复制字符格式
5. 设置编号：①②③④

三、实训步骤

1. 使用"开始"选项卡"字体"组中的按钮设置字符格式

◀步骤▶▶▶

（1）选定要格式化的字符。
（2）单击"字体"组中相应的快捷按钮。

2. 在"字体"对话框中设置字符格式

下面以格式化字符"**优惠十足 精彩难挡**"为例进行操作步骤说明。

◀步骤▶▶▶

（1）选定要格式化的文本。
（2）切换到"开始"选项卡，单击"字体"组中的"文字效果"命令，从下拉列表中按图 4-4-12 所示选择第 4 行第 3 列的文字效果。
（3）单击"字体"对话框启动器，或者右击选定的文本，在弹出的快捷菜单中选择"字体"命令，弹出如图 4-4-13（左）所示的对话框。
（4）在对话框中按图中所示设置字符格式。
（5）单击"字符间距"选项卡，如图 4-4-13（右）所示。
（6）设置"间距"为"加宽"，"磅值"为 3 磅。
（7）单击"确定"按钮。

图 4-4-12 选择文字效果

图 4-4-13　在"字体"对话框中设置字符格式

3. 使用"带圈字符"对话框设置Ⓡ

【步骤】▶▶▶

（1）选定文档中的字符"R"。

（2）单击"开始"功能区"字体"组中的"带圈字符"
工具⊕，弹出如图 4-4-14 所示的对话框。

（3）在对话框中选择"缩小文字"样式。

（4）单击"确定"按钮。

图 4-4-14　"带圈字符"对话框

4. 使用"格式刷"复制字符格式

【步骤】▶▶▶

（1）选定要复制其格式的文本（如Dell™中的上标字母）。

（2）单击"格式刷"按钮⊠，此时鼠标指针变为一个刷子。

（3）用鼠标拖过要复制该格式的文本。

（4）如果要复制到多个文本上，则双击⊠按钮，完成格式复制后，再单击⊠按钮则结束。

操作提示

> 对于Ⓡ的输入还有另一种方法，就是输入"(r)"或"(R)"，
> Word 2010 会自动将它更正为Ⓡ，注意一定是半角的括号。

5. 设置编号：①②③④

【步骤】▶▶▶

（1）将光标定位于需要插入编号的位置。

（2）利用 Windows 输入法的"数字序号"软键盘输入数字"①"，此时 Word 2010 的自
动套用格式将该数字设置为编号，如图 4-4-15（中）所示。

（3）使用"格式刷"将该文本的格式复制到其他文本，如图 4-4-15（下）。

此处输入
数字①

自动套用
编号格式

使用格式刷
复制格式

图 4-4-15　设置编号示例

实训 6　文档的段落格式化

【实例】编排一份小文章按图 4-4-16 所示的文档格式进行字符、段落的格式化。

说明：

（1）该实例的文本素材保存在"段落格式化示例素材"文档中，请到中国水利水电出版社网站或万水书苑下载。

（2）该文档中的文字颜色可根据自己的喜好自行设计。

（3）本实训只对段落进行格式化，文档中字符的格式化请自行设置。

图 4-4-16　段落格式化示例

一、实训目的

1. 掌握段落的对齐方法。
2. 熟练掌握段落的缩进方法。
3. 熟练掌握首字下沉的设置方法。
4. 熟悉段间距和行间距的设置。
5. 熟悉段落边框和底纹的设置。

二、实训内容

1. 设置段落的对齐方式：标题居中
2. 设置首字下沉
3. 设置段落的缩进方式：首行缩进、悬挂缩进、左缩进、右缩进
4. 设置段间距：段前间距、段后间距
5. 设置行间距
6. 设置段落的边框和底纹

三、实训步骤

1. 设置段落的对齐方式：标题居中

◀步骤▶▶▶

（1）将光标定位于标题处。
（2）单击"开始"功能区"段落"组中的"居中"按钮▆。
（3）标题的字符格式请按图中所示自行设计。

2. 设置首字下沉

◀步骤▶▶▶

方法1：使用快捷工具完成。
（1）将光标定位于第1自然段中的任意位置。
（2）切换到"插入"选项卡，单击"文本"组中的"首字下沉"工具，会弹出如图4-4-17所示的下拉菜单。
（3）在下拉菜单中选择"下沉"命令。
方法2：使用"首字下沉"对话框完成。
（1）将光标定位于第1自然段中的任意位置。
（2）切换到"插入"选项卡，单击"文本"组中的"首字下沉"工具，会弹出如图4-4-17所示的下拉菜单。

（3）在下拉菜单中选择"首字下沉选项"命令，会弹出如图 4-4-18 所示的对话框。

图 4-4-17　快速设置首字下沉方式

图 4-4-18　"首字下沉"对话框

（4）按图中所示设置各项参数。

（5）单击"确定"按钮。

2．设置段落的缩进方式：首行缩进、悬挂缩进、左缩进、右缩进

◀步骤▶▶▶

方法 1：使用"标尺"设置。

（1）如果在 Word 窗口中无标尺，则单击垂直滚动条顶端的"查看标尺"按钮 。

（2）将光标定位于第 2 自然段中的任意位置。

（3）将"首行缩进" 向右拖动两个汉字位置，或将制表符选择器切换到 ，再在标尺的数字 2 处单击鼠标。

（4）将"左缩进" 向右拖动三个汉字位置。

（5）将"右缩进" 向左拖动三个汉字位置。

（6）将光标定位于第 3 自然段中的任意位置。

（7）将"悬挂缩进" 向右拖动三个汉字位置，或将制表符选择器切换到 ，再在标尺的数字 2～4 中间单击鼠标。

方法 2：使用"段落"对话框设置。

（1）将光标定位于第 2 自然段中的任意位置。

（2）切换到"开始"选项卡，单击"段落"组中的对话框启动器，会弹出如图 4-4-19 所示的对话框。

（3）按图中所示设置各项参数。

（4）单击"确定"按钮。

图 4-4-19　设置段落缩进和段间距

操作提示

对于首行缩进，还有一种更快捷的设置方法，即：将光标定位于段落首行的开始处，每按一次【Tab】键，可以缩进两个汉字位置。之后，再按【Tab】键该段落开始左缩进。

对于左缩进，也有一种更快捷的设置方法，即：将光标定位于要设置左缩进的段落的任意位置，每单击一次"段落"组的"增加缩进"按钮，可以缩进一个汉字位置，而每单击一次"减少缩进"按钮，可以减少一个汉字的缩进量。

3．设置段间距：段前间距、段后间距

步骤

方法 1：使用"段落"对话框完成。

其操作方法见前例，如图 4-4-19 所示。

方法 2：使用快捷工具完成。

（1）将光标定位于第 2 自然段中的任意位置。

（2）切换到"开始"选项卡，单击"段落"组中的"行距"工具，弹出如图 4-4-20 所示的下拉菜单。

（3）在下拉菜单中分别选择"增加段前间距"和"增加段后间距"。

4．设置行间距

图 4-4-20　快速设置行距、段前和段后间距

步骤

方法 1：使用"段落"对话框完成。

其操作方法见前例，如图 4-4-19 所示。

方法 2：使用快捷工具完成。

（1）将光标定位于第 1 自然段中的任意位置。

（2）切换到"开始"选项卡，单击"段落"组中的"行距"工具，弹出如图 4-4-20 所示的下拉菜单。

（3）在下拉菜单中选择行距为"1.5"。

6．设置段落的边框和底纹

步骤

（1）将光标定位于第 2 自然段中的任意位置。

（2）单击"开始"选项卡"段落"组中的"边框"工具，弹出如图 4-4-21 所示的下拉菜单。

（3）在下拉菜单中单击"边框和底纹"命令，弹出如图 4-4-22 所示的对话框。

图 4-4-21　"边框"快捷菜单

图 4-4-22　设置段落的边框样式示例

（4）按图中所示设置各项参数。

（5）单击"底纹"选项卡，如图 4-4-23 所示。

图 4-4-23　设置段落底纹示例

（6）按图中所示设置各项参数。

（7）单击"确定"按钮。

（8）用同样的方法设置第 3 自然段的段落底纹。

实训 7　文档的页面格式化

【实例】按图 4-4-24 所示的文档格式进行字符、段落、页面的格式化。

说明：

（1）该实例的文本素材已保存在"页面格式化示例素材"文档中，请到中国水利水电出版社网站或万水书苑下载。

（2）该文档中的文字颜色可根据自己的喜好自行设计。

（3）本实例只对页面进行格式化，文档中字符和段落的格式化请自行设计。

图 4-4-24　页面格式化示例

一、实训目的

1. 熟练掌握页眉、页脚、页码的设置方法。
2. 熟练掌握分栏的设置方法。
3. 熟练掌握页边距、纸张大小的设置。
4. 熟悉页面边框、页面颜色、水印效果的设置。

二、实训内容

1. 设置页面属性：页边距、纸张大小、页眉/页脚边距
2. 设置页眉
3. 设置页脚
4. 设置页码
5. 设置水印
6. 设置页面颜色
7. 设置页面边框
8. 设置段落的分栏

三、实训步骤

1．设置页面属性：页边距、纸张大小、页眉/页脚边距

步骤 ▶▶▶

方法1：使用"页面设置"对话框完成。

（1）切换到"页面布局"选项卡，单击"页面设置"组中的对话框启动器，会弹出如图4-4-25所示的对话框。

（2）按图中所示设置页边距。

（3）单击"纸张"选项卡，按图中所示设置纸张大小，如图4-4-26所示。

图 4-4-25 设置页边距

图 4-4-26 设置纸张大小

（4）单击"版式"选项卡，按图中所示设置纸张大小，如图4-4-27所示。

（5）单击"确定"按钮。

方法2：使用快捷工具完成。

在"页面布局"选项卡的"页面设置"组中可以使用相应的快捷工具设置页边距、纸张大小等。

2．设置页眉

步骤 ▶▶▶

（1）切换到"插入"选项卡，单击"页眉和页脚"组中的"页眉"工具。

（2）在弹出的"页眉"下拉菜单中选择"空白（三栏）"，进入页眉的编辑区并自动切换到关联出

图 4-4-27 设置页眉、页脚距边界的值

现的"设计"选项卡，如图 4-4-28 所示。

图 4-4-28　设置页眉示例

（3）分别单击页眉区左右两端的【键入文字】，输入"教育改革专栏"和"本文摘自《中国教育报》"并设置样式。

（4）单击页眉中间的【键入文字】，按【Del】键删除它。

3. 设置页脚

（步骤）▶▶▶

（1）承前例。切换到"设计"选项卡，单击"页眉和页脚"组中的"页脚"工具。

（2）在弹出的"页脚"下拉菜单中选择"堆积型"。

（3）在页脚区单击【键入公司名称】，输入"重庆电子工程职业学院"并设置样式，如图 4-4-29 所示。

图 4-4-29　设置页脚示例

4. 设置页码

（步骤）▶▶▶

（1）承前例。切换到"设计"选项卡，单击"页眉和页脚"组中的"页码"工具。

（2）在弹出的"页码"下拉菜单中选择"页边距"→"圆（右侧）"，如图 4-4-30 所示。

图 4-4-30　设置页码样式示例

（3）将页码调整到适当的位置。

（4）单击"设计"选项卡中的"关闭页眉和页脚"工具或者在文本区双击，可以退出"页眉和页脚"的编辑状态。

操作提示

> 修改页眉和页脚的方法是：在页面视图中，双击"页眉"或"页脚"处，即可进入"页眉和页脚"的编辑界面。页眉和页脚中的文本同样可以进行字符、段落的格式化。
>
> 若要删除页眉、页脚、页码，则分别从"页眉"、"页脚"、"页码"的下拉菜单中选择"删除页眉"、"删除页脚"、"删除页码"命令。

5．设置水印

步骤)))

（1）切换到"页面布局"选项卡，单击"页面背景"组中的"水印"工具。

（2）在弹出的"水印"下拉菜单中选择"自定义水印"命令，会弹出如图 4-4-31 所示的对话框。

图 4-4-31　设置水印效果示例

（3）按图中所示设置水印选项。

（4）单击"应用"按钮，观察水印效果，如果不满意，可重新修改选项，直到满意为止。

（5）单击"确定"按钮。

6．设置页面颜色

步骤

（1）切换到"页面布局"选项卡，单击"页面背景"组中的"页面颜色"工具。

（2）在弹出的下拉菜单中选择"填充效果"命令，会弹出如图 4-4-32 所示的对话框。

图 4-4-32　设置页面填充效果示例

（3）在"渐变"选项卡的"颜色"区域中选择"双色"单选项，分别设置"颜色 1"和"颜色 2"；在"底纹样式"区域中选择"水平"单选项。

（4）单击"确定"按钮。

7．设置页面边框

步骤

（1）切换到"页面布局"选项卡，单击"页面背景"组中的"页面边框"工具，会弹出如图 4-4-33 所示的对话框。

图 4-4-33　设置页面边框示例

（2）按图中所示设置各项参数。

（3）单击"确定"按钮。

8．设置段落的分栏

《步骤》

（1）选定要分栏的段落（即第 2 自然段到文档结尾）。

（2）切换到"页面布局"选项卡，单击"页面设置"组中的"分栏"工具。

（3）在弹出的"分栏"下拉菜单中选择"更多分栏"命令，会弹出如图 4-4-34 所示的对话框。

（4）按图中所示设置各项参数。

（5）单击"确定"按钮。

图 4-4-34　设置分栏示例

注意

　　在分栏时，如果未选定文本，且文档只有一节，则默认对整个文档进行分栏；如果未选定文本，且文档已分节，则只对光标所在的节进行分栏。

　　如果选定了文本，则只对选定的文本进行分栏，且分栏完成后，系统会自动在被分栏文本的前后各插入一个分节符（连续）。

　　在分栏时，有时会出现两栏不平衡，即栏高不一样的情况，甚至看不到分栏效果，解决这个问题的办法有两种：

　　（1）在选定文本时，只要不把最后一个段落的"段落标记"选中即可。

　　（2）将光标定位在分栏后的文本的最后，插入一个"分节符号"（连续）样式即可平衡栏高。

实训 8　文档的分节练习

【实例】按图 4-4-35 所示的文档格式进行页面的格式化。

要求：

（1）将文档分成 3 个节，每节中有 3 页。

（2）每节的首页、奇数页和偶数页的页眉和页脚各不相同，内容见图示。

（3）每节首页中的页码居中，奇数页中的页码左对齐，偶数中的页码右对齐。

说明：

（1）该实例是在一个空白文档中进行的页面格式化，其目的是为了使版面更清楚明了，使操作步骤更简洁，它的操作方法对一个正式的文档编排是完全适用的，请翻看本书各章节的版面设计效果。

（2）为了在练习时便于浏览版面设计效果，请将纸张大小设置为"12×15"，字号设置为"四号"，显示比例可根据自己屏幕大小适当调整，最好能水平方向显示 3 个页面。

（3）本例的操作顺序和方法并不是唯一的，通过实训，读者在领会的基础上会发现其他的方法。

图 4-4-35　分节后的版式效果示例

一、实训目的

1. 掌握硬分页的方法。
2. 掌握文档分节的方法。
3. 熟悉在不同节中将"页眉/页脚"设置成不同内容的方法。
4. 熟悉在首页、奇数页、偶数页中将"页眉/页脚"设置成不同内容的方法。

二、实训内容

1. 将文档分成三节
2. 将文档的每节分成三页
3. 设置首页不同、奇偶页不同
4. 设置每节的页眉
5. 在页脚中插入页码
6. 设置页码格式
7. 设置每节的页面边框
8. 设置第 3 节的纸张大小

三、实训步骤

1. 将文档分成三节

◀步骤▶▶▶

（1）新建一个文档，插入至少 3 个空行（多次按【Enter】键，原因请在操作过程中领会）。

（2）将字号设置为四号（主要是方便查看）。

（3）将纸张大小设置为 12×15。

（4）调整显示比例，使屏幕水平方向上显示 3 个页面。

（5）将编辑标记 ⏎ 设置为显示状态。

（6）将光标定位在第 3 个空行处。

（7）切换到"页面布局"选项卡，单击"页面设置"组中的"分隔符"选项，会弹出如图 4-4-36 所示的下拉菜单。

（8）在下拉菜单中选择"奇数页"分节符，在文档中便插入了第一个分节符，文档被分成两节，且为两页。

（9）在第 2 页插入至少 3 个空行，且将光标定位在第 3 行处。

（10）选择"分节符"下拉菜单中的"下一页"，在文档中又插入了第二个分节符，文档总共被分成三节，且为三页。

图 4-4-36 "分隔符"对话框

2. 将文档的每节分成三页

◀步骤▶▶▶

（1）将光标定位于第 1 节的第 1 行（即第 1 页）中。

（2）按 2 次【Ctrl+Enter】键，插入 2 个硬分页符（此时，第 1 节已有 3 个页面）。

（3）将光标定位于第 2 节的第 1 行（此时是第 4 页）中。

（4）按 2 次【Ctrl+Enter】键，插入 2 个硬分页符（此时，第 2 节已有 3 个页面）。

（5）将光标定位于第 3 节的第 1 行（此时是第 7 页）中。

（6）按 2 次【Ctrl+Enter】键，插入 2 个硬分页符（此时，第 3 节已有 3 个页面）。

3. 设置首页不同、奇偶页不同

◀步骤▶▶▶

（1）切换到"页面布局"选项卡，单击"页面设置"组中的对话框启动器，单击"版式"选项卡，会弹出如图 4-4-37 所示的对话框。

图 4-4-37　设置首页不同、奇偶页不同

（2）按图中所示设置各项参数。

（3）单击"确定"按钮。

4．设置每节的页眉

【步骤】▶▶▶

（1）将光标定位于第 1 页。

（2）切换到"插入"选项卡，单击"页眉和页脚"组中的"页眉"工具。

（3）在弹出的"页眉"下拉菜单中选择"空白"选项，进入页眉的编辑状态。

（4）在第 1 节的首页（第 1 页）、偶数页（第 2 页）、奇数页（第 3 页）页眉中分别输入"实训教程"、"第 1 章"、"WINDOWS"（字体、字号自行设计），如图 4-4-38 所示。

图 4-4-38　编辑页眉示例

（5）将光标定位于第 2 节的偶数页（第 5 页）的页眉中，单击"设计"功能区"导航"组中的 ⌐链接到前一条页眉⌐ 按钮（该按钮默认为选中状态，表示与前 1 节的内容相同，此时单击后将取消与前节相同的内容），删除原内容，重新输入"第 2 章"。

（6）将光标定位于第 2 节的奇数页（第 6 页）的页眉中，单击"设计"功能区"导航"组中的 ⌐链接到前一条页眉⌐ 按钮，删除原内容，重新输入 Word 2010。

（7）将光标分别定位于第 3 节的首页（第 7 页）、奇数页（第 8 页）、偶数页（第 9 页）的页眉中，采用前面相同的方法分别输入"附录"、"A"、"B"。

（8）单击"设计"选项卡中的"关闭页眉和页脚"按钮或者双击文本区域，退出"页眉和页脚"的编辑状态。

5．在页脚中插入页码

◀步骤▶▶▶

（1）在页眉或页脚位置处双击，进入"页眉和页脚"的编辑界面。

（2）将光标定位于第 1 节首页的页脚处。

（3）切换到"设计"选项卡，单击"页眉和页脚"组中的"页码"工具。

（4）在弹出的"页码"下拉菜单中选择"当前位置"→"普通数字"（字体字号自行设计，居中对齐）。

（5）分别将光标定位于第 1 节偶数页、奇数面的页脚处，重复第（3）、（4）步的操作。

6．设置页码格式

◀步骤▶▶▶

（1）承前例。将光标定位于第 1 节首页的页脚处。

（2）切换到"设计"选项卡，单击"页眉和页脚"组中的"页码"工具。

（3）在弹出的"页码"下拉菜单中选择"设置页码格式"命令，会弹出如图 4-4-39 所示的对话框。

（4）按图中所示设置参数。

（5）单击"确定"按钮。

（6）双击文本区域，退出"页眉和页脚"的设置。

图 4-4-39　设置页码格式

7．设置每节的页面边框

◀步骤▶▶▶

（1）将光标定位于第 1 节的任意位置。

（2）切换到"页面布局"选项卡，单击"页面背景"组中的"页面边框"工具。

（3）在弹出的对话框中设置"艺术型"为 ▭▬▭ ，宽度为 25 磅，应用于"本节—仅首页"。

（4）将光标定位于第 2 节的任意位置。

（5）切换到"页面布局"选项卡，单击"页面背景"组中的"页面边框"工具。

（6）在弹出的对话框中设置"艺术型"为 ▢▢▢▢▢，宽度为 20 磅，应用于"本节"。

（7）用同样的方法设置第 3 节的页面边框。

8．设置第 3 节的纸张大小

（步骤）▶▶▶

（1）将光标定位于第 3 节的任意位置。

（2）切换到"页面布局"选项卡，单击"页面设置"组中的对话框启动器。

（3）在弹出的对话框中单击"纸张"选项卡。

（4）设置纸张大小的高度为 9 厘米，应用于"本节"。

（5）单击"确定"按钮。

> 删除分节符的方法是：选定要删除的分节符处，按【Enter】键。
>
> 修改分节符的方法是：将光标定位该节中，单击"页面布局"选项卡的"页面设置"对话框启动器，在弹出的对话框中单击"版式"选项卡，在"节的起始位置"框中选择分节符的类型。
>
> 如果在视图中看不到分节符标记，可单击 ⛫ 按钮。

操作提示

4.5　Word 表格

基础知识

　　表格是 Word 中功能最强大和最有用的工具之一。它不仅用来列表数据和对表格数据进行计算统计，还有一个很实用的功能就是用来对文本进行编排。我们经常看见的很复杂的版面，都可以利用表格轻松地实现排版。

　　表格是由若干个"单元格"（即表格中的每一个方格）组成的。表格就像一个信息容器，用户可在表格（其实是单元格）中随意添加文字、数据、图像和声音等多媒体信息。

　　制作表格主要包括创建、编辑、格式化、排序和统计等操作。

4.5.1　创建表格

　　在 Word 2010 中创建表格更加容易和轻松，因为 Word 2010 提供了表格库，用户可以从库中选择适合自己需要的表格，也可以选择非常接近的表格，然后通过增加行或列、合并或折分单元格、手绘表格等操作创建出符合需要的、更复杂的表格。另外，Word 2010 提供的"实时预览"功能使表格处理更加方便。

1．快速创建表格

Word 2010 提供了很多现成表格和表格样式，利用它可以快速创建表格。例如创建一份月历图表，非常容易。只要单击"插入"选项卡中的"表格"→"快速表格"→"日历 1"，即可在文档中生成一份如图 4-5-1（右）所示的月历图表。将光标定位于表格中，切换到"设计"选项卡，单击"表样式"组中的"其他"按钮，在下拉列表中选择喜欢的样式，如图 4-5-2（左）所示，可以看到月历表将应用为如图 4-5-2（右）所示的样式。

图 4-5-1　快速创建表格示例

图 4-5-2　应用表格样式示例

2. 从头开始插入表格

从头开始创建表格可以用以下 3 种基本方法实现：

方法 1：使用"表格"工具选择行数和列数。

单击"插入"选项卡中的"表格"，在表格网格上移动鼠标，可以看到所选表格的大小不断变化，如图 4-5-3 所示，单击鼠标即可在文档中创建一份空白表格。

图 4-5-3　通过表格网格插入表格

方法 2：使用"插入表格"对话框创建表格。

单击"插入"选项卡中的"表格"→"插入表格"命令，会弹出如图 4-5-4 所示的对话框。

列宽保持固定，除非通过拖动或使用其他方法更改它们

表格一直保持与文档文本宽度相同

在单元格中添加或删除内容时表格的宽度会自动调整

图 4-5-4　"插入表格"对话框

方法 3：使用"绘制表格"工具手绘表格。

单击"插入"选项卡中的"表格"→"绘制表格"命令，鼠标指针会变成✐形状，此时可以在文档中手动绘制表格。手绘表格的操作方法见实训 9。

3. 将现有数据插入表格

Word 2010 提供了将现有文本插入到表格的功能，可用以下两种实现方法：

方法 1：将选定的文本直接插入到表格中，单击"插入"选项卡中的"表格"→"插入表

格"命令。图 4-5-5 所示是将文本插入到表格中的例子。

图 4-5-5　将现有数据插入表格示例

方法 2：使用"文字转换成表格"对话框，具体操作见实训 9。不过这种方法对文本的格式有要求，需要在文本中使用分隔符，这些分隔符可以是段落标记、逗号、空格、制表符等。

4.5.2　编辑表格

在表格中输入数据时，当一个单元格填写完以后，用鼠标或【Tab】键或方向键都可将光标移到下一个单元格中。

表格的编辑主要包括对单元格、行或列进行插入、删除、复制、移动、改变行高和列宽、单元格或表格合并与拆分等操作。但一定要记住一个原则，即在编辑前必须"先选定，后操作"。

4.5.3　选定表格

选定表格的操作包括对表格、行、列、单元格的选定。

- 选定表格：将鼠标指针移到表格左上角的⊞图标上，当鼠标指针变为↔时，单击可选定整个表格。
- 选定单元格：将鼠标指针移到单元格左侧的选定区，当鼠标指针为➚时，单击可选定一个单元格，此时，如果按住鼠标左键不放拖动鼠标，可选定一个矩形块。
- 选定矩形块：将鼠标指针从一个单元格拖动到另一个单元格，可选定一个矩形块，如果按住【Ctrl】键，可选定多个不连续的矩形块。
- 选定一行或多行：将鼠标指针移到表格左侧的选定区，当鼠标指针变为➚时，单击可选定指向的行，此时，如果按住鼠标左键不放，向上或向下拖动，可选定多行。
- 选定一列或多列：将鼠标指针移到表格上边界的选择区，当鼠标指针变为↓时，单击鼠标可选定指向的列，此时，如果按住鼠标左键不放，向左或向右拖动，可选定多列。

4.5.4　格式化表格

格式化表格实际上就是对表格进行美化修饰，这一点在用表格进行版面设计时尤其重要。

表格的格式化包括设置表格中字符的格式、设置单元格内容的对齐方式、设置表格的对齐方式和环绕方式、设置表格或单元格的边框和底纹等操作。

4.5.5　表格的排序

Word 2010 不仅可以对表格中的数据排序，也可以对不在表格内的列表排序。在表格内可以按拼音、笔画、数值或日期顺序对表格的内容进行升序或降序排序。可同时对多列排序，当第一列（称为主关键字）内容有多个相同的值时，则根据第二列（称为次关键字）排序，依此类推，最多可选择三个关键字排序。

4.5.6　表格的计算

表格制作完成后，便可对表格中的数据进行计算，Word 2010 提供了在表格中进行数值的加、减、乘、除及平均值等计算功能。

表格中数据的计算有两种方法：一是使用函数进行计算；二是自己创建简单的公式进行计算。

在输入计算公式时，要引用到单元格的地址编号。单元格的地址编号由其"列号+行号"组成。列号分别用 A、B、C、……来表示第 1 列、第 2 列、第 3 列、……；行号分别用 1、2、3、……表示，如图 4-5-6 所示。例如，A1 表示第 1 行第 1 列的单元格；C5 表示第 5 行第 3 列的单元格。

	A	B	C
1	A1	B1	C1
2	A2	B2	C2
3	A3	B3	C3

图 4-5-6　单元格的地址编号

在公式中引用单元格时，若引用单个单元格，则用逗号分隔单元格地址；若引用一个连续区域，则用选定区域的首尾单元格地址，且用冒号分隔，如表 4-5-1 所示。

表 4-5-1　单元格的引用方法

图例	单元格的引用方法	图例	单元格的引用方法
	(b:b) 表示引用 b 列		(a1:c2)
	(b1:b3) 表示引用 b 列中的三行		(1:1,2:2) 表示引用第 1 行和第 2 行
	(a1:b2)		(a2,b1,c2)

实训 9 制作成绩统计表

【实例】将图 4-5-7 所示的文本制作成一份成绩统计表（效果如图 4-5-8 所示）。

要求：

（1）创建表格。

（2）增加"总分"列，并计算每个学生的总分。

（3）按"总分"字段进行降序排列。

（4）增加"最高分"和"最低分"两行，并计算每门课程的最高分和最低分。

```
2013 级某专业学生成绩统计表
制表人：XXX
序号,学号,姓名,网页制作,平面设计,广告设计,三维动画
1,0411307101,高  飞,87,78,86,75
2,0411307202,王远炳,69,74,84,72
3,0411307103,张国立,68,82,79,69
4,0411307108,黎  丽,83,95,78,80
5,0411307211,伍友成,90,89,71,82
6,0411307201,郑佩佩,81,63,77,70
```

图 4-5-7 示例文本

2013 级某专业学生成绩统计表

制表人：XXX

序号	学号	姓名	网页制作	平面设计	广告设计	三维动画	总分
1	07101	高飞	87	78	86	75	326
2	07202	王远炳	69	74	84	72	299
3	07103	张国立	68	82	79	69	298
4	07108	黎丽	83	95	78	80	336
5	07211	伍友成	90	89	71	82	332
6	07201	郑佩佩	81	63	77	70	291
最高分			90	95	86	82	
最低分			68	63	71	69	

图 4-5-8 Word 2010 成绩统计表示例

一、实训目的

1. 能熟练创建 Word 2010 的表格。
2. 熟练掌握表格的编辑方法。
3. 掌握表格的排序方法。
4. 能进行求和、求平均数的计算。

二、实训内容

1. 建立表格
2. 手动绘表的练习
3. 设置表格的行高
4. 调整表格的列宽
5. 向表格中添加列
6. 计算表格的数据：总分
7. 表格的排序：按"总分"字段降序排列
8. 向表格中添加行
9. 合并单元格
10. 计算数据：最高分、最低分

三、实训步骤

1. 建立表格

(步骤 ▶▶▶

方法 1：将现有数据直接插入表格。

（1）选定给定文本的第 3～7 行。

（2）单击"插入"选项卡中的"表格"→"插入表格"命令。

方法 2：使用"文字转换成表格"对话框。

（1）选定给定文本的第 3～7 行。

（2）单击"插入"选项卡中的"表格"→"将文本转换成表格"命令，会弹出如图 4-5-9 所示的对话框。

（3）按图中所示设置选项，单击"确定"按钮。

操作提示

> 本例也可以从头开始创建，先创建一个 7*7 的空白表格，然后，再在表中输入数据，或将现成的文本复制粘贴到相应单元格中。

根据文本中段落标记自动确定的行数

根据文本间隔符(逗号)自动确定的列数

图 4-5-9 将文本转换成表格

2．手动绘表的练习

◆步骤▶▶▶

（1）单击"插入"选项卡中的"表格"→"绘制表格"命令，此时鼠标指针变为 ✎ 形状。

（2）当开始在文档中绘制表格时，在功能区中会关联出现"设计"和"布局"两个选项卡并切换到"设计"选项卡，如图 4-5-10 所示：

图 4-5-10 "设计"选项卡

（3）按照图 4-5-11 所示的顺序绘制表格。

首先　　　　其次　　　　或者　　　　然后　　　　等等

图 4-5-11 手动制表

（4）如果要删除表线，则切换到"设计"选项卡，单击"绘图边框"组中的"擦除"工具，沿着要删除的表线拖动。

（5）绘制完毕，切换到"设计"选项卡，单击"绘图边框"组中的"绘制表格"工具或双击鼠标，可结束手动绘表。

3．设置表格的行高

◆步骤▶▶▶

方法 1：手动调整行高。

（1）将鼠标指向表格的水平间隔线上，鼠标指针变为 ≑。

（2）上下拖动鼠标可以调整表格的行高。

方法 2：平均分布行高。

（1）用手动方式将表格中的任意几行调成大小不等的行高。

（2）切换到"布局"选项卡，单击"单元格大小"组中的"分布行"，表格的行高均匀分布。

方法 3：精确地设置行高为 0.9 厘米。

（1）单击表格左上角的⊞图标选定表格。

（2）单击"布局"选项卡，在"单元格大小"组的行高框中输入 0.9 厘米，如图 4-5-12 所示，按【Enter】键。

方法 4：使用对话框精确地设置行高。

（1）右击表格左上角的⊞图标，单击"表格属性"对话框中的"行"选项卡，或单击"布局"选项卡"表"组中的工具，如图 4-5-13 所示。

图 4-5-12　快速设置行高

图 4-5-13　在"表格属性"对话框中设置行高

（2）勾选"指定高度"复选项，参数设为 0.9 厘米。

（3）单击"确定"按钮。

4．调整表格的列宽

步骤

方法 1：手动改变列宽。

（1）将鼠标指针移到列的右边界线上，指针变为。

（2）直接拖动：改变相邻两列的宽度，表格的总宽度不变。

（3）【Ctrl】+拖动：改变当前列的宽度，右边各列成比例变化，表格的总宽度不变。

（4）【Shift】+拖动：改变当前列的宽度，表格的总宽度要发生变化。

方法 2：自动改变列宽。

（1）将光标定位于表格中。

（2）切换到"布局"选项卡，单击"单元格大小"组中的"自动调整"，可选择"根据内容调整表格"、"根据窗口调整表格"、"固定列宽"或"分布列"工具，将自动调整表格的列宽。

方法 3：用鼠标自动改变列宽。

（1）将光标定位于要改变列宽的列中，或选定一列，或选定多列。

（2）将鼠标指针移到列的右边界线上，指针变为 ←||→ 。

（3）双击可调整列的宽度。

5．向表格中添加列

◀**步骤**▶▶▶

（1）将光标定位于最右边一列的单元格中。

（2）切换到"布局"选项卡，单击"行和列"组中的 在右侧插入 工具，在表格最右端增加一列。

（3）在新增加列的第一行单元格中输入"总分"。

6．计算表格的数据：总分

◀**步骤**▶▶▶

（1）将光标定位于要存放"总分"的单元格（即 H2）中。

（2）切换到"布局"选项卡，单击"数据"组中的 公式 工具，会弹出如图 4-5-14 所示的对话框。

图 4-5-14　计算"总分"

（3）在"公式"文本框中输入"=SUM(LEFT)"，计算左边单元格中的数据。

（4）单击"确定"按钮。

（5）用同样的方法计算其余的"总分"。

注意

> 　　如果要对该单元格左边的数据求和或平均数，则输入公式为：=SUM(left)或=AVERAGE(left)。
> 　　如果要对该单元格上边的数据求和或平均数，则输入公式为：=SUM(above)或=AVERAGE(above)。
> 　　在输入公式时，要先输入"="号。

7．表格的排序：按"总分"字段降序排列

◀**步骤**▶▶▶

（1）将光标定位在表格中。

（2）切换到"布局"选项卡，单击"数据"组中的"排序"工具，弹出如图 4-5-15 所示的对话框。

图 4-5-15　以"总分"降序排列

（3）按图中所示设置各项参数。

（4）单击"确定"按钮。

8．向表格中添加行

■步骤▶▶▶

（1）将光标定位于最右下角的单元格中。

（2）按【Tab】键，可以在表格的后面增加一个空行。

（3）用同样的方法再增加一个空行。

9．合并单元格

■步骤▶▶▶

（1）承上例，选定要合并的单元格（A8:C8）。

（2）右击选定的单元格，在弹出的快捷菜单中选择"合并单元格"命令。

（3）用同样的方法将（A9:C9）单元格合并。

（4）在合并后的单元格中输入相应的文本。

10．计算数据：最高分、最低分

■步骤▶▶▶

（1）承上例，将光标定位于 D8 单元格中。

（2）切换到"布局"选项卡，单击"数据"组中的 f_x 公式工具。

（3）在弹出的对话框中设置"公式"为=max(d2:d7)或=max(above)，如图 4-5-16 所示。

（4）单击"确定"按钮。

（5）用同样的方法计算其余课程的"最高分"。

（6）将光标定位于 D9 单元格中。

（7）切换到"布局"选项卡，单击"数据"组中的 f_x 公式工具。

（8）在弹出的对话框中设置"公式"为=min(d2:d7)或=min(above)，如图 4-5-17 所示。

（9）单击"确定"按钮。

（10）用同样的方法计算其余课程的"最低分"。

图 4-5-16　求"最高分"

图 4-5-17　求"最低分"

实训 10　利用表格进行版面设计

【实例】按图 4-5-18 所示的格式进行版面设计。

图 4-5-18　利用表格进行版面设计

说明：

（1）本实例的重点在于如何利用表格进行版面设计，因此版面中涉及到的"字符格式化"内容将不再详细讲述，请读者自行设计。

（2）版面设计的方法和步骤是多种多样的，所以请读者在练习时应注意领会设计的方法和技巧，淡化步骤。

（3）为了便于版面设计，请将页面设置为"A4"、"横向"。

（4）本实例的文本内容保存在"利用表格进行版面设计素材"文件中，请到中国水利水电出版社网站或万水书苑下载。

一、实训目的

1．熟练掌握表格的编辑方法。
2．熟练掌握表格的格式化方法。
3．能利用表格进行版面设计。

二、实训内容

1. 观察实例的版面效果
2. 创建表格和编辑表格
3. 输入数据并调整列宽
4. 设置单元格内容的对齐方式
5. 设置表格的边框
6. 设置表格的底纹

三、实训步骤

1. 观察实例的版面效果

（步骤 ▶▶▶

（1）先仔细观察实例的整体版面效果。

（2）从版面的上端开始，逐步向下观察，你认为表格需要多少行。

（3）再从版面的左端开始，逐步向右观察，你认为表格需要多少列。

（4）按照你的想法绘制一张表格。

2. 创建表格和编辑表格

（步骤 ▶▶▶

（1）创建表格。经过分析，创建一个 6×5 的表格，如图 4-5-19（左）所示。

（2）合并表格。分别将(A1:B1)、(A3:B3)、(A4:B4)、(D1:E1)、(D3:E3)、(D4:E4)、(A5:E5)、(B6:E6)单元格合并，如图 4-5-19（中）所示。

图 4-5-19　表格的创建过程示例

（3）隐藏部分边框线。

- 在"设计"选项卡的"绘图边框"组中将笔样式设置为"无边框"，如图 4-5-20 所示。
- 单击"绘制表格"工具，用 ✎ 依次单击（或沿边框线拖动鼠标）要清除的边框线（如果清除不了，可将显示比例放大后再清除），如图 4-5-19（右）所示。

图 4-5-20　设置"无边框"线型

3．输入数据并调整列宽

步骤

（1）向表格中录入文本。可以由读者自己录入，也可以将下载的文本复制粘贴到相应的单元格中。

（2）表格中加入文本后，各列的宽度发生了变化，请双击各列的右框线（"自动调整"），将自动使该列的宽度与文本内容匹配。

（3）最后一行第一列的列宽不要用"自动调整"方式，请直接用鼠标向右拖动列框线即可，如图 4-5-21 所示。

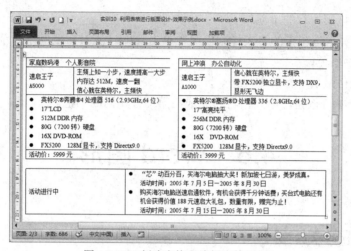

图 4-5-21　创建表格和编辑表格示例

4．设置单元格内容的对齐方式

要求：

（1）观察表格中的文本，分析各单元格中采用了哪些对齐方式。

（2）按自己的想法，设计各单元格内容的对齐方式。

步骤

（1）右击单元格，在弹出的快捷菜单中选择"单元格对齐方式"，会显示如图 4-5-22 所示的工具栏。

图 4-5-22　单元格的对齐方式

（2）从工具栏中选择需要的对齐方式。

5．设置表格的边框

〔步骤〕▶▶▶

（1）在"设计"选项卡的"绘图边框"组中将笔样式设置为━━━━，参数为 3 磅。
（2）用✐工具在第 4 行单元格中重新绘制下框线的线条。

6．设置表格的底纹

〔步骤〕▶▶▶

（1）选中表格第一行的单元格。
（2）在"设计"选项卡的"表样式"组中单击▦底纹▾工具右侧的下拉箭头，从弹出的颜色列表中选择一种颜色。
（3）选中表格最后一行的单元格。
（4）单击▦底纹▾按钮，单元格将填充成与第一行相同的颜色。

4.6　Word 图形

基础知识

Word 提供了强大的图文混排功能，它可以插入多种格式的图形文件，使文档生动形象，大大增强了文档的吸引力。

Word 将图片、剪贴画、形状、公式、艺术字、图文框、文本框等都作为图形来处理，这些图形的处理方法是相似的，包括调整大小和位置、进行图像控制、改变图形与文字的关系等。合理设置图形与文字的关系，可以编排出图文并茂、整齐美观的文档。

4.6.1　图形的类型

在 Word 文档中，不仅可以插入形状、艺术字、文本框、SmartArt 图形、屏幕截图、图表等图形对象，而且可以插入剪贴画和图片。

1．形状

Word 2010 提供了线条、基本形状、箭头、流程图、标注、星与旗帜等形状，单击"插入"选项卡"插图"组中的"形状"，会弹出如图 4-6-1 所示的下拉列表。

Word 2010 为用户提供了形状样式库，当选定文档中的一个图形后，在功能区会关联出现"格式"选项卡，单击"格式"选项卡"形状样式"组中的"其他"按钮，会出现如图 4-6-2

所示的下拉列表。

图 4-6-1　Word 2010 提供的形状

单击"其他"按钮，会
显示下面的样式库

图 4-6-2　形状样式库

2．艺术字

艺术字是一个文字样式库，单击"插入"选项卡"文本"组中的"艺术字"，会弹出艺术字的样式库列表。在文档的排版过程中，可以使用 Word 的"艺术字"功能来创建具有特殊视觉效果的标题文字，如图 4-6-3 所示。

图 4-6-3　艺术字效果示例

3．文本框

文本框是一种可移动、可调大小的文字或图形的容器，有横排文本框和竖排文本框两类。Word 2010 内置了多种预设格式的文本框，单击"插入"选项卡"文本"组中的"文本框"，会弹出如图 4-6-4 所示的下拉列表。使用文本框处理文本能轻松地实现复杂版面的排版。

图 4-6-4　Word 2010 内置的文本框样式

4．SmartArt 图形

Word 2010 提供了全新的专业水准的图形——SmartArt 图形，它是信息和观点的视觉表示形式。用户使用 SmartArt 图形和其他新功能，如"主题"，只需单击几下鼠标即可创建具有设计师水准的插图，从而快速、轻松、有效地传达信息。

SmartArt 图形类型包括"列表"、"流程"、"循环"、"层次结构"、"关系"、"矩阵"、"棱锥图"、"图片"八类，单击"插入"选项卡"插图"组中的"SmartArt 图形"，会弹出如图 4-6-5 所示的对话框。

图 4-6-5　SmartArt 样式库

在创建 SmartArt 图形时，应该考虑哪些类型最适合表现数据的意义和最易于理解。用户可以尝试不同类型的不同布局，以便从中找到一个最适合的 SmartArt 图形。

- 列表：用于无序信息。
- 流程：用于显示任务或工作流程、时间线中的顺序步骤。
- 循环：用于显示阶段、任务或事件的连续性。
- 层次结构：用于创建组织结构图，显示非序化的层次关系或层次递进关系。
- 关系：用于对连接进行图解。
- 矩阵：用于显示部分与整体的关系。
- 棱锥图：用于显示各部分之间的比例关系、互连关系或分层关系。
- 图片：使用图片传达或强调文本内容。

5．屏幕截图

在 Word 2010 中，使用屏幕截图功能可以快速而轻松地将计算机上打开的全部或部分窗口的图片插入到 Word 文档中。

屏幕截图适用于捕获可能更改或过期的信息的快照。例如，图 4-6-6 所示是利用屏幕截图功能捕获的 12306 网站上提供的讲求时效的火车订票信息列表。如果网页上火车信息列表中的信息发生了变化，不会更新该屏幕截图。另外，屏幕截图只能捕获没有最小化到任务栏的窗口。

图 4-6-6　屏幕截图示例

在 Word 文档中，插入屏幕截图的方法是：

（1）切换到"插入"选项卡，单击"插图"组中的"屏幕截图"，会弹出如图 4-6-7 所示的下拉列表。

（2）在该列表中打开的应用程序窗口以缩略图的形式显示在"可用视窗"库中，当将指针悬停在缩略图上时，会弹出工具提示，其中显示了程序名称和文档标题。

（3）如果要插入整个窗口，则单击"可用视窗"库中的缩略图。

（4）如果只想插入窗口的一部分，则单击"屏幕剪辑"命令，当指针变成十字时按住鼠标左键以选择要捕获的屏幕区域。

图 4-6-7　屏幕截图的"可用视窗"库

操作提示

　　使用组合键，也可实现屏幕截图。按【Alt+Print Screen】组合键，可将当前正在编辑的窗口图片拷贝到剪贴板中；按【Print Screen 键】，可将整个屏幕的图片拷贝到剪贴板中，然后，再通过"粘贴"命令将图片插入到文档中。

6．剪贴画

　　剪贴画是 Office 2010 自带的一些图片，包括文学、历史、地理、天文、人物、景观、符号等很多方面，可谓应有尽有！它们是经过专业设计的图形，用于满足用户的基本编辑需要。

　　默认情况下，Word 2010 中的剪贴画不会显示出来，而是需要用户使用相关的关键字进行搜索。用户可以在本地磁盘中搜索，也可以在联网状态下到 Office.com 网站中进行搜索，该网站提供了大量丰富的剪贴画。

　　在文档中插入剪贴画的方法是：

　　（1）切换到"插入"选项卡，单击"插图"组中的"剪贴画"，会弹出"剪贴画"任务窗格。

　　（2）在"搜索"文本框中键入描述所需剪贴画的单词或词组（如中国元素），或键入剪贴画文件的全部或部分文件名。

　　（3）如果要将搜索范围扩展为包括 Web 上的剪贴画，则勾选"包括 Office.com 内容"复选框。

　　（4）如果要将搜索结果限制于特定媒体类型，则单击"结果类型"框中的箭头并选中"插图"、"照片"、"视频"或"音频"旁边的复选框。

　　（5）单击"搜索"按钮，将在结果列表中显示该类剪贴画，如图 4-6-8 所示。

　　（6）单击结果列表中的剪贴画，便可将其插入到 Word 文档中。

图 4-6-8　搜索到的"中国元素"剪贴画

注意

　　在 Word 2010 文档中，要搜索到更多的剪贴画，需要勾选"包括 Office.com 内容"复选框，即在 Office.com 网站中搜索，所以必须保证你的计算机已经连接到 Internet。

7．其他图片

　　在 Word 文档中除了可以插入剪贴画外，还可以插入由其他软件制作的图片，如 Windows 位图文件（.bmp）、联合图像专家组（.jpg）、可移植网络图形（.png）、标记图像文件格式（.tif）等。图片可以是从网页中复制或保存的，也可以是通过扫描仪或数码相机转存到计算机文件夹中的。

　　如果要插入来自网页的图片，方法是：

　　（1）打开 Word 文档。

　　（2）在网页上右击要插入的图片，在弹出的快捷菜单中单击"复制"命令。

　　（3）在 Word 文档中单击要插入图片的位置，单击"粘贴"命令。

　　如果要插入来自计算机中的图片，其方法是：

　　（1）在文档中单击要插入图片的位置。

　　（2）切换到"插入"选项卡，单击"插图"组中的"图片"，弹出"插入图片"对话框。

　　（3）在对话框中找到要插入的图片，然后双击图片。

4.6.2　图形的显示方式

　　Word 文档有不同层次：文字层和绘制层。文字层主要放置文本，但也可以放置图形；绘制层用于放置图形。绘制层可以在文字层的上方和下方，插入在文字层上方的图形将覆盖文字，插入在文字层下方的图形则作为文本的背景。插入到 Word 文档中的图形可以分成两类方式显示：浮动式和嵌入式。

1. 浮动式

浮动式图片放在绘制层中，它与文本有六种环绕方式，即四周型、紧密型、浮于文字上方、浮于文字下方、穿越型和上下型，如表 4-6-1 所示。

表 4-6-1　图片的显示方式

显示方式	效果
嵌入型	嵌入在文字层中，图形可以被拖动，但只能从一个段落标记移动到另一个段落标记
四周型	文字环绕在图形周围，其环绕的形状类似一个"正方形"，文字和图形之间留有一定间隔，可以将图形拖动到文档中的任意处
紧密型	文字环绕在图形周围，其环绕的形状与整个图形轮廓相似，可以将图形拖动到文档的任何位置
衬于文字下方	嵌入在文档绘图层的底部或后方，可以将图形拖动到文档的任何位置。通常作水印或页面背景图片，文字浮于图形上方
浮于文字上方	嵌入在文档绘图层的顶部，可以将图形拖动到文档的任何位置，文字衬于图形下方，通常在其他图片上面使用可以创造特殊效果
穿越型	文字环绕在图形周围，其环绕的形状与整个图形轮廓相似，且文字可以位于图形的空白区域，但实际上不能达到此要求，该方式产生的效果和行为与"紧密型"环绕一样
上下型	文字位于图形的上方和下方，不在图形的左右两侧，可以将图形拖动到文档的任何位置

2. 嵌入式

嵌入式图片放置在文字层中，占据了文本位置，如表 4-6-1 所示。

图形与文字的环绕效果如图 4-6-9 所示。

图 4-6-9　图形的显示方式示例

实训 11　图形的基本操作

一、实训目的

1. 掌握图形的基本操作。
2. 掌握图形属性的更改方法。
3. 掌握多个图形的组合方法。

二、实训内容

1. 插入来自文件的图片
2. 改变图形的环绕方式
3. 调整图形的大小
4. 拖动和微移图形位置
5. 按比例裁剪图片
6. 将图片裁剪为形状
7. 设置图片效果
8. 设置图片格式
9. 组合多个图形

三、实训步骤

1. 插入来自文件的图片

◀步骤▶▶▶

（1）切换到"插入"选项卡，单击"插图"组中的"图片"，会弹出如图 4-6-10 所示的对话框。

（2）在对话框中找到要插入的图片。

（3）单击"插入"按钮或双击图片插入图片。

图 4-6-10　插入来自文件的图片

2．改变图片的环绕方式

步骤

（1）选中图形（如果双击图形，会自动切换到图片工具的"格式"选项卡）。

（2）切换到"格式"选项卡，单击"排列"组中的"位置"，会弹出如图 4-6-11（左）所示的下拉列表。

（3）从下拉列表中可快速选择文字环绕的 9 种四周型版式。

（4）如果要选择其他版式，则单击"其他布局选项"命令，单击"文字环绕"选项卡，如图 4-6-11 所示。

图 4-6-11　图形的环绕方式

（5）在对话框中选择所需的版式。

（6）单击"确定"按钮。

3．调整图形的大小

步骤

方法 1：手动改变图形大小。

（1）选中图形（此时，图形四周会有八个控点）。

（2）将鼠标指针指向图形四条边的控点，当变为 ↕ 或 ↔ 形状时拖动控点可拉伸或压缩图形。

（3）将鼠标指针指向图形四个角的控点，当鼠标变为 ↖ 或 ↗ 形状时拖动控点可锁定图形纵横比调整大小。

（4）当鼠标指针指向图形中心上方的绿色控点 ⊙，鼠标变为 指针时移动控点可使图形旋转。

方法2：快速改变图形大小。

（1）双击图形。

（2）在"格式"选项卡的"大小"组中直接输入图形的高度和宽度，如图 4-6-12 所示。

方法3：使用对话框改变图形大小。

（1）双击图形。

（2）切换到"格式"选项卡，单击"大小"组中的对话框启动器，会弹出如图 4-6-13 的对话框。

图 4-6-12 直接设置图形高度和宽度

图 4-6-13 在"大小"对话框中设置缩放比例

（3）按图中所示设置图形大小。

（4）单击"确定"按钮。

4．拖动和微移图片位置

◀步骤▶▶▶

（1）选中图片。

（2）将鼠标指针指向图片，当变为 形状时拖动图片到需要的位置。

（3）按键盘上的方向键可以移动图片，如果按住【Ctrl+方向键】可以更小幅度微移图片。

5．按比例裁剪图片

◀步骤▶▶▶

方法1：手动裁剪图片。

（1）选中图片。

（2）切换到"格式"选项卡，单击"大小"组中的"裁剪"工具，图片四周会出现裁剪控点。

（3）将指针移动到 8 个裁剪控点的任一处拖动，可删除要隐藏的图片部分，如图 4-6-14 所示。

图 4-6-14　图片裁剪示例

方法 2：按"纵横比"裁剪图片。

（1）选中图片。

（2）在"格式"选项卡的"大小"组中单击"裁剪"旁的下三角按钮，指向"纵横比"，在弹出的菜单中选择要裁剪的比例。

6．将图片裁剪为形状

◀步骤▶▶▶

（1）选中图片。

（2）在"格式"选项卡的"大小"组中单击"裁剪"旁的下三角按钮，指向"裁剪为形状"，在弹出的菜单中选择要裁剪的形状，如图 4-6-15 所示。

图 4-6-15　裁剪为形状示例

7. 设置图片效果

◀步骤▶▶▶

（1）选中图片。

（2）切换到"格式"选项卡，单击"图片样式"组中的"其他"工具 ▼。

（3）在弹出的"图片样式"库中移动鼠标，可实时预览效果。

（4）单击喜欢的图片样式即可应用该样式，如图 4-6-16 所示。

图 4-6-16　应用内置的"图片样式"

（5）单击"图片效果"工具，可再在已有的图片样式基础之上应用所选的图片效果，如图 4-6-17 所示。

图 4-6-17　应用内置的"图片样式"后，再应用"图片效果"

操作提示

在图片上，除了应用内置的"图片样式"和"图片效果"外，还可以在此基础之上应用"图片形状"、"图片边框"，这些应用组合起来可以达到上万种应用效果。

8. 设置图片格式

◖步骤◗▶▶▶

（1）选定图片。

（2）切换到"格式"选项卡，单击"图片样式"组中的对话框启动器，弹出如图 4-6-18 所示的对话框。

（3）在对话框中，可以设置多种图片样式和效果（它支持"实时预览"功能）。

图 4-6-18　在"设置形状格式"对话框设置图片效果

9. 组织多个图形

◖步骤◗▶▶▶

方法 1：使用"组合"命令完成。

（1）按住【Shift】键，分别单击多个图形对象。

（2）右击选定的多个对象，在弹出的快捷菜单中选择"组合"→"组合"命令。

方法 2：使用画布完成。

（1）切换到"插入"选项卡，单击"插图"组中的"形状"按钮。

（2）在弹出的下拉列表中选择"新建绘图画布"命令，将在文档中显示画布。

（3）选中画布，在画布内可插入图片、文本框、剪贴画、形状等，如图 4-6-19 所示。

图 4-6-19　插入的画布

实训 12 艺术字和 SmartArt 图形的应用

【实例】创建如图 4-6-20 所示的 SmartArt 图形。

综艺	动漫	电视剧	电影
• 快乐大本营	• 海贼王	• 一代枭雄	• 非常幸运
• 我是歌手	• 火影忍者	• 土地公土地婆	• 夫妻游戏
• 中国好歌曲	• 巨神战击队	• 苍狼	• 爸爸去哪儿
• 天天向上	• 熊出没	• 最美的时光	• 冲锋战警
• 非诚勿扰	• 爱探险的朵拉	• 烽火佳人	• 私人订制

图 4-6-20 SmartArt 图形示例

一、实训目的

1. 掌握艺术字、SmartArt 图形的创建。
2. 掌握艺术字的属性设置。
3. 掌握 SmartArt 图形的设计应用。

二、实训内容

1. 插入"艺术字"
2. 修改"艺术字"形状
3. 创建 SmartArt 图形
4. 添加 SmartArt 图形元素
5. 更改 SmartArt 图形的颜色和样式
6. 显示或隐藏"文本"窗格
7. 在 SmartArt 图形中添加项目符号
8. 在 SmartArt 图形中输入文本
9. 调整 SmartArt 图形的大小

三、实训步骤

1. 插入"艺术字"

（步骤）

（1）切换到"插入"选项卡，单击"文本"组中的"艺术字"工具，会弹出如图 4-6-21 所示的列表框。

图 4-6-21　"艺术字"样式库

（2）选择第 6 行第 3 列的样式，在文档中出现如图 4-6-22①所示的文本框。

（3）在文本框中输入文字"排行榜"，如图 4-6-22②所示。

（4）选中文本并设置：华文行楷、48 磅、加粗，效果如图 4-6-22③所示。

图 4-6-22　编辑艺术字

2. 修改"艺术字"形状

（步骤）

（1）选中"艺术字"。

（2）切换到"格式"选项卡，单击"艺术字样式"组中的 A文本效果 图标，指向"转换"，会显示如图 4-6-23 所示的下拉列表。

图 4-6-23　更改"艺术字"形状

（3）选择"跟随路径"中的"上弯月"（第 2 行第 1 列）。

3．创建 SmartArt 图形

《步骤》▶▶▶

（1）在"插入"选项卡的"插图"组中单击 SmartArt，会弹出如图 4-6-24 所示的对话框。

图 4-6-24　选择"标题图片排列"

（2）选择"图片"→"标题图片排列"类型。

（3）单击"确定"按钮，在文档中插入如图 4-6-25 所示的 SmartArt 图形。

图 4-6-25　SmartArt 图形在文档中的编辑状态

4．添加 SmartArt 图形元素

步骤

（1）选中 SmartArt 图形。

（2）切换到"设计"选项卡，单击"创建图形"组中的"添加形状"按钮，可在 SmartArt 图形的最后增加一列元素。

（3）如果单击"添加形状"旁的下三角按钮，可以在下拉列表中选择"在前面添加形状"或"在下方添加形状"或"在上方添加形状"命令，如图 4-6-26 所示。

图 4-6-26　在 SmartArt 图形中添加元素

5．更改 SmartArt 图形的颜色和样式

◀步骤▶▶▶

（1）选中 SmartArt 图形。

（2）切换到"设计"选项卡，单击"SmartArt 样式"组中的"更改颜色"。

（3）在下拉列表中，按图 4-6-27（左）所示单击所需的颜色。

（4）单击"SmartArt 样式"组中的"其他"工具。

（5）在下拉列表中，按图 4-6-27（右）所示单击所需的样式。

图 4-6-27　设置 SmartArt 图形的颜色和样式

6．调整 SmartArt 图形的大小

◀步骤▶▶▶

（1）选中 SmartArt 图形。

（2）将光标置于 SmartArt 图形边框四个角的控点上，鼠标指针变为↖或↗时拖动鼠标，可锁定纵横比调整图形大小。

（3）将光标置于 SmartArt 图形四条边的控点上，鼠标指针变为↕或↔时拖动鼠标，可拉伸图形，如图 4-6-28 所示。

图 4-6-28　调整 SmartArt 图形大小的控件

7. 显示或隐藏"文本"窗格

步骤

方法1：使用"文本窗格"工具完成。

（1）选中 SmartArt 图形。

（2）如果"文本"窗格未打开，则可切换到"设计"选项卡，单击"创建图形"组中的"文本窗格"按钮；如果再次单击，则可关闭"文本"窗格。

方法2：使用"文本窗格"控件完成。

（1）选中 SmartArt 图形。

（2）如果"文本"窗格未打开，则单击"文本窗格"控件即可，如图 4-6-29 所示。

（3）单击"文本"窗格右上角的"关闭"按钮或按【Alt+F4】键，可以关闭"文本"窗格。

图 4-6-29 "文本窗格"控件

8. 在 SmartArt 图形中添加项目符号

步骤

（1）选定 SmartArt 图形。

（2）将光标定位在"文本"窗格的第1个顶层项目符号处。

（3）切换到"设计"选项卡，单击"创建图形"组中的"添加项目符号"按钮共5次（注：每单击1次，将添加1行子项目符号，本例中每个顶层项目都有5个子项目符号）。

（4）重复第（2）、（3）步，给其余顶层项目添加子项目符号，如图 4-6-30 所示。

图 4-6-30 添加项目符号

"文本"窗格的工作方式类似于大纲或项目符号列表,该窗格将信息直接映射到 SmartArt 图形。每个 SmartArt 图形定义了它自己在"文本"窗格中的项目符号与 SmartArt 图形中的一组形状之间的映射。

注意

9. 在 SmartArt 图形中输入文本

步骤

(1) 分别选中 SmartArt 图形中的文本占位符,选择下列方法之一输入文字:

● 单击 SmartArt 图形中的一个形状,键入文本。

● 单击"文本"窗格中的"文本",键入或粘贴文字。

● 从其他程序复制文字,单击"文本",粘贴到"文本"窗格中。

(2) 自行设置 SmartArt 图形中各文本的字体、字号、颜色等格式。

按【Tab】或【Alt+Shift+向右键】,可缩进文本。
按【Shift+Tab】或【Alt+Shift+向左键】,可逆向缩进文本。
按【Enter】,可新建一行文字。

操作提示

10. 在 SmartArt 图形中插入图片

步骤

(1) 单击 SmartArt 图形中第 1 个图片的占位符,弹出"插入图片"对话框。

(2) 在对话框中选择要插入的图片。

(3) 单击"确定"按钮。

(4) 要插入第 2、3、4 个图片,重复第 (1)～(3) 步即可。

4.7　样式和目录

 基础知识

4.7.1　样式

样式是 Word 的强大功能,使用样式来格式化文档非常方便和灵活。

样式是应用于文档中文本格式属性的集合。样式包含的信息不仅有字体、字号、文字颜色、阴影、边框、加删除线、上标、下标、加下划线等，还包含间距、缩进、换行与分页操作、编号和项目符号等。使用样式可以将多种格式属性一次应用于某类文字，从而节省时间，使文档前后风格一致。

1. 样式类型

Word 2010 有两种基本样式类型：字符样式和段落样式。字符样式表示字符级别的格式信息并且可应用于文档中任何选中的文字。段落样式只能应用于一个或多个完整段落并影响整个段落。

2. "样式"组

在"开始"选项卡的"样式"组中有 4 个控件：快速样式库、样式集、扩展库、"样式"任务窗格启动器，如图 4-7-1 所示。

图 4-7-1 "样式"组中的控件

3. 标题样式

在首次编辑 Word 文档时，自动采用默认样式，即"正文"。但对于文档的不同部分应当应用合适的样式。例如键入标题，可使用标题样式，如"标题 1"、"标题 2"、"标题 3"等。

标题样式是在 Word 中书写长文档时最有用的内容之一，使用它不仅能快速访问 Word 2010 的大纲，还能用于创建目录。

Word 2010 的标题样式有两类：内置标题样式和自定义标题样式。

要应用样式，可单击"快速样式库"中的样式，或单击"样式"组中的"其他"按钮→选择所需样式，如图 4-7-2 所示。

要修改样式，可右击"快速样式库"中的样式，选择"修改"命令，将显示如图 4-7-3 所示的对话框。

应用了标题样式的段落

图 4-7-2　应用标题样式

图 4-7-3　修改标题样式

4.7.2　目录

目录是长文档（如书籍、毕业论文）非常重要的一个部分，是文档中面向标题的列表，列表中显示了每个标题所处的页码。如果文档中有了目录，用户能很容易地了解文档的结构内容，并快速定位需要查询的内容处。

对于电子文档或在线文档来说，目录为文档的其他部分提供了超链接。如果指向某个目录项目（对应相应标题），按【Ctrl】+单击标题，可以定位到文档中的此标题。

1．自动目录

Word 可以根据文档中的标题样式创建自动目录。方法是：将光标定位在要插入目录的位置处，切换到"引用"选项卡，单击"目录"组中的"目录"按钮，会弹出如图 4-7-4 所示的下拉列表，在其中选择"自动目录 1"或"自动目录 2"，会在文档中插入目录。目录通常由两部分组成：左侧的目录标题和右侧标题所对应的页码，如图 4-7-5 所示。

图 4-7-4　创建自动目录

图 4-7-5　自动目录示例

2．目录样式

Word 使用 9 种内置的样式格式化目录，即"目录 1"至"目录 9"。如果不满意目录的外观，可以修改"目录 1"至"目录 9"的样式。切换到"引用"选项卡，单击"目录"组中的"目录"→"插入目录"，会弹出如图 4-7-6 所示的对话框，单击"修改"按钮，会弹出"样式"对话框，如图 4-7-7 所示，分别选定"目录 1"至"目录 9"，单击"修改"按钮，可更改目录的样式。

图 4-7-6　"目录"对话框

图 4-7-7　目录样式对话框

实训 13　毕业论文格式编排

【实例】按图 4-7-8 所示的格式对毕业论文进行排版。

图 4-7-8　毕业论文格式示例

排版顺序及具体要求如下：

（1）设置文档属性：作者名、标题、主题、关键词、单位信息等。

（2）页面布局。

● 　纸张大小：采用默认值 A4。

● 　页边距：上、下、左、右边距均为 2.5 厘米。

● 　页眉和页脚均采用内置样式，且"首页不同"、"奇偶页不同"。

● 　页眉和页脚距边界距离均为：1.5 厘米。

（3）设计封面：图片为"上下型"，文本居中对齐，字体字号自定义。

（4）更改样式："现代"样式集、"穿越"颜色、"暗香扑面"字体。

（5）设计文本的各级标题。

● 　将文本中所有红色文字（章名、摘要、Abstract、前言、总结、参考文献、致谢）应用为"标题 1"。

- 将文本中所有绿色文字（节名）应用为"标题 2"。
- 将文本中所有蓝色文字（小节名）应用为"标题 3"。

（6）插入自动目录。

（7）修改目录的样式，如图 4-7-9 所示。

图 4-7-9 修改目录样式示例

说明： 本实例的文本内容保存在"毕业论文素材"文件中，请到中国水利水电出版社网站下载。

一、实训目的

1. 掌握文档属性的设置。
2. 进一步掌握页眉和页脚的应用。
3. 掌握标题样式的应用方法。
4. 熟练掌握自动目录的创建方法。
5. 掌握目录样式的修改方法。

二、实训内容

1. 设置文档属性
2. 设置页面属性
3. 更改样式集
4. 插入页眉

5. 插入页脚
6. 利用样式快速设置具有大纲级别的标题
7. 自动生成目录
8. 修改目录样式

三、实训步骤

1. 设置文档属性

◀步骤▶▶▶

（1）单击"文件"选项卡中的"信息"选项，单击"属性"，再单击"显示文档面板"命令，会弹出如图 4-7-10 所示的信息面板。

图 4-7-10　设置文档属性

（2）按图中所示设置文档信息。

（3）如果要设置作者单位信息，可以单击 📄 文档属性 ▾ 按钮并选择"高级属性"命令，单击"摘要"选项卡，如图 4-7-11 所示。

图 4-7-11　设置文档高级属性对话框

（4）在对话框中可以设置更多的文档信息。

（5）单击"确定"按钮。

（6）单击信息面板右上角的 × 按钮。

2．设置页面属性

◀步骤▶▶▶

（1）单击"页面布局"选项卡中的"页面设置"对话框启动器。

（2）在弹出的对话框中分别设置上、下、左、右边距为：2.5厘米。

（3）单击"版式"选项卡，勾选"奇偶页不同"、"首页不同"选项。

（4）单击"垂直对齐方式"旁的下拉按钮并选择"居中"。

（5）单击"确定"按钮。

3．更改样式

◀步骤▶▶▶

（1）单击"开始"选项卡"样式"组中的"更改样式"。

（2）选择"样式集"→"现代"。

（3）单击"更改样式"并选择"颜色"→"穿越"。

（4）单击"更改样式"并选择"字体"→"暗香扑面"。

4．插入页眉

◀步骤▶▶▶

（1）将光标定位第2页中。

（2）单击"插入"选项卡"页眉和页脚"组中的"页眉"。

（3）在"页眉"下拉菜单中选择"拼板型（偶数页）"，如图4-7-12（左）所示。

（4）将光标定位在第3页中。

（5）单击"插入"选项卡"页眉和页脚"组中的"页眉"。

（6）在"页眉"下拉菜单中选择"拼板型（奇数页）"，如图4-7-12（右）所示。

（7）在页眉中输入文档标题。

图4-7-12　插入奇偶页不同的页眉

5．插入页脚

◀步骤▶▶▶

（1）将光标定位在第2页中。

（2）切换到"插入"选项卡，单击"页眉和页脚"组中的"页脚"。

（3）在"页脚"下拉菜单中选择"反差型（偶数页）"，如图4-7-13（上）所示。

第4章　Word 2010 的使用

（4）将光标定位在第 3 页中。

（5）单击"插入"选项卡"页眉和页脚"组中的"页脚"。

（6）在"页脚"下拉菜单中选择"反差型（奇数页）"，如图 4-7-13（下）所示。

（7）在页脚中单击"日期"控件的下拉按钮，从中选择日期，如图 4-7-14 所示。

图 4-7-13　插入奇偶页不同的页脚

图 4-7-14　在页脚中插入日期

6. 利用样式快速设置具有大纲级别的标题

步骤

（1）分别将光标定位于文档的红色段落（章名）中，切换到"开始"选项卡，单击"样式"组中的"其他"按钮，选择 AABBCC 标题 1。

（2）分别将光标定位于文档的绿色段落（节名）中，切换到"开始"选项卡，单击"样式"组中的"其他"按钮，选择 AABBCC 标题 2。

（3）分别将光标定位于文档的蓝色段落（小节名）中，切换到"开始"选项卡，单击"样式"组中的"其他"按钮，选择 AABBCC 标题 3，如图 4-7-15 所示。

图 4-7-15　利用快速样式设置标题样式

231

7. 生成自动目录

步骤

（1）将光标定位于要插入目录的位置（英文摘要之后）。

（2）按【Ctrl+Enter】键插入一个换页符。

（3）切换到"引用"选项卡，单击"目录"组中的"目录"。

（4）从"目录"下拉菜单中选择"自动目录1"，将在文档中插入如图4-7-9（左）所示的目录。

8. 修改目录样式

步骤

（1）切换到"引用"选项卡，单击"目录"组中的"目录"→"插入目录"，会弹出"目录"对话框。

（2）单击"目录"对话框中的"修改"按钮，会弹出如图4-7-16所示的对话框。

（3）选择"目录1"，单击"修改"按钮，会弹出如图4-7-17所示的对话框。

图4-7-16 目录样式对话框　　　　　图4-7-17 修改目录1的样式

（4）按图中所示设置目录1的字号和颜色。

（5）单击"确定"按钮，返回图4-7-16。

（6）选择"目录2"，重复第（3）～（5）步，完成目录2样式的设置。

（7）单击"确定"按钮2次，返回文档中。

 能力测试

1. 制作一份个人简历。

要求：①纸张大小为A4；②第1页是封面，第2页是个人信息表，如图4-7-18所示。

图 4-7-18　个人简历

2. 按图 4-7-19 所示的格式进行文档编排。

说明：本实例的文本内容保存在"图文混排素材"文件中，请到中国水利水电出版社网站下载。

图 4-7-19　文档编排效果

3．按图 4-7-20 所示的格式编排文档（提示：可利用表格或文本框来完成）。

说明：本实例的文本内容保存在"图文混排素材"文件中，请到中国水利水电出版社网站下载。

当今世界科技进步日新月异，人类正在快速迈向知识经济时代。面对 21 世纪的到来，各个国家综合国力的竞争日益激烈。但是，所有这些激烈的竞争中，归根结底还是人的素质的竞争。要提高我国国民的素质，比较关键的还是首先提高我们的教育质量。提高教育质量就是利用教育科学研究，用科学的方法遵循教育规律，来提高质量。所以，在这个大背景下，进一步研究和推广自学辅导教学这项实验，更有特殊意义。它的重要意义表现在这项改革实验符合教育发展的大趋势。

首先，自学辅导教学实验符合我国实施素质教育的大趋势。

当前及今后我们教育战线上面临的一项非常重要的任务，就是要全面推进素质教育，要特别重视培养学生的创新精神和实践能力。而旨在培养学生自学能力的自学辅导教学实验是为推行素质教育创造条件的一个重要方面。推进素质教育，减轻学生过重的学习负担，要从改进我们的教学方法和学习方法入手。如果我们用科学方法让学生在有限的时间内能够得到更多的知识，他们的能力成长得更快，那是我们所希望的。而所有能力当中，培养学生的自学能力或者说获取知识的能力，这是使他们终身受益的一项教育基础任务。自学辅导教学实验，其核心是提倡在教师指导下以学生自学为主，老师是引导他们而不是代替他们来学习，因此，进一步研究和实验这项教学改革对于推进我们正在实施的素质教育是有很大意义的。

其次，自学辅导教学实验符合终身学习的大趋势。

我国已经明确提出，要逐步完善终身学习体系。终身学习体系，就是说在人的一生当中任何的年龄阶段，在任何的工作岗位上，在任何的时间都有可能不断地学习。在这种条件下，一个人要能不断地学习，他的自学能力就成为他不断获取知识、不断更新知识的一个重要基础。所以在学校教育中，特别是在基础教育阶段就应高度重视培养学生的学习能力。同时，学习能力也是创新能力的基础。从这个意义上看，从小培养他们自学能力，就成为我们教育中不可回避的一个责任，而目前正在进行的自学辅导教学实验，显然有利于培养他们的自学能力。

第三，自学辅导教学实验符合信息技术发展的大趋势。

现代信息技术的迅猛发展，将会引起 21 世纪新的学习革命、教育方式的革命。人们将有可能在任何时间、任何地点，接受任何形式的教育，所有学习者只要有学习愿望，都将有可能通过网络选择适当的时间、地点，选择学习内容和符合自身学习特点的学习方式。这种学习的主动权就不在教师了，而在学生本人。学习者能不能选择适合他最有效的学习方式、学习内容，这将取决于他的自学能力。

自学辅导教学适应教育发展大趋势

图 4-7-20　文档编排效果

计算机应用基础实例教程（Windows 7+Office 2010）

4．按图 4-7-21 所示的格式编排文档（提示：可利用表格或文本框来完成）。

说明：本实例的文本内容保存在"图文混排素材"文件中，请到中国水利水电出版社网站下载。

广告商资料查询

如果你对本期刊登的广告需要进一步查询或希望索取详细资料，请您对感兴趣的广告在"□"内打"√"，在填妥后寄回或传真给本杂志品牌管理部收，我们会将您的要求发给相应的厂商，随后您将获得满意的服务。

读者
个人资料

2014.08

您的会员号：＿＿＿＿＿＿＿＿＿＿

姓名：＿＿＿＿＿＿＿＿＿＿　　学历：＿＿＿＿＿＿＿＿＿＿

单位：＿＿＿＿＿＿＿＿＿＿　　部门：＿＿＿＿＿＿＿＿＿＿

通信地址：＿＿＿＿＿＿＿＿＿＿　　邮编：＿＿＿＿＿＿＿＿＿＿

电子邮件：＿＿＿＿＿＿＿＿＿＿　　电话：＿＿＿＿＿＿＿＿＿＿

身份证号码：□□□□□□□□□□□□□□□□□□

查询号	厂商	产品	页码		查询号	厂商	产品	页码
□ 340068	新资源	硬盘	封三		□ 512010	讯怡	PC 机	37
□ 306068	明基	桌面产品	61		□ 629214	金河田	音箱	125
□ 443010	奥菱国际	数码相机	封底		□ 999066	商情 1	采购指南	149
□ 306068	明基	桌面产品	63		□ 9g9066	商情 2	采购指南	150
□ 218029	飞利浦	显示器	1		□ 512029	讯怡	显示器	3g
□ 306068	明基	桌面产品	65		□ 443010	TCL	PC 机	33
□ 107026	CANON	数码相机	3		□ 107068	CANON	技术白皮书	109
□ 607015	福日电子	笔记本	95		□ 473068	双番展览	IA CHINA	41
□ 443010	TCL	PC 机	27		□ 9g9068	PCM	形象	47
□ 460068	ZDNET	形象	105		□ 107068	CANON	技术白皮书	110
□ 443010	TCL	PC 机	29		□ 910068	SONY	MD	35
□ 107068	CANON	技术白皮书	107		□ 278036	广源行	硬盘	5
□ 443010	TC	PC 机	13		□ 104217	神州数码	投影机	56
□ 107068	CANON	技术白皮书	108		□ 104217	神州数码	投影机	57
					□ 120027	EPSON	扫描仪	53

如希望查询 DELL 公司的产品，请于周一至周五 08：30-18：00
拨打 DELL 公司的免费电话：800-859-2023
■我已拨打免费电话

谢谢合作

图 4-7-21　文档编排效果

footer page

5．按图 4-7-22 所示的格式编排一份电脑小报。

说明：本实例的文本内容保存在"图文混排素材"文件中，请到中国水利水电出版社网站下载。

图 4-7-22　文档编排效果

自测题

一、选择题

1. 如果想控制段落第一行首字的起始位置，应该调整（　　）。
   A．悬挂缩进　　　B．首行缩进　　　C．左缩进　　　　D．右缩进
2. Word 2010 的集中式剪贴板可以保存最近（　　）次拷贝的内容。
   A．1　　　　　　B．6　　　　　　C．12　　　　　　D．24
3. 在（　　）视图中，能够仿真 WWW 浏览器来显示 HTML 文档。
   A．普通　　　　B．Web 版式　　　C．大纲　　　　　D．页面
4. Word 2010 的（　　）功能可以大大减少因突然断电或死机而造成的未保存文档的损失。
   A．快速保存　　　　　　　　B．自动保存
   C．启动保存文档　　　　　　D．为文档添加口令
5. 在 Word 2010 中，进行复制操作的正确步骤是（　　）。
   A．选定文本→【Ctrl+C】→定位插入点→【Ctrl+V】
   B．【Ctrl+X】→定位插入点→【Ctrl+V】
   C．选定文本→【Ctrl+C】
   D．选定文本→【Ctrl+X】
6. 在使用 Word 过程中，可以随时按（　　）键来获得联机帮助。
   A．【F1】　　　　B．【Alt】　　　C．【Shift+F1】　　D．【Esc】
7. 在 Word 2010 中，能对整个文档进行浏览，同时还能跟踪在文档中的位置的是（　　）。
   A．查找和替换　　B．大纲视图　　C．搜索框　　　D．文档导航窗格
8. 要将剪贴板上的内容复制到光标所在处，应选择（　　）操作。
   A．剪切　　　　　B．复制　　　　C．粘贴　　　　D．帮助
9. 在 Word 2010 中，能捕获可能更改或过期信息的快照是（　　）功能。
   A．剪切　　　　　B．剪贴板　　　C．复制　　　　D．屏幕截图
10. 在 Word 2010 中，使用查找和替换的方法不能完成对指定内容的（　　）操作。
    A．定位　　　　　B．移动　　　　C．格式替换　　　D．删除
11. 在 Word 2010 中，要选定整个文档，可用鼠标在文档的选定区（　　）。
    A．单击左键　　　B．双击左键　　C．三击左键　　　D．单击右键
12. 在 Word 中，下列说法正确的是（　　）。
    A．字号或磅值越大字越大　　　B．字号越大字越大，磅值越大字越小
    C．字号或磅值越大字越小　　　D．字号越大字越小，磅值越大字越大
13. 在 Word 中，"格式刷"可用于复制文本的格式，若要将选定的文本格式重复应用多次，应（　　）。
    A．单击"格式刷"　　　　　B．双击"格式刷"
    C．右击"格式刷"　　　　　D．拖动"格式刷"

14. 在 Word 中，能显示"页眉和页脚"效果的是（　　）。
    A．普通视图　　　B．Web 视图　　　C．大纲视图　　　D．页面视图

15. 在 Word 中，要精确地设置段落的缩进量，应当使用（　　）方式。
    A．标尺　　　　　B．样式　　　　　C．段落格式　　　D．页面设置

16. 在 Word 中，插入硬分页符的快捷键是（　　）。
    A．【Ctrl+A】　　　　　　　　　　B．【Shift+Enter】
    C．【Ctrl+Enter】　　　　　　　　D．【Shift+A】

17. Word 文档扩展名的默认类型是（　　）。
    A．DOC　　　　　B．DOT　　　　　C．WOD　　　　　D．RTF

18. 用于对 Word 文档执行操作的命令集的是（　　）视图。
    A．Backstage　　B．Web　　　　　C．页面　　　　　D．草稿

二、判断题

（　　）1．屏幕截图可以捕获没有最小化到任务栏的窗口。

（　　）2．在 Word 2010 中，只能用工具栏上的快捷按钮来完成对文档的编排。

（　　）3．Word 2010 文档的任何视图都可以查看打印效果。

（　　）4．在 Word 2010 中只能对选定文本进行分栏。

（　　）5．Word 2010 提供了强大的数据保护功能，即使用户在操作中连续出现多次误删除，也可以通过"撤消"功能全部予以恢复。

（　　）6．Word 2010 文档的默认扩展名为.doc。

（　　）7．Word 2010 的表格不能进行文字环绕。

（　　）8．选定表格的一行，再按【Del】键，可删除该行。

（　　）9．要选定整个文档，可按住【Ctrl】键，同时单击文本的选定区；或者用鼠标三击文本的选定区。

（　　）10．Word 2010 的表格不可以嵌套。

（　　）11．在 Word 2010 中，可直接对文字设置渐变填充、自定义阴影、倒影、发光、柔化边缘和斜边等效果。

（　　）12．在 Word 2010 中不能恢复未保存的文档。

（　　）13．在 Word 2010 中不能打开早期版本的文档。

（　　）14．SmartArt 图形图片布局是 Word 2010 中新增的功能。

（　　）15．在"文档导航"窗格中，可单击文档中的各标题并查看其中的内容。

（　　）16．在"文档导航"窗格中，可展开或隐藏嵌套标题。

（　　）17．要升级或降级文档中某标题的级别，只能在大纲视图中完成，而不能在"文档导航"窗格中完成。

（　　）18．"剪切"和"复制"操作都能将选定的内容放到"剪贴板"上，所以它们的功能是完全相同的。

（　　）19．在 Word 2010 中，具有"翻译屏幕提示"功能。

（　　）20．使用标题样式可以快速访问 Word 2010 的大纲，但不能用于创建目录。

第 5 章　Excel 2010 的使用

☞本章简介

　　Excel 2010 是 Office 2010 的组件之一，是一种能用于现代理财和数据分析的电子表格管理软件，它能把文字、数据、图形、图表和多媒体对象集于一体，并对表格中的数据进行各种统计、分析和管理等，具有丰富的宏命令和函数，同时它还支持 Internet 网络的开发功能。

　　本章主要介绍了 Excel 2010 的基本使用、简单函数的使用和常用的管理功能。在本章的每一小节后都配有实训操作，主要以实例的方式帮助初学者更好地熟悉 Excel 2010 的使用。

学习目标

☞ 熟悉工作簿和工作表的概念

☞ 掌握工作簿和工作表的创建、编辑和格式化

☞ 会使用公式和函数

☞ 能绘制 Excel 2010 图表

☞ 能进行简单的数据管理

☞ 掌握工作表的打印

5.1　Excel 2010 基本知识

 基础知识

5.1.1　了解 Excel 的主要功能

Excel 是应用最广泛的电子表格程序，它不仅能进行数字计算，对非数字应用也非常有效。

1．数据处理和分析

Excel 2010 的电子表格中不仅包含各种数据，还包括计算公式和函数。它们可以在用户输入数据时自动完成所需的计算和分析，极大地提高了数据处理的效率。

在 Excel 2010 中提供了大量的内置函数，如财务、日期与时间、数学与三角函数、统计、查找与引用、数据库、文本、逻辑、信息、工程和多维数据集 11 类，足以满足各类领域的数据处理与分析管理。同时，Excel 2010 还允许用户创建自定义函数，以满足个人的计算需求。

2．创建图表

Excel 2010 具有超强的图表处理功能，为用户提供了丰富的图表类型，使用它们可以很方便地将表格中的数据转换成具有专业外观的图表。

5.1.2　Excel 2010 文档的格式

在 Excel 2010 中可以打开以前版本创建的所有文件。Excel 2010 常用的文件格式如下：

- .xlsx：不启用宏的工作簿文件。
- .xlsm：启用宏的工作簿文件。
- .xltx：不启用宏的工作簿模板文件。
- .xltm：启用宏的工作簿模板文件。
- .xlsb：与旧的 XLS 格式相同但可以兼容新特性的二进制文件

除了 XLSB 之外，其他文件都是可"打开"的 XLM 文件，即其他应用程序可以对这类文件进行读写。

5.1.3　Excel 2010 的视图

Excel 2010 提供了 5 种视图方式，如图 5-1-1 所示。用户可根据自己的需要选择相应视图浏览工作表。

图 5-1-1　视图方式

1．普通视图

在默认情况下，启动 Excel 2010 后其窗口是以普通视图方式显示的，如图 5-1-2 所示。

图 5-1-2　普通视图示例

在该视图中，用户可以输入、编辑和格式化各种数据，也可以对数据进行计算、分析处理和创建图表，还可以更改数据的布局。

2．页面布局

切换到"视图"选项卡，单击"工作簿视图"组中的"页面布局"按钮，可切换到"页面布局"视图，如图 5-1-3 所示。

在该视图中，不仅可以更改数据的布局和格式，还可以使用标尺测量数据的宽度和高度，更改页面方向，添加或更改页眉和页脚，设置打印边距，隐藏或显示网格线、行标题和列标题以及指定缩放选项。在打印输出工作表之前，使用"页面布局"视图可以快速地进行版面调整，以获得专业的外观效果。

3．分页预览视图

切换到"视图"选项卡，单击"工作簿视图"组中的"分页预览"按钮，可切换到"分页预览"视图，如图 5-1-4 所示。

图 5-1-3　页面布局视图示例

图 5-1-4　分页预览视图示例

在该视图中，会显示水平分页符和垂直分页符，拖动分页符可调整分页位置，以使数据打印在所需的页面上。

4．全屏显示视图

切换到"视图"选项卡，单击"工作簿视图"组中的"全屏显示"按钮，可切换到"全屏显示"视图。在该视图中，隐藏了 Excel 2010 的快速访问工具栏和功能区，使文档的可视区域更大。

5．自定义视图

切换到"视图"选项卡，单击"工作簿视图"组中的"自定义视图"按钮，会弹出如图 5-1-5 所示的对话框。

图 5-1-5　单击"添加"按钮可保存当前工作表的特定设置

该视图用来保存当前工作表的特定显示设置（如列宽、行高、隐藏行和列、单元格选择、筛选设置和窗口设置）和打印设置（如页面设置、页边距、页眉和页脚以及工作表设置），以便可以在需要时将这些设置快速地应用到该工作表。

在每张工作表中可以创建多个自定义视图，但是只能将自定义视图应用到创建该自定义视图时活动的工作表。如果不再需要自定义视图，则可以将其删除。

5.1.4　Excel 2010 的基本概念

1．工作簿和工作表

工作簿是指用来存储并处理工作数据的文件，其中可包含多张不同类型的工作表。

工作表是工作簿的一部分，它由排成行或列的单元格组成，是用于存储和处理数据的主要文档，也称为电子表格。在工作表中可以存储字符串、数字、公式、图表、声音等信息。

当启动 Excel 时，系统会自动创建一个新的工作簿，其中包含三张工作表（Sheet1、Sheet2、Sheet3）。一个工作簿内工作表的个数受可用内存的限制。单击工作表标签，可在多个工作表之间切换。

2．单元格

单元格是指工作表中的一个个小方格，用于记录各种数据，如字符串、数字、日期或时间等。要改变单元格的大小，将光标移动到两个行号（或列号）的分界线上，当鼠标指针变成 ✛或 ✛时拖动鼠标即可。

3．行标和列标

Excel 的行标用 1，2，3 等表示，共 1048576 行；列标用 A，B，C 等表示，共 16384 列。每个单元格都用地址名称来标识，它是由列标和行标组成的。例如，A1 表示第 1 行第 1 列的单元格，C9 表示第 9 行第 3 列的单元格。

4．名称框和编辑栏

名称框可用来快速定位和选定单元格，编辑栏可用来显示或编辑单元格中的数据或公式。

实训 1　使用模板创建一个工作簿

【实例】要求用多种不同的方法启动和退出 Excel 2010，了解 Excel 2010 的用户界面。使用模板创建一个工作簿，将其保存到"E:\Excel 示例"文件夹中，并命名为"考勤卡.xlsx"，如图 5-1-6 所示。

图 5-1-6　"考勤卡"工作簿示例

一、实训目的

1. 掌握 Excel 2010 的启动和退出方法。
2. 掌握 Excel 2010 工作簿的创建、保存和打开方法。
3. 了解 Excel 2010 模板的作用。

二、实训内容

1. Excel 2010 的启动
2. 创建新工作簿
3. 使用模板创建一个考勤卡工作簿
4. 保存工作簿
5. 保存已有的工作簿
6. 打开工作簿
7. Excel 2010 的退出

三、实训步骤

1. Excel 2010 的启动

◀步骤▶▶▶

方法 1：通过"开始"菜单启动。单击"开始"→"所有程序"→Microsoft Office→Microsoft Office Excel 2010 命令。

方法 2：利用快捷方式。双击桌面上的 快捷图标。

方法 3：通过文件名启动。在"Windows 资源管理器"窗口中双击要打开的 Excel 文件。

2. 创建新工作簿

◀步骤▶▶▶

前例中的方法 1 和方法 2 不仅用来启动 Excel 2010，也是创建新工作簿的方法。要在 Excel 2010 已启动的状态下再建新工作簿，可选择以下 3 种方法之一：

方法 1：单击"文件"选项卡中的"新建"命令，弹出如图 5-1-7 所示的对话框，单击"空白工作簿"，再单击"创建"按钮。

方法 2：单击"快速访问工具栏"中的 按钮（如果没有该按钮，则单击 按钮从下拉菜单中选择"新建"命令，再单击该按钮）。

方法 3：按【Ctrl+N】键。

图 5-1-7　新建"空白工作簿"

3．使用模板创建一份考勤卡

步骤

（1）单击"文件"选项卡中的"新建"命令，在弹出的对话框中单击"样本模板"选项，如图 5-1-8 所示。

（2）在其中选择"考勤卡"模板。

（3）单击"创建"按钮。

图 5-1-8　使用模板创建工作簿

4．保存工作簿

步骤

（1）承上例。选择以下 3 种方法之一，均可弹出如图 5-1-9 所示的对话框：

方法 1：单击"快速访问工具栏"中的"保存"按钮 。

图 5-1-9   "另存为"对话框

方法 2：单击"文件"选项卡中的"保存"命令。

方法 3：按【Ctrl+S】键。

（2）选择要保存的位置。

（3）在"文件名"文本框中输入"考勤卡"（此处可以不输入扩展名，因为保存类型已确定为.xlsx）。

（4）单击"保存"按钮。

5．保存已有的工作簿

【步骤】▶▶

方法 1：保存原有的工作簿。单击"快速访问工具栏"中的■按钮。

方法 2：保存工作簿的副本。单击"文件"选项卡中的"另存为"命令。

6．打开工作簿

【步骤】▶▶

（1）单击"文件"选项卡中的"打开"命令或者按【Ctrl+O】键。

（2）找到文件所在的文件夹。

（3）双击工作簿名或右击工作簿名，再单击"打开"按钮。

7．Excel 2010 的退出

【步骤】▶▶

方法 1：单击 Excel 窗口右上角的 ✕ 按钮。

方法 2：右击任务栏上 Excel 的窗口按钮，在弹出的快捷菜单中单击"关闭"命令。

方法 3：单击"文件"选项卡中的"退出"命令。

方法 4：按【Alt+F4】键。

实训 2　工作表的基本操作

【实例】承接实训 1 中的实例，在"考勤卡.xlsx"工作簿中进行如下操作：

（1）删除"考勤卡"工作表中 C1～G1 间的 5 个单元格。

（2）删除该工作表中多余的空行和第 A 列。

（3）调整该工作表的行高和列宽。

（4）插入两张新工作表，分别命名为"销售"和"统计"。

（5）将"考勤卡"工作表复制一份，重命名为"员工 A"。

（6）分别给"考勤卡"、"员工 A"、"销售"和"统计"工作表的标签添加颜色（可自选颜色），如图 5-1-10 所示。

图 5-1-10　工作表操作示例

（7）将"销售"工作表复制到新的工作簿中，并保存为"销售统计表.xlsx"工作簿。

（8）将"统计"工作表移动到"销售统计表.xlsx"工作簿中。

（9）删除"考勤卡.xlsx"工作簿中的"销售"工作表。

（10）冻结窗口，锁定前 3 行和前 2 列，使其不随滚动条滚动。

一、实训目的

1. 掌握 Excel 工作表的选定、插入、重命名、移动、复制和删除的方法。
2. 掌握 Excel 单元格的选定、插入和删除的方法。
3. 掌握 Excel 窗口的冻结方法。

二、实训内容

1. 选定单元格或单元格区域练习
2. 删除单元格
3. 删除行或列
4. 调整行高和列宽
5. 插入工作表
6. 选定工作表
7. 重命名工作表
8. 给工作表标签添加颜色
9. 将工作表复制到新工作簿中
10. 将工作表移动到其他工作簿中
11. 在当前工作簿中复制工作表
12. 在当前工作簿中移动工作表
13. 删除工作表
14. 窗口冻结

三、实训步骤

1. 选定单元格或单元格区域

◀步骤▶▶▶

（1）选定一个单元格，可以使用以下的方法：
● 单击某单元格。
● 按【Tab】键选定该行的下一个单元格。
● 按【Shift+Tab】键选定该行的前一个单元格。
● 按←、↑、↓、→方向键，将选定相应方向的单元格。
● 按【Ctrl+Home】键选定 A1 单元格。
（2）选定一个区域：用鼠标拖动即可。
（3）选定多个不相邻的区域：按住【Ctrl】键并拖动鼠标。
（4）选定两个单元格之间的矩形区域：单击一个单元格，按住【Shift】键，再单击另一个单元格。

（5）选定一列或一行：单击该列或该行的列标或行标。

（6）选定多列或多行：单击该列或该行的列标或行标，并拖动鼠标。

（7）选定所有单元格：单击行标和列标的交界处（位于列标的最左边）。

2．删除单元格

◀步骤▶▶▶

（1）选定单元格区域（C1:G1）。

（2）切换到"开始"选项卡，单击"单元格"组中"删除"按钮的向下箭头，在下拉菜单中选择"删除单元格"命令，弹出如图 5-1-11 所示的对话框。

（3）选择"右侧单元格左移"方式。

（4）单击"确定"按钮。

图 5-1-11　删除单元格

3．删除行或列

◀步骤▶▶▶

方法 1：选定要删除的行或列，切换到"开始"选项卡，单击"单元格"组中的"删除"按钮。

方法 2：右击行标或列标，在弹出的快捷菜单中选择"删除"命令。

4．调整行高和列宽

◀步骤▶▶▶

方法 1：手动调整行高或列宽。

（1）分别将鼠标指向行标或列标的分界线处。

（2）当鼠标指针变为 ╋ 或 ╋ 时，拖动分界线即可调整行高或列宽。

方法 2：自动调整行高和列宽。

（1）选定要调整的行或列。

（2）切换到"开始"选项卡，单击"单元格"组中的 ▦格式▾ 按钮。

（3）在弹出菜单中选择"自动调整行高"或"自动调整列宽"命令。

方法 3：精确设置行高和列宽。

（1）选定要调整的行或列。

（2）切换到"开始"选项卡，单击"单元格"组中的"格式"按钮。

（3）在弹出的下拉菜单中选择"行高"或"列宽"命令，弹出如图 5-1-12 所示的对话框。

图 5-1-12　分别精确设置行高和列宽

（4）输入行高值或列宽值，单击"确定"按钮。

5. 插入工作表

◀步骤▶▶▶

采用下列 3 种方法之一，分别插入两张工作表：

方法 1：单击工作表标签右侧的"插入工作表"控件 ，即可在最后一张工作表之后插入一张新表。

方法 2：切换到"开始"选项卡，单击"单元格"组中"插入"按钮的向下箭头，在下拉菜单中选择"插入工作表"命令，即可在选定的工作表之前插入一张新工作表。

方法 3：右击工作表标签，在弹出的快捷菜单中单击"插入"命令，弹出如图 5-1-13 所示的对话框，单击"常用"选项卡中的"工作表"，单击"确定"按钮，即可在选定的工作表之前插入一张新表。

图 5-1-13　插入工作表

6. 选定工作表

◀步骤▶▶▶

方法 1：单击工作表标签可以选定一张工作表。

方法 2：右击标签滚动按钮，从列表中可以选择所需的工作表。

方法 3：按住【Ctrl】键，分别单击工作表标签可以选定多张工作表。

方法 4：右击某张工作表标签，在弹出的快捷菜单中单击"选定全部工作表"命令。

- 当新创建一个工作簿时，工作表 Sheet1 默认为当前工作表。
- 在移动、复制或删除之前，先要选定一张或多张工作表。
- 选定多张工作表后，可以同时在多个工作表中输入相同的数据。

注意

7. 重命名工作表

◀步骤▶▶▶

方法 1：右击工作表标签 Sheet1，在弹出的快捷菜单中单击"重命名"命令，输入新的名称"销售"。

方法 2：直接双击工作表标签 Sheet2，输入新的名称"统计"。

8．给工作表标签添加颜色

（步骤）▶▶▶

（1）右击工作表标签。
（2）在弹出的快捷菜单中指向"工作表标签颜色"，从颜色列表中选择喜欢的颜色。

9．将工作表复制到其他工作簿中

（步骤）▶▶▶

（1）右击"销售"工作表标签，在弹出的快捷菜单中单击"移动或复制"命令，弹出如图 5-1-14 所示的对话框。
（2）勾选"建立副本"复选框。
（3）单击"工作簿"下拉按钮，在下拉列表框中选择"（新工作簿）"。
（4）单击"确定"按钮，"销售"工作表将在一个新的工作簿中打开。
（5）保存新工作簿并命名为"销售统计表.xlsx"。

10．将工作表移动到其他工作簿中

（步骤）▶▶▶

（1）承上例。右击"统计"工作表标签，在弹出的快捷菜单中单击"移动或复制"命令，弹出如图 5-1-15 所示的对话框。
（2）单击"工作簿"下拉按钮，在下拉列表框中选择"销售统计表.xlsx"。
（3）在"下列选定工作表之前"列表框中选择"移至最后"。
（4）单击"确定"按钮，"统计"工作表将移动到指定的工作簿中，且位于最右侧。

图 5-1-14　复制工作表到新工作簿中　　图 5-1-15　移动工作表到其他工作簿中

11．在当前工作簿中复制工作表

（步骤）▶▶▶

（1）选定"考勤卡"工作表标签。
（2）按住【Ctrl】键，拖动工作表标签到目标位置后松开鼠标按键，即可复制一份名为

"考勤卡（2）"的工作表。

（3）双击"考勤卡（2）"工作表标签，重新输入标签名"员工 A"。

12．在当前工作簿中移动工作表练习

◀步骤▶▶▶

（1）选定一张工作表标签。

（2）用鼠标拖动该工作表标签到目标位置后松开鼠标按键。

13．删除工作表

◀步骤▶▶▶

方法 1：选定"考勤卡.xlsx"工作簿中的"销售"工作表，单击"开始"选项卡"单元格"组中的"删除"→"删除工作表"命令。

方法 2：右击"考勤卡.xlsx"工作簿中的"销售"工作表，在弹出的快捷菜单中单击"删除"命令。

注意

> 上面两个方法操作后，会出现一个警告对话框，如果用户要将选定的工作表永久删除，则单击"删除"按钮，否则单击"取消"按钮。
>
> 删除工作表的操作是不可恢复的，工作表一旦被删除，则工作表的内容将一同被删除。

14．窗口冻结

◀步骤▶▶▶

（1）选定要冻结的位置 C4。

（2）切换到"视图"选项卡，单击"窗口"组中的"冻结窗格"→ 冻结拆分窗格(F) 滚动工作表其余部分时，保持行和列可见(基于当前的选择)，效果如图 5-1-16 所示。

图 5-1-16 窗口冻结示例

5.2　工作表的编辑

5.2.1　了解 Excel 2010 的数据类型

在 Excel 2010 中，一个单元格可以包含三种基本的数据类型：数值、文本和公式。在输入时，Excel 会自动区分数据类型。一个工作表可以包含图表、图形、图片、按钮和其他对象，这些对象驻留在工作表的绘图层中。

1．数值

数值表示一些类型的数量，如人数、成绩、学分、销售量、金额、单价、工作日期、时间等。注意在 Excel 中，时间和日期也属于数值类型的数据。

2．文本

文本由数字、空格和非数字字符组成。文本通常用来说明工作表中数值的含义。注意，以数字开头的文本仍被当成文本处理，即不能参与计算，如 1 班、2 班等。

3．公式

Excel 提供了功能强大的公式，当在单元格中输入公式时，公式结果会出现在单元格中。如果修改了公式中引用的某个单元格的值，公式会重新计算并显示新的结果。

5.2.2　数据的输入方法

1．文本数据的输入

在默认状态下，文本在单元格中均左对齐。当文本长度超出单元格宽度时，若右侧相邻的单元格中没有数据，则文本可以完全显示，否则将被截断显示。

2．数值数据的输入

在 Excel 2010 中，数值型数据由下列字符组成：
0~9　+　-　( )　,　/　\$　%　.　Ee

（1）正数的输入：直接输入，正号（+）可省略。

（2）负数的输入：在数值前键入减号（-）。

（3）分数的输入：在分数前先键入0（零）和空格，如"0 1/2"。

（4）货币型数据的输入：在数值前加上"$"符号。

在默认状态下，数值数据在单元格中均右对齐。当数字长度超出单元格宽度或数值位数超过11位时，都会以科学记数法表示，如1.23457E+19。Excel 2010最多可保留15位的有效数字，如果数字长度超出了15位，Excel 2010会将多余的数字位转换为0。如果单元格的宽度不足以显示数值时，则会在单元格内显示一组"#"，通过调整单元格的宽度，可以使数据正常显示。

特别提示：如果要将由纯数字构成的数据（如身份证号、学号、电话号码、邮政编码等）作为文本型数据处理，则需要在输入的数字前加上英文的单引号"'"。例如，要输入身份证号码"510213198808082118"，需要先输入"'"，然后再输入这些数字，否则Excel 2010会自动将其作为数值型数据，并显示为"5.10213E+17"。

3．日期/时间的输入

Excel 2010将日期和时间作为数值处理，在默认状态下，日期和时间在单元格中右对齐。如果要在同一个单元格中同时输入日期和时间，则需要在它们之间用空格分隔。

日期可用以下方法输入：

● 5/9：在默认状态下，将显示为"5月9日"。

● 5-9：在默认状态下，将显示为"5月9日"。

● 【Ctrl+;】：可以输入当前系统日期，显示格式为"年/月/日"，如"2010/5/10"。

时间可用以下方法输入：

● 9:30：表示24小时制的时间。

● 9:30 AM：表示12小时制的时间，AM代表上午。

● 9:30 PM：表示12小时制的时间，PM代表下午。

● 【Shift+Ctrl+;】：可以输入当前系统时间，显示24小时制时间。

日期和时间的显示方式取决于所在单元格中的数字格式，用户可以根据需要重新设置显示方式。

由于日期和时间都是数值，因此日期和时间可以进行加、减等各种运算。例如：两个日期相减，可以得到两个日期间隔的天数。

4．数据的自动填充

自动填充就是将选定单元格中的数据按一定的规律复制到与其相邻的其他单元格中去。

在Excel 2010中，可以使用"填充"命令将数据填充到工作表单元格中，Excel可根据用户建立的模式自动继续数字、数字和文本的组合、日期或时间段序列。另外，在Excel 2010中，也可以使用填充柄快速填充数据序列。方法是：拖动单元格右下角的填充柄，会出现"自动填充选项"控件，根据单元格中的数据类型不同，该控件的选项也不相同，单击该控件，可从下拉菜单中选择相应的填充方式，如图5-2-1所示。

图 5-2-1　数据填充选项示例

5.2.3　设置数据有效性

1．数据有效性的作用

数据有效性是 Excel 的功能之一，用于定义可以在单元格中输入哪些数据。

设置数据有效性的目的是防止用户输入无效数据。这在多人共享工作簿且希望输入的数据准确无误且保持一致时非常有用。

2．数据有效性条件

当不希望用户在单元格中输入无效数据时，可以设置有效性条件。例如，在输入"性别"时，只允许输入"男"或"女"，否则不允许输入。

3．数据有效性消息

用户可以设置"输入信息"，当用户输入数据时，显示期望在单元格中输入的内容。

用户也可以设置"出错警告"，当用户输入了无效数据时，会向其发出三种类型的"出错警告"，如表 5-2-1 所示。

表 5-2-1　出错警告的类型

图标	类型	用于
✖	停止	阻止用户在单元格中输入无效数据。"停止"警告消息具有两个选项："重试"或"取消"
⚠	警告	在用户输入无效数据时向其发出警告，但不会禁止他们输入无效数据。在出现"警告"消息时，用户可以单击"是"按钮接受无效输入、单击"否"按钮编辑无效输入，或单击"取消"按钮删除无效输入
ⓘ	信息	通知用户，他们输入了无效数据，但不会阻止他们输入无效数据。这种类型的出错警告最为灵活。在出现"信息"警告消息时，用户可单击"确定"按钮接受无效值，或单击"取消"按钮拒绝无效值

实训 3　工作表的基本编辑

一、实训目的

1. 掌握 Excel 工作表中数据的填充和修改方法。
2. 掌握 Excel 工作表中数据的移动和复制方法。
3. 掌握 Excel 工作表中数据的选择性粘贴和清除方法。

二、实训内容

1. 文本的快速填充
2. 数字的自动填充
3. 日期的快速填充
4. 时间的快速填充
5. 替换单元格数据
6. 对单元格中的部分数据进行修改
7. 复制单元格中的数据
8. 选择性粘贴
9. 清除数据

三、实训步骤

1. 文本的快速填充

步骤

（1）选定要填充的文本单元格。

（2）将鼠标指向其填充柄，指针变为 ➕ 形状时将填充柄向下拖动。

（3）单击"填充柄选项"控件，分别选择下拉菜单中的"复制单元格"、"仅填充格式"、"不带格式填充"单选项，效果如图 5-2-2 所示。

图 5-2-2　文本填充效果示例

2．数字的自动填充

◀步骤▶▶▶

方法 1：用填充柄实现填充。

（1）选定一个数字单元格，将填充柄向下拖动。

（2）单击"填充柄选项"控件 ，分别选择下拉菜单中的"复制单元格"、"填充序列"、"仅填充格式"、"不带格式填充"单选项，效果如图 5-2-3（上）所示。

（3）选定两个数字单元格将填充柄向下拖动。

（4）单击"填充柄选项"控件 ，分别选择下拉菜单中的"复制单元格"、"填充序列"、"仅填充格式"、"不带格式填充"单选项，效果如图 5-2-3（下）所示。

图 5-2-3 数字的快速填充效果示例

方法 2：用命令实现填充。

（1）选定要填充的单元格。

（2）切换到"开始"选项卡，单击"编辑"组中的 填充 按钮，在下拉菜单中选择"系列"命令，弹出"序列"对话框。

（3）按图中所示设置参数，单击"确定"按钮，效果如图 5-2-4 所示。

图 5-2-4 数字的等比填充效果示例

3．日期的快速填充

◀步骤▶▶▶

（1）选定一个日期单元格，将填充柄向下拖动。

（2）单击"填充柄选项"控件█，分别选择下拉菜单中的"以天数填充"、"以工作日填充"、"以月填充"、"以年填充"单选项，效果如图5-2-5（上）所示。

（3）选定两个日期单元格，将填充柄向下拖动。

（4）单击"填充柄选项"控件█，分别选择下拉菜单中的"以天数填充"、"以工作日填充"、"以月填充"、"以年填充"单选项，效果如图5-2-5（下）所示。

选定1个单元格→	2010/5/5	2010/5/5	2010/5/5	2010/5/5
	2010/5/6	2010/5/6	2010/6/5	2011/5/5
	2010/5/7	2010/5/7	2010/7/5	2012/5/5
	2010/5/8	2010/5/10	2010/8/5	2013/5/5
	2010/5/9	2010/5/11	2010/9/5	2014/5/5
	2010/5/10	2010/5/12	2010/10/5	2015/5/5

选定2个单元格→	2010/5/5	2010/5/5	2010/5/5	2010/5/5
	2010/5/10	2010/5/10	2010/5/10	2010/5/10
	2010/5/15	2010/5/12	2010/6/5	2011/5/5
	2010/5/20	2010/5/17	2010/7/5	2011/5/10
	2010/5/25	2010/5/19	2010/7/5	2012/5/5
	2010/5/30	2010/5/24	2010/7/10	2012/5/10
	2010/6/4	2010/5/26	2010/8/5	2013/5/5
	2010/6/9	2010/5/31	2010/8/10	2013/5/10

以天数填充(D)　以工作日填充(W)　以月填充(M)　以年填充(Y)

图 5-2-5　日期的快速填充效果示例

注意

在"以工作日填充"时，没有"2010/5/8"和"2010/5/9"两个日期，是因为这两天分别是星期六和星期天，工作日不包括周末和专门指定的假期。

4．时间的快速填充

◀步骤▶▶▶

（1）选定一个12小时制（或24小时制）的时间单元格，将填充柄向下拖动。

（2）单击"填充柄选项"控件█，选择下拉菜单中的"填充序列"单选项，效果如图5-2-6（上）所示。

（3）选定两个12小时制（或24小时制）的单元格，将填充柄向下拖动。

（4）单击"填充柄选项"控件█，选择下拉菜单中的"填充序列"单选项，效果如图5-2-6（下）所示。

操作提示

要实现数字、日期/时间的复制，除了用"复制/粘贴"命令以外，还可以用以下的方法实现：选定要填充的单元格，单击"开始"选项卡"编辑"组中的"填充"按钮，在下拉菜单中选择"向下"、"向右"、"向上"或"向左"命令。

选定1个单元格→	9:30 PM	21:20
	10:30 PM	22:20
按1小时	11:30 PM	23:20
数量递增	12:30 AM	0:20
	1:30 AM	1:20
	2:30 AM	2:20
选定2个单元格→	9:30 PM	21:30
	9:55 PM	21:45
按等差数列	10:20 PM	22:00
方式递增	10:45 PM	22:15
	11:10 PM	22:30
	11:35 PM	22:45
	12:00 AM	23:00
	12:25 AM	23:15
	12小时制	24小时制

◉ 填充序列(S)

图 5-2-6　时间的快速填充效果示例

5．替换单元格数据

◀步骤▶▶

方法：选定要修改数据的单元格，直接键入新的数据。

6．对单元格中的部分数据进行修改

◀步骤▶▶

方法 1：选定要修改的单元格，在编辑栏中单击要修改的数据。

方法 2：双击要修改的单元格，可将插入点定位于该单元格内。

方法 3：选定要修改的单元格，直接按【F2】键，也可将插入点定位于该单元格内。

7．复制单元格中的数据

◀步骤▶▶

（1）选定要复制的单元格区域。

（2）将鼠标指针指向该区域的边框线，指针变为 形状。

（3）按住【Ctrl】键（此时指针变为 ），拖动到目的单元格区域，可以实现复制。

操作提示

复制单元格中的数据还可以使用以下两种方法：

● 用"开始"选项卡"剪贴板"组中的"复制"/"粘贴"按钮完成。

● 用【Ctrl+C/Ctrl+V】组合键完成。

移动单元格中的数据与复制方法类似，只是用鼠标拖动时不需要按【Ctrl】键。

8．选择性粘贴

◀步骤▶▶▶

方法 1：使用"粘贴"控件完成。

（1）选定要复制的单元格，单击"复制"按钮（或按【Ctrl+C】键）。

（2）选定目标单元格。

（3）切换到"开始"选项卡，单击"剪贴板"组中的"粘贴"按钮（或按【Ctrl+V】键）。

（4）单击目标单元格右侧的"粘贴选项"控件 📋(Ctrl)▾。

（5）从弹出的菜单中选择所需粘贴的项目。

方法 2：使用"选择性粘贴"对话框完成。

（1）选定要复制的单元格，单击"复制"按钮（或按【Ctrl+C】键）。

（2）选定目标单元格。

（3）切换到"开始"选项卡，单击"剪贴板"组中"粘贴"按钮的向下箭头，在下拉菜单中选择"选择性粘贴"命令，弹出如图 5-2-7 所示的对话框。

图 5-2-7　"选择性粘贴"对话框

（4）选择要粘贴的项目。

（5）单击"确定"按钮。

9．清除数据

◀步骤▶▶▶

方法 1：选定要清除数据的单元格区域，按 Delete 键。

方法 2：选定要清除数据的单元格区域，回拖填充柄。

方法 3：选定要清除数据的单元格区域并右击，在弹出的快捷菜单中单击"清除内容"命令。

方法 4：选定要清除数据的单元格区域，切换到"开始"选项卡，单击"编辑"组中的"清除"按钮，在下拉菜单中选择"清除内容"命令。

操作提示

以上方法只清除了单元格的内容，而单元格中的格式、批注（如果有的话）依然存在，用户可根据需要用方法 4 单击"清除"按钮，在下拉菜单中选择"全部清除"、"清除格式"、"清除批注"或"清除超链接"命令。

实训 4 设置数据有效性

【实例】完成如图 5-2-8 所示"职工信息表"的数据有效性设置。要求：

（1）设置"工号"的有效性数据介于 196000～206000 之间。

（2）在输入"工号"时，显示图中所示的输入信息。

（3）当输入无效的"工号"时，给出"停止"消息框。

（4）设置"部门"的有效性数据为"人事处，外事办，办公室，1 车间，2 车间"。

（5）当输入无效的"部门"时，给出"信息"消息框。

（6）设置"性别"的有效性数据为"男或女"。

（7）当输入无效的"性别"时，给出"警告"消息框。

图 5-2-8 设置了不同的数据有效性的效果示例

一、实训目的

1．理解数据有效性的作用。

2．掌握数据有效性条件的设置方法。

3．掌握数据有效性消息的设置方法。

二、实训内容

1．设置"工号"的数据有效性条件

2. 设置"工号"的输入信息
3. 设置"停止"消息框
4. 设置"信息"消息框
5. 设置"警告"消息框

三、实训步骤

1. 设置"工号"的数据有效性条件

【步骤】▶▶▶

（1）打开"职工信息表"工作表。

（2）选定"工号"列中要设置数据有效性的单元格区域（B3:B11）。

（3）切换到"数据"选项卡，单击"数据工具"组中的"数据有效性"按钮，弹出如图5-2-9所示的对话框。

（4）按图中所示设置有效性条件。

2. 设置"工号"的输入信息

【步骤】▶▶▶

（1）承接上例。在对话框中，单击"输入信息"选项卡，切换到如图5-2-10所示的对话框。

（2）按图中所示设置输入信息。

图 5-2-9 设置"工号"的有效性条件

图 5-2-10 设置"工号"的输入信息

3. 设置"停止"消息框

【步骤】▶▶▶

（1）承接上例。在对话框中单击"出错警告"选项卡，如图5-2-11所示。

（2）按图中所示设置出错警告信息。

（3）单击"确定"按钮。

（4）在"职工信息表"中输入一个错误的工号，将会弹出如图5-2-12所示的对话框。

图 5-2-11　设置"停止"消息

图 5-2-12　当输入无效数据时，弹出"停止"对话框

4．设置"信息"消息框

◀步骤▶▶▶

（1）选定"部门"列中要设置数据有效性的单元格区域（C3:C11）。

（2）切换到"数据"选项卡，单击"数据工具"组中的"数据有效性"按钮，弹出"数据有效性"对话框。

（3）按图 5-2-13 所示设置"部门"的有效性条件。

（4）单击"出错警告"选项卡，按图 5-2-14 所示设置出错警告信息。

（5）单击"确定"按钮。

图 5-2-13　设置"部门"的有效性条件

图 5-2-14　设置"信息"消息

5．设置"警告"消息框

◀步骤▶▶▶

（1）选定"性别"列中要设置数据有效性的单元格区域（E3:E11）。

（2）切换到"数据"选项卡，单击"数据工具"组中的"数据有效性"按钮，弹出"数据有效性"对话框。

（3）按图 5-2-15 所示设置"性别"的有效性条件。

（4）单击"出错警告"选项卡，按图 5-2-16 所示设置出错警告信息。

（5）单击"确定"按钮。

图 5-2-15 设置"性别"的有效性条件

图 5-2-16 设置"警告"消息

5.3 工作表的格式化

基础知识

Excel 2010 工作表的格式化主要包括两个方面：一是工作表中数据的格式化，如字符的格式、数据的显示方式、数据的对齐方式等；二是单元格的格式化，如单元格的合并、设置单元格的边框和底纹、调整单元格的列宽和行高、设置工作表背景、使用条件格式、自动套用格式等。其中与 Word 2010 操作类似的部分这里就不再重复了。

5.3.1 设置工作表中数据的格式

1．设置数据的显示方式

Excel 2010 的数字格式除了有字体、字号、字形等格式外，还有常规、数值、货币、会计专用、日期、时间、百分比、分数、科学记数及文本格式等。默认情况下，数据都以常规格式显示，如果用户需要改变，可通过如图 5-3-1 所示的"开始"选项卡"数字"组中的按钮或如图 5-3-2 所示的对话框进行设置。

图 5-3-1 数字显示格式的快捷按钮

2．设置对齐方式

如果要改变单元格中文本的对齐方式或在同一单元格中显示多行文本，可以在图 5-3-2 所示的对话框中单击"对齐"选项卡（如图 5-3-3 所示），在其中设置"水平对齐"、"垂直对齐"方式或勾选"自动换行"复选项。

如果要在单元格中输入硬回车，则按【Alt+Enter】组合键。

图 5-3-2　"设置单元格格式"对话框的"数字"选项卡

图 5-3-3　"设置单元格格式"对话框的"对齐"选项卡

5.3.2　设置单元格的格式

1．自动套用格式

如果每一个单元格和每一张表格都要由用户从头到尾逐一设置格式，这显然是一项工作量极大的任务，因此 Excel 2010 在"开始"选项卡的"样式"组中分别提供了几十种预先定义的"单元格样式"和"套用表格格式"供用户选择使用，如图 5-3-4 所示。

图 5-3-4　"单元格样式"和"套用表格格式"列表

2. 使用条件格式

如果单元格中包含某些要监视的值，则可通过应用"条件格式"来标识单元格。例如，在"工资发放统计表"中要标识奖金率高于100%的值时，可以应用某种单元格格式突出显示，并显示数据条、色阶或图标集，如图 5-3-5 所示。

	A	B	C	D	E	F	G	H	I	J	K
1											
2			红太阳集团十二月份工资发放表								
3	序号	部门	姓名	基本工资	奖金	津贴	住房基金	保险	电话费	实发工资	奖金率
4	1	人事处	李强	774	900	111	58	22	89	1616	116%
5	2	人事处	王可	1329	376	85	25	38	68	1659	28%
6	3	人事处	张加国	788	488	86	77	42	56	1137	62%
7	4	外事处	吴天有	942	1000	65	30	43	35	1899	106%
8	5	外事处	左光华	1010	465	55	78	46	67	1339	46%
9	6	外事处	孙小	1366	442	93	87	46	45	1723	32%

工资发放统计表　皮鞋销售统计表

图 5-3-5　工作表中的"条件格式"示例

实训 5　工作表的格式化

【实例】新建一个工作簿，在该工作簿中按照图 5-3-6 和图 5-3-7 所示建立两张工作表，并保存为"格式化示例.xlsx"文件。

序号	部门	姓名	基本工资	奖金	津贴	住房基金	保险	电话费	实发工资	奖金率
					红太阳集团十二月份工资发放表					
1	人事处	李强	774.0	900.0	111.0	58.0	22.0	89.0	1616.0	116%
2	人事处	王可	1329.0	376.0	85.0	25.0	38.0	68.0	1659.0	28%
3	人事处	张加国	788.0	488.0	86.0	77.0	42.0	56.0	1187.0	62%
4	外事处	吴天有	952.0	1000.0	65.0	30.0	43.0	35.0	1699.0	106%
5	外事处	左光华	1010.0	465.0	55.0	78.0	46.0	67.0	1338.0	46%
6	外事处	孙小	1366.0	442.0	93.0	87.0	46.0	45.0	1723.0	32%
7	外事处	钱前	1067.0	443.0	154.0	92.0	38.0	158.0	1375.0	42%
8	办公室	李利利	1433.0	292.0	142.0	71.0	38.0	102.0	1656.0	20%
9	办公室	吴望	1484.0	1110.0	111.0	97.0	32.0	85.0	2491.0	75%
10	办公室	罗马	1455.0	224.0	159.0	96.0	32.0	96.0	1614.0	15%
11	办公室	安其其	1057.0	414.0	178.0	33.0	46.0	94.0	1476.0	39%

工资发放统计表　皮鞋销售统计表　Sheet1　Sheet1

图 5-3-6　工资发放统计表

地区	北京	上海	重庆	天津	总销量	平均销量
		皮鞋销售情况统计表				
春季	1,800	2,700	3,400	1,500	9,400	2,350
夏季	2,900	3,500	5,500	3,000	14,900	3,725
秋季	2,300	1,200	2,500	980	6,980	1,745
冬季	880	590	900	1,000	3,370	843
总销量	7,880	7,990	12,300	6,480	34,650	8,663
平均销量	1,970	1,998	3,075	1,620	8,663	

皮鞋销售统计表　Sheet1　Sheet2　Sheet3

图 5-3-7　皮鞋销售统计表

对"工资发放统计表"的要求：

（1）表格的标题：将 A1:K1 单元格区域合并，设置为隶书、22 磅、加粗、居中、橙色。

（2）表格的内容：设置为宋体、13 磅、加粗、黑色、行高 18、列宽 9、水平居中、垂直居中，奖金率的数字设置为百分比样式，除了奖金率以外的数字全部保留 1 位小数。

（3）为表格的第一行、不同的部门行分别设置底纹，颜色自定。

（4）添加表格的框线：外边框为双窄线，内部为实线。

（5）给最后一列设置条件格式：当"奖金率"高于 100%时，用红色突出显示，并显示对应的数据条。

（6）重命名工作表标签：将 Sheet1 改名为"工资发放统计表"。

对"皮鞋销售统计表"的要求：

（1）表格的标题：将 A1:G1 单元格区域合并，设置为微软雅黑、20 磅、居中、水绿色。

（2）表格的内容：套用表格格式（选择自己喜欢的样式）；给表格中所有的数字添加千位分隔符；自行调整表格行高和列宽。

（3）重命名工作表标签：将 Sheet2 重命名为"皮鞋销售统计表"。

一、实训目的

1. 掌握 Excel 工作表的创建、编辑方法。
2. 掌握 Excel 工作表的数字、字体、边框、底纹和行高列宽的格式化方法。
3. 掌握 Excel 工作表的"套用表格格式"和"条件格式"的设置方法。

二、实训内容

1. 建立工作簿和工作表
2. 设置标题格式
3. 设置表格内容的格式
4. 设置表格底纹
5. 设置表格边框
6. 设置"条件格式"
7. 套用表格格式

三、实训步骤

1. 建立工作簿和工作表

（步骤）▶▶▶

（1）启动 Excel 2010，新建一个工作簿。
（2）双击 Sheet1 标签，更改标签名为"工资发放统计表"。
（3）按图 5-3-6 所示输入表格数据。
（4）双击 Sheet2 标签，更改标签名为"皮鞋销售统计表"。
（5）按图 5-3-7 所示输入表格数据。
（6）保存该工作簿。

2. 设置标题格式

下面是"工资发放统计表"的格式化操作步骤，"皮鞋销售统计表"的格式化操作与此类似（略）。

（步骤）▶▶▶

（1）选定单元格区域（A1:K1）。
（2）切换到"开始"选项卡，单击"对齐方式"组中的"合并后居中"按钮，再单击"垂直居中"按钮。
（3）在"字体"组中单击相应按钮设置字体、字号、字形和颜色。

3. 设置表格内容的格式

（步骤）▶▶▶

（1）选定单元格区域（A2:K13）。
（2）在"开始"选项卡的"字体"组中单击相应按钮设置字体、字号、字形和颜色。
（3）在"对齐方式"组中分别单击、按钮设置水平居中、垂直居中。

（4）在"单元格"组中单击"格式"按钮，在下拉菜单中选择"行高"命令，设置行高。

（5）在"单元格"组中单击"格式"按钮，在下拉菜单中单击"列宽"命令，设置列宽。

（6）选定单元格区域（K3:K13）。

（7）在"数字"组中单击 % 按钮设置百分比样式。

（8）选定单元格区域（D3:J13）。

（9）在"数字"组中单击 ⁺·⁰⁰ 按钮，保留 1 位小数。

4．设置表格底纹

步骤

方法 1：在对话框中设置。

（1）选定单元格区域（A2:K2）。

（2）右击该区域，在弹出的快捷菜单中选择"设置单元格格式"命令，在弹出的对话框中单击"填充"选项卡。

（3）在其中选择颜色。

方法 2：用快捷按钮实现。

（1）选定单元格区域（A2:K2）。

（2）切换到"开始"选项卡，单击"字体"组中的 按钮，设置底纹颜色。

设置不同部门行的底纹的操作与上述类似（略）。

5．设置表格边框

步骤

（1）选定单元格区域（A2:K13）。

（2）切换到"开始"选项卡，单击"字体"组中的"边框"按钮 → 其他边框(M)...。

（3）在弹出的对话框中选择———线条并单击 外边框(O) 按钮，选择———线条并单击 内部(H) 按钮。

（4）单击"确定"按钮。

6．设置"条件格式"

步骤

（1）选定单元格区域（K3:K13）。

（2）切换到"开始"选项卡，单击"样式"组中的"条件格式"按钮，在下拉菜单中选择"突出显示单元格规则"→"其他规则"命令，弹出如图 5-3-8 所示的对话框。

（3）设置条件格式为"单元格值"、"大于或等于"、"1"。

（4）单击"格式"按钮，设置数字、字体、边框或填充，单击"确定"按钮，返回如图 5-3-9 所示的对话框。

（5）单击"确定"按钮，完成条件格式的设置。

（6）单击"样式"组中的"条件格式"按钮，选择 数据条(D) → ，显示数据条，其长度代表单元格中值的大小。

图 5-3-8　设置前的"新建格式规则"对话框　　图 5-3-9　设置后的"新建格式规则"对话框

7. 套用表格格式

◀步骤▶▶▶

（1）自行格式化"皮鞋销售统计表"的标题格式。

（2）选定单元格区域（A2:G8）。

（3）切换到"开始"选项卡，单击"样式"组中的"套用表格格式"。

（4）从下拉列表中选择喜欢的表格样式。

（5）选定单元格区域（B3:G8）。

（6）切换到"开始"选项卡，单击"数字"组中的"千位分隔样式"按钮 。

5.4　公式和函数的使用

 基础知识

在 Excel 2010 中，除了能进行一般的表格处理外，还能利用公式和函数进行从简单到复杂的数据计算和数据分析。公式是对数据进行分析计算的等式，可以对单元格中的数据进行各种计算，并自动显示计算结果。函数是 Excel 2010 的内置公式，利用函数可以进行复杂的运算。引用公式和函数的最大好处是：在进行计算时，若原始数据发生变化，则计算结果会随着改变。

5.4.1　公式的使用

1. 公式中的运算符

（1）算术运算符。算术运算符包括：+（加）、-（减）、*（乘）、/（除）、%（百分号）、^（乘方）。其运算对象是数值，运算结果也是数值。

（2）比较运算符。比较运算符包括：=（等号）、>（大于）、<（小于）、>=（大于等于）、<=（小于等于）、<>（不等于）。其运算结果为 True（真）或 False（假）。

（3）文本运算符。文本运算符为&（连接），用于将两个文本连接起来。其运算对象可以是带引号的文本，也可以是单元格地址。

（4）引用运算符。引用运算符的功能是产生一个引用，它可以产生一个包括两个区域的引用。引用运算符有三种：区域、联合、交叉。

- 区域运算符 ":"（冒号）：对两个引用之间包括这两个引用在内的所有单元格进行引用。例如 "C2:C12" 表示对 C2～C12 共 13 个单元格的引用。
- 联合运算符 ","（逗号）：将多个引用合并为一个引用。例如 "(C2:C12,D2:D12)" 表示对 C2～C12 和 D2～D12 共 26 个单元格的引用。
- 交叉运算符 ""（空格）：对同属于两个引用的单元格区域进行引用。例如 "(A1:D4 C2:E5)" 表示对 C2、C3、C4、D2、D3、D4 共 6 个单元格的引用。

2．公式的输入

公式可以在单元格中直接输入，也可以在编辑栏中输入，不管是哪一种，都必须先输入 "="号，它表明输入的是公式而不是数据。

操作方法如下：

（1）选定单元格。

（2）输入 "="，然后输入公式，如图 5-4-1 所示。

图 5-4-1　输入公式

（3）按回车键或单击 ✓ 按钮。

3．公式中单元格的引用

在 Excel 的公式中，参与运算的对象既可以是数据，又可以是单元格地址。单元格的引用分为相对引用、绝对引用和混合引用。

（1）相对引用。相对引用是指单元格地址会随公式所在单元格的位置变化而改变。相对引用的形式是直接在公式中使用单元格地址。例如在 F5 单元格中输入的公式 "=F4+D5-E5"，其中的 F4、D5、E5 是单元格的地址。如果将 F5 单元格中的公式复制到 F6 单元格中，则 F6 单元格中的公式为 "=F5+D6-E6"。

相对引用的特点是：在复制公式时，随着目标单元格的不同，公式中引用的单元格地址会自动进行调整。这样可以避免大量重复输入公式的问题。

（2）绝对引用。绝对引用是指单元格地址不随公式的位置变化而改变。绝对引用的形式是在单元格地址前加上"$"符号。例如在 F5 单元格中输入公式"=$F$4+$D$5-$E$5"，将公式复制到 F6 单元格中，会发现在 F6 单元格中的公式仍然为"= $F$4+$D$5-$E$5"。

（3）混合引用。混合引用是指只在行标或列标前加"$"符号，如$F4、D$5 等。当公式复制时，只有相对地址部分会发生改变而绝对地址部分不变化。

4．使用名称

名称就是工作簿中某个范围的标识符，可以使用名称来代替单元格引用。例如，"=SUM(A1:B4)*C1"，这个公式运作正常，但是它的目的并不明确。为了清楚地描述公式，给范围 A1:B4 取一个描述性的名称"销售总额"，给 C1 取一个描述性的名称"单价"，并用名称重写公式"=SUM(销售总额)*单价"。可以看到名称能增强公式的可读性，容易记忆和使用。

5．公式的复制

如果在多个单元格中输入相同的公式，则可以对公式进行复制，其复制方法与单元格中数据的复制方法相同，这里不再赘述。

5.4.2 函数的使用

Excel 2010 的函数由函数名、括号和参数构成，形式为"函数名(参数 1,参数 2,…)"。其中，参数可以是常量、单元格、区域或其他函数。函数可以采用手工输入或使用函数向导来输入。

1．手工输入

对于简单的函数或参数比较少的函数可以采用手工输入。其输入方法与在单元格中输入一个公式的方法一样。先选定单元格，再输入"="，然后输入函数本身。例如，可以在单元格中输入下列函数：=SUM(B2:B5)、=AVERAGE(B2:B5)。

2．使用函数向导输入

对比较复杂的函数或者参数比较多的函数可以采用函数向导来输入。函数向导可以指导我们一步步地输入一个复杂的函数。

实训 6　工作表的数据统计

【实例】新建一个工作簿，在该工作簿中按照图 5-4-2 所示建立一张工作表，并保存为"数据统计示例.xlsx"文件。

要求：

（1）按给定格式正确输入表格中的数据。

（2）计算总人数、平均人数、增长比例（增长比例=(今年人数−去年人数)/今年人数)、最多人数、最少人数，计算结果全部保留 2 位小数。

（3）统计今年人数超过 10000 的专业个数。

（4）重命名工作表标签。

	A	B	C	D	E	F
1	某大学各专业招生人数情况表					
2	专业名称	去年人数	今年人数	总人数	平均人数	增长比例
3	信管	16,200	18,100			
4	影视	15,000	17,800			
5	环艺	4,500	5,300			
6	图形	5,100	8,700			
7	最多人数					
8	最少人数					
9						
10	今年人数超过10000的专业个数					

招生人数情况表　Sheet2　Sheet3

图 5-4-2　招生人数情况表

一、实训目的

1．掌握 Excel 2010 公式的使用。

2．掌握求和、平均值、最大值、最小值和计数函数的使用。

二、实训内容

1．建立工作簿和工作表

2．计算总人数

3．计算平均人数

4．计算最多人数

5．计算最少人数

6．复制公式

7．统计今年人数超过 10000 的专业个数

三、实训步骤

1．建立工作簿和工作表

步骤

（1）启动 Excel 2010 新建一个工作簿。

（2）更改 Sheet1 标签。双击该标签，输入"招生人数情况表"。

（3）按图 5-4-2 所示表格中的格式输入数据。

（4）保存该工作簿。

2．计算总人数

（步骤）▶▶▶

方法 1：由用户创建公式计算。

（1）单击单元格 D3。

（2）输入公式"=B3+C3"或"=SUM(B3:C3)"。

（3）按【Enter】键。

方法 2：调用内置函数计算。

（1）单击单元格 D3。

（2）切换到"公式"选项卡，单击"函数库"组中的 **∑** 按钮，在单元格 D3 中会自动出现求和函数"=SUM(B3:C3)"。

（3）按【Enter】键。

3．计算平均人数

（步骤）▶▶▶

方法 1：由用户创建公式计算。

（1）单击单元格 E3。

（2）输入公式"=(B3+C3)/2"、"=D3/2"或"=AVERAGE(B3:C3)"。

（3）按【Enter】键。

方法 2：调用内置函数计算。

（1）单击单元格 E3。

（2）单击"插入函数"按钮 **fx**，弹出如图 5-4-3 所示的对话框。

图 5-4-3　"插入函数"对话框

（3）在"选择函数"列表框中选择 AVERAGE 函数，单击"确定"按钮，弹出如图 5-4-4 所示的对话框。

图 5-4-4　"函数参数"对话框

（4）在 Number1 框中输入 B3:C3，也可以在工作表中直接选择作为参数的单元格或区域，方法是：单击"折叠"按钮 使"函数参数"对话框折叠起来，如图 5-4-5 所示，然后在工作表中选定单元格区域（B3:C3），接着单击"展开"按钮 使"函数参数"对话框展开。

图 5-4-5　"折叠函数参数"对话框

（5）单击"确定"按钮，单元格 E3 中的公式为"=AVERAGE(B3:C3)"。

4．计算最多人数

步骤

（1）建立名称。切换到"公式"选项卡，单击"定义的名称"组中的"名称管理器"按钮 ，弹出如图 5-4-6 所示的对话框。

（2）单击"新建"按钮，弹出如图 5-4-7 所示的对话框。

图 5-4-6　"名称管理器"对话框

图 5-4-7　"新建名称"对话框

（3）单击"引用位置"框的 ![按钮] 按钮，在工作表中选定单元格区域（B3:B6）。

（4）在"名称"框中输入"去年总人数"，作为范围的标识符。

（5）单击"确定"按钮。

用上述方法为范围（C3:C6）建立名称"今年总人数"。

（6）单击单元格 B7。

（7）输入公式"=MAX()"，将插入点定位于括号中。

（8）切换到"公式"选项卡，单击"定义的名称"组中的 用于公式 按钮，在下拉菜单中选择"去年总人数"名称，公式变为"=MAX(去年总人数)"，按【Enter】键。

5. 计算最少人数

步骤

（1）单击单元格 B8。

（2）输入公式"=MIN( )"，将插入点定位于括号中。

（3）切换到"公式"选项卡，单击"定义的名称"组中的 用于公式 按钮，在下拉菜单中选择"去年总人数"名称，公式变为"=MIN(去年总人数)"，按【Enter】键。

6. 复制公式

步骤

（1）复制单元格 D3 中的公式。向下拖动单元格 D3 的填充柄，直到单元格 D6。

（2）复制单元格 E3 中的公式。向下拖动单元格 E3 的填充柄，直到单元格 E6。

（3）复制单元格 B7 中的公式。向右拖动单元格 B7 的填充柄，直到单元格 E7。

（4）复制单元格 B8 中的公式。向右拖动单元格 B8 的填充柄，直到单元格 E8。

7. 统计今年人数超过 10000 的专业个数

步骤

（1）单击单元格 D10。

（2）切换到"公式"选项卡，单击"函数库"组中的"其他函数"按钮，在下拉菜单中选择"统计"→COUNTIF 函数，弹出如图 5-4-8 所示的对话框。

图 5-4-8　"函数参数"对话框

（3）在 Range 框中设置参与计数运算的单元格区域（C3:C6），方法是：按 F3 键，粘贴名称"今年总人数"。在 Criteria 框中设置要满足的条件">=10000"。

（4）单击"确定"按钮。

操作提示

单击"公式"选项卡"公式审核"组中的 追踪引用单元格和 追踪从属单元格按钮，将显示箭头，指示影响当前单元格和受当前单元格影响的各个单元格。

5.5　图表

基础知识

在对工作表中的数据进行比较分析时，经常会将数据绘制成折线图、饼图、柱形图等图形，从而可以直观、形象地分析数据。将根据表格中的数据绘制而成的图形称为图表。

Excel 支持多种类型的图表，用户可以从各种图表类型（如柱形图、饼图）及其子类型（如三维堆积柱形图、分离型饼图）中进行选择创建或更改图表。同时，也可以通过在图表中使用多种图表类型来创建组合图。

5.5.1　了解图表元素

1. 图表项

图表由许多图表项构成，如图 5-5-1 所示。

图 5-5-1　图表的构成

2. 图表类型

Excel 提供了丰富的图表类型，可以细分为十几种标准图表类型，有柱形图、折线图、饼图、条形图、面积图、散点图及多种复合图表和三维图表，每种标准图表类型又包含若干种子类型。

Excel 2010 为每一种图表类型都提供了丰富的图表样式，用户可直接套用。

使用何种图表类型需要用户根据数据用途和表现数据的方式来决定。

5.5.2　图表的创建

Excel 可以用两种方式建立图表：一种是建立嵌入式图表，即建立置于工作表中的图表对象（如果要同时显示图表及其相关的数据，那么应该建立嵌入式图表）；另一种是在工作表之外建立独立的图表作为特殊的工作表，称为"图表工作表"。

实训 7　绘制图表

【实例】将"皮鞋销售统计表"按照图 5-5-2 所示的格式进行修改，并保存为"绘制图表示例.xlsx"文件。

（1）选择皮鞋销售统计表的"地区"、"北京"、"上海"、"重庆"、"天津" 5 列内容（不包括"合计"和"平均销量"），建立簇状圆锥图。

（2）系列产生在行（即水平轴标签为"北京、上海、重庆、天津"）。

（3）图表标题为"四城市皮鞋销售情况统计"，设置为微软雅黑、16 磅。分类轴标题为"直辖市"，数值轴标题为"销售量"。

图 5-5-2　图表示例

（4）将图表嵌入到皮鞋销售统计表的 F1:K16 单元格区域。

（5）参照图 5-5-2 所示设置图表格式。

一、实训目的

1. 掌握 Excel 图表的创建方法。
2. 掌握 Excel 图表的编辑方法。
3. 掌握 Excel 图表的格式化方法。

二、实训内容

1. 建立图表
2. 设置图表样式
3. 设置图表布局
4. 设置图表形状样式
5. 设置图表标题
6. 设置分类轴和数值轴标题
7. 移动和调整图表

三、实训步骤

1．建立图表

◀步骤▶▶▶

（1）选定单元格区域（A3:E7）。

（2）切换到"插入"选项卡，单击"图表"组中的 📊→"簇状圆锥图"按钮 📊，在工作表中插入了如图 5-5-3 所示的图表。

图 5-5-3　创建的簇状圆锥图表

2．设置图表样式

步骤

（1）单击"图表区"。

（2）切换到"设计"选项卡，在"图表样式"组中提供了几十种预先定义的样式，如图5-5-4所示，选择"样式34"应用于图表。

图 5-5-4　"图表样式"对话框

3．设置图表布局

步骤

（1）单击"图表区"。

（2）切换到"设计"选项卡，单击"图表布局"组中的"其他"按钮，在下拉列表中选择"布局9"，如图5-5-5所示。图表布局如图5-5-6所示。

图 5-5-5　选择图表布局

图 5-5-6　改变图表布局

4．设置图表形状样式

步骤

（1）单击"图表区"。

（2）切换到"格式"选项卡，单击"形状样式"组中的"其他"按钮，在下拉列表中选择一种自己喜欢的样式，如图 5-5-7 所示。

图 5-5-7　改变图表的形状样式

5．设置图表标题

◀步骤▶▶▶

（1）单击图表中的"图表标题"。

（2）将插入点定位于其中，输入文本"四城市皮鞋销售情况统计"。

（3）右击"图表标题"，在弹出的快捷菜单中选择"设置图表标题格式"命令，弹出如图 5-5-8 所示的对话框，设置填充、边框颜色、边框样式、阴影、发光和柔和边缘、三维格式、对齐方式等；也可切换到"格式"选项卡，在"形状样式"和"艺术字样式"组中提供了几十种预先定义的样式，如图 5-5-9 所示，选择一种自己喜欢的样式应用于图表标题。

图 5-5-8　"设置图表标题格式"对话框

图 5-5-9　"形状样式"和"艺术字样式"列表

（4）切换到"开始"选项卡，在"字体"组中设置"微软雅黑"、"16 磅"。

6. 设置分类轴和数值轴标题

（步骤）▶▶▶

（1）单击图表下方的"坐标轴标题"。

（2）将插入点定位在其中，输入文本"直辖市"。

（3）单击图表左侧的"坐标轴标题"。

（4）将插入点定位在其中，输入文本"销售量"。

7. 移动和调整图表

（步骤）▶▶▶

（1）单击"图表区"，直接拖动即可实现图表的移动。

（2）用鼠标拖动图表边界的"控制柄"可改变图表的大小，将图表嵌入到皮鞋销售统计表的 F1:K16 单元格区域。

（3）切换到"设计"选项卡，单击"位置"组中的"移动图表"按钮，弹出如图 5-5-10 所示的对话框。

图 5-5-10　"移动图表"对话框

（4）选择"新工作表"单选项，将在工作表之外建立独立的图表（即图表工作表）。

（5）选择"对象位于"单选项，将把图表嵌入到指定的工作表中。

（6）单击"确定"按钮。

5.6　数据管理与分析

 基础知识

在 Microsoft Office Excel工作表中创建表格（以前称为列表）后，即可独立于该表格外部的数据对该表格中的数据进行管理和分析。例如，可以筛选表格列、添加汇总行、应用表格格式、排序数据、数据透视等。使用表格，可以非常轻松地完成相关操作。

5.6.1　了解 Excel 2010 表格

1．表格的含义

表格是一个结构化数据的矩形区域，一般包含一行文本标题用于描述每列内容。表格中的每一行对应一个实体，每列内包含一条特定的信息。图 5-6-1 所示的数据区域中，每一行包含了一个职工的信息，每列内包含了该职工的工号、部门、姓名、性别等有关数据。

工号	部门	姓名	性别
职工信息表			
工号	部门	姓名	性别
200905	人事处	王卉	女
200906	外事办	刘勇	男
201001	办公室	王朝伍	男
201002	外事办	李科	男
201003	1车间	张洪武	男
201004	2车间	刘友军	男
201005	1车间	李爱	女
201006	外事办	伍娟	女
201007	2车间	温冬梅	女

图 5-6-1　未转换为 Excel 表格的数据区域

2．普通数据区域和表格的区别

工作表中的数据区域在未转换前，都是普通数据区域，Excel 2010 表格与它的不同之处在于：
- 单击表格中的任一单元格，在功能区中将显示一个新的"表格工具"功能选项，如图 5-6-2 所示。
- 表格单元格包含背景颜色和文本颜色格式。
- 每个列标包含一个下拉列表，使用该列表可以排序数据或筛选表从而隐藏特定的行。
- 如果向下滚动工作表直到标题行消失，表标题会替代工作表标题中的列字母。
- 表支持计算列。列中的单个公式自动被列中的所有单元格引用。

图 5-6-2　一个 Excel 2010 表格

- 表支持结构化引用。公式可以使用表名和列标而不是使用单元格引用。
- 右下方单元格的右下角有一个小控件，单击该控件，并向水平（添加列）或垂直（添加行）方向拖动可以扩展表的范围。
- Excel 2010 可以自动删除重复行。
- 在表格内选中行和列比较简单。

3．创建表格

Excel 2010 不仅可以从现有数据区域创建表格，也允许从空白区域创建表格。

要将数据区域转换为表格，首先要确保区域内不包含完全空白的行或列，之后，可单击数据区域内的任一单元格，切换到"插入"选项卡，单击"表格"组中的"表格"按钮，可将普通数据区域转换成表格。

5.6.2　数据的管理

1．数据记录单

使用数据记录单之前，需要向"快速访问工具栏"添加"记录单"按钮。方法是：右击工具栏，单击"自定义快速访问工具栏"命令，弹出如图 5-6-3 所示的对话框，在"从下列位置选择命令"下拉列表框中选择"不在功能区中的命令"，在列表框中找到并双击"记录单"按钮，再单击"确定"按钮。

数据记录单是一种对话框，能一次显示完"数据列表"中的一条记录信息，如图 5-6-4 所示。利用数据记录单可以向数据列表添加、删除、查找记录。

说明：在数据记录单中，凡含有公式的字段只能显示为标志，不能被修改。

图 5-6-3　将"记录单"添加到"快速访问工具栏"中

图 5-6-4　数据记录单示例

2．数据排序

排序就是根据数值、数据类型或格式来排列数据的一种方式。在 Excel 中，为了查找数据方便，可以将数据的某一列按"升序"或"降序"进行排序，还可以进行多级排序。排序依据可以是数值、单元格颜色、字体颜色、单元格图标。

假设按升序排序，Excel 使用如下顺序：

- 数值从最小的负数到最大的正数排序。
- 文本及包含数字的文本按 0～9，a～z，A～Z 的顺序排序。
- 逻辑值 False 排在 True 之前。
- 所有错误值的优先级相同。
- 空格排在最后。

3．数据筛选

数据筛选就是在数据列表中选择出符合条件的记录。数据筛选有两种类型：一种是自动筛选，它主要适用于简单条件的筛选，且对一列数据最多可以应用两个条件；另一种是高级筛选，它主要适用于复杂条件，且对一列或多列数据应用多个条件。

4．分类汇总

对于排序好的数据，可以按某一字段分类并分别为各类数据的一些数据项进行统计汇总，如求和、求平均值等。

分类汇总后，可以用分级符号来隐藏或显示明细数据，如图 5-6-5 所示。

图 5-6-5　分类汇总后的数据列表

+：表示已隐藏明细数据的汇总行或列。单击它，将显示明细数据。

-：表示已显示明细数据的汇总行或列。单击它，将隐藏明细数据。

1 2 3：表示在多级分类汇总中的级别。单击相应的符号，可以显示指定的级别。

5．数据透视表

数据透视表是一种对大量数据快速汇总和建立交叉列表的交互式表格，它是一种动态工作表，提供了一种以不同角度对数据列表中的数据进行汇总和分析的简便方法。

技能训练

实训 8　使用表格

一、实训目的

1．掌握表格的创建方法。
2．掌握表格的基本操作。

二、实训内容

1. 创建表格
2. 更改表格样式
3. 扩展表格范围
4. 移动表格
5. 从表格中删除重复行
6. 排序和筛选表格

三、实训步骤

1. 创建表格

◀步骤▶▶▶

（1）打开"产品统计表"工作表。

（2）选定数据区域中的任一单元格。

（3）切换到"插入"选项卡，单击"表格"组中的"表格"按钮，弹出如图 5-6-6 所示的对话框。

图 5-6-6　确认要转换的数据区域

（4）用鼠标重新选定要转换为表格的区域（$A$2:$J$19）。

（5）单击"确定"按钮，选定的区域转换成如图 5-6-7 所示的表格。

图 5-6-7 转换后的表格

2. 更改表格样式

（步骤）

（1）承上例。选定数据区域中的任一单元格。

（2）切换到"设计"选项卡，单击"表格样式"组中的"其他"按钮，从弹出的下拉列表中选择自己喜欢的样式。

3. 扩展表格范围

（步骤）

（1）选定表格右侧列中的一个单元格。

（2）输入数据即可。Excel 2010 自动在水平方向扩展表格。

（3）选定表格下方行中的一个单元格。

（4）输入数据即可。Excel 2010 自动在垂直方向扩展表格，效果如图 5-6-8 所示。

4. 移动表格

（步骤）

（1）按【Alt+A】两次，选中表格。

（2）按【Ctrl+X】剪切所选单元格。

（3）打开新工作簿，选中工作表左上方单元格。

（4）按【Ctrl+V】粘贴表格。

图 5-6-8　扩展的表格示例

注意

当对表中一整列进行某些操作时，Excel 2010 将记忆该操作然后扩展到列中新添加的项。例如，如果对某列设置了条件格式，之后添加的新行将自动应用条件格式。如果使用表中的数据创建图表，那么在该表中添加新数据时，图表会自动扩展。

5．从表格中删除重复行

步骤

（1）选定表格中的一个单元格。

（2）切换到"设计"选项卡，单击"工具"组中的"删除重复项"按钮，弹出如图 5-6-9 所示的对话框。

（3）在对话框中勾选想要被搜索的列（默认是所有列）。

（4）单击"确定"按钮，弹出如图 5-6-10 所示的对话框。

（5）单击"确定"按钮。

图 5-6-9　从表格中删除重复行

图 5-6-10　提示删除重行的消息框

6. 按订货量降序排列

步骤

（1）单击"订货量"列右侧的下拉箭头。

（2）从下拉菜单中选择"降序"命令。

7. 筛选"库存量"在 40 以上的表格数据

步骤

（1）单击"库存量"列右侧的下拉箭头，弹出如图 5-6-11 所示的下拉菜单。

（2）在下拉菜单中选择"数字筛选"→"大于或等于"命令，弹出如图 5-6-12 所示的对话框。

图 5-6-11　筛选下拉菜单　　　　　　　　图 5-6-12　设置自动筛选的条件

（3）单击"确定"按钮，筛选结果如图 5-6-13 所示。

图 5-6-13　表格自动筛选结果

操作提示

表格中的许多操作与数据区域的操作类似，所以本实训中省去未讲，如：
- 选定表格区域
- 添加新行或新列

实训 9　数据管理

【实例】将"工资发放统计表"按照图 5-6-14 至图 5-6-17 所示进行排序、筛选和分类汇总，将"员工销售统计表"按照图 5-6-18 所示创建数据透视表，并保存为"数据管理示例.xlsx"文件。

序号	部门	姓名	基本工资	奖金	津贴	住房基金	保险	电话费	实发工资	奖金率
					红太阳集团十二月份工资发放表					
14	二车间	雪丽丽	724	260	125	47	27	55	980	36%
1	人事处	李强	774	900	111	58	22	89	1616	116%
3	人事处	张加国	788	488	86	77	42	56	1187	62%
15	二车间	周娜	799	408	134	75	37	86	1143	51%
13	二车间	郑红英	850	1150	125	52	32	65	1976	135%
16	三车间	谢小东	869	258	121	71	20	64	1093	30%
4	外事处	吴天有	942	1000	65	30	43	35	1899	106%
18	三车间	赵小林	972	548	132	35	34	66	1517	56%
12	一车间	刘英	1002	365	169	63	26	73	1374	36%
5	外事处	左光华	1010	465	55	78	46	67	1339	46%
17	三车间	刘洪柳	1032	222	162	40	22	35	1319	22%
11	一车间	安其其	1057	414	178	33	46	94	1476	39%
7	人事处	钱前	1067	443	154	92	38	159	1375	42%
2	人事处	王可	1329	376	85	25	38	68	1659	28%
6	外事处	孙小	1366	442	93	87	46	45	1723	32%
8	办公室	李利利	1433	292	142	71	38	102	1656	20%
10	一车间	罗马	1455	224	159	96	32	96	1614	15%
9	办公室	吴望	1484	1110	111	97	32	85	2491	75%
19	三车间	罗安安	1506	654	95	36	25	87	2107	43%

图 5-6-14　"排序"结果

序号	部门	姓名	基本工资	奖金	津贴	住房基金	保险	电话费	实发工资	奖金率
					红太阳集团十二月份工资发放表					
8	办公室	李利利	1433	292	142	71	38	102	1656	20%
9	办公室	吴望	1484	1110	111	97	32	85	2491	75%

图 5-6-15　"自动筛选"结果

序号	部门	姓名	基本工资	奖金	津贴	住房基金	保险	电话费	实发工资	奖金率
					红太阳集团十二月份工资发放表					
1	人事处	李强	774	900	111	58	22	89	1616	116%
4	外事处	吴天有	942	1000	65	30	43	35	1899	106%
13	二车间	郑红英	850	1150	125	52	32	65	1976	135%
18	三车间	赵小林	972	548	132	35	34	66	1517	56%
			基本工资						实发工资	
			<=1000						>=1500	

图 5-6-16　"高级筛选"结果

对"工资发放统计表"的要求：

（1）先按"基本工资"升序排列，如果"基本工资"相同，再按"奖金"降序排列。

（2）用自动筛选，查看"办公室"人员的记录情况。

（3）用高级筛选，查看"基本工资"小于等于 1000、"实发工资"大于等于 1500 的记录情况。

（4）按"部门"分类汇总"基本工资"、"奖金"。

图 5-6-17 "分类汇总"结果

图 5-6-18 创建的数据透视表

对"员工销售统计表"的要求：按照图 5-6-18 所示的格式创建数据透视表。

一、实训目的

1. 掌握 Excel 工作表中数据记录单的使用。
2. 掌握 Excel 工作表中数据的排序。
3. 掌握 Excel 工作表中数据的自动筛选和高级筛选。
4. 掌握 Excel 工作表中数据的分类汇总。
5. 掌握数据透视表的创建。

二、实训内容

1. 数据记录单的使用

2．工作表的排序

3．工作表的自动筛选

4．工作表的高级筛选

5．分类汇总

6．创建数据透视表

三、实训步骤

1．数据记录单的使用

◀步骤▶▶▶

（1）将光标定位在数据列表中。

（2）单击"快速访问工具栏"中的"记录单"按钮，将出现如图 5-6-19 所示的记录单对话框。

图 5-6-19　使用数据记录单

（3）单击滚动条的向上或向下箭头可显示相应的记录，并可在文本框中编辑其内容。

（4）单击"新建"按钮，可向数据列表添加新记录。

（5）单击"删除"按钮，会永久删除显示的记录，所以在删除前，会弹出确认信息对话框。

（6）单击"关闭"按钮或按 Esc 键可关闭记录单对话框。

2．工作表的排序

◀步骤▶▶▶

（1）选定单元格区域（A3:K22）。

（2）切换到"数据"选项卡，单击"排序和筛选"组中的"排序"按钮，弹出如图 5-6-20 所示的对话框。

（3）设置"主要关键字"为"基本工资"，"次序"为"升序"；单击"添加条件"按钮，设置"次要关键字"为"奖金"，"次序"为"降序"。

（4）单击"确定"按钮，其显示效果如图5-6-14所示。

图 5-6-20 "排序"对话框

3. 工作表的自动筛选

【步骤】▶▶▶

（1）选定单元格区域（A3:K22）。

（2）单击"数据"选项卡"排序和筛选"组中的"筛选"按钮 ，此时每个字段名旁会显示自动筛选标记。

（3）单击自动筛选标记，弹出如图5-6-21所示的自动筛选选项。

图 5-6-21 自动筛选示例

（4）单击"部门"的自动筛选标记，单击"办公室"选项，其显示效果如图5-6-15所示。查看其他部门的记录情况，其方法与上述类似（略）。

4. 工作表的高级筛选

步骤

（1）输入高级筛选的条件，如图 5-6-22 所示。

高级筛选的条件

图 5-6-22 输入高级筛选的条件

（2）选定单元格区域（A3:K22）。

（3）切换到"数据"选项卡，单击"排序和筛选"组中的 高级 按钮，弹出如图 5-6-23 所示的对话框。

（4）在"列表区域"栏中输入$A$3:$K$22。

（5）在"条件区域"栏中输入$D$24:$J$25。

（6）单击"确定"按钮，其显示效果如图 5-6-16 所示。

5. 分类汇总

步骤

（1）单击"部门"列中的任一单元格。

（2）单击"升序"按钮 或"降序"按钮 。

（3）选定单元格区域（A3:K22）。

（4）切换到"数据"选项卡，单击"分级显示"组中的"分类汇总"按钮 ，弹出如图 5-6-24 所示的对话框。

图 5-6-23 "高级筛选"对话框

图 5-6-24 "分类汇总"对话框

（5）设置"分类字段"为"部门"。

（6）设置"汇总方式"为"求和"。

（7）在"选定汇总项"列表框中勾选"基本工资"和"奖金"复选项。

（8）单击"确定"按钮，其显示效果如图 5-6-17 所示。

操作提示

> 如果要删除分类汇总，单击"数据"选项卡"分级显示"组中的"分类汇总"按钮，在弹出的对话框中单击"全部删除"按钮。

6. 创建数据透视表

◀步骤▶▶▶

（1）选定单元格区域（A3:G17）。

（2）切换到"插入"选项卡，单击"表格"组中的"数据透视表"按钮，弹出如图 5-6-25 所示的对话框。

图 5-6-25　"创建数据透视表"对话框

（3）"表/区域"栏默认为$A$3:$G$17，在"选择放置数据透视表的位置"区域中选择"新工作表"单选项，单击"确定"按钮，进入如图 5-6-26 所示的数据透视表视图环境。

图 5-6-26　数据透视表视图

（4）在"数据透视表字段列表"中选定"销售地区"拖动到报表筛选区，选定"销售员"拖动到行标签区，选定"产品"拖动到列标签区，选定"销售额"拖动到数值区，其显示效果如图 5-6-18 所示。

（5）分别单击销售地区、销售员、产品对应的下拉按钮▾，可以根据自己的需要查看记录。

5.7　打印工作表

基础知识

工作表创建好后，经常需要将其打印出来。Excel 提供了"打印预览"功能，使得在打印前能看到实际的打印效果，如果发现页面设置不合适，如页边距太小、分页不适当等问题，可以及时进行调整，直到满意后再打印输出。

5.7.1　页面设置

在打印工作表之前，针对打印内容是否超出纸面、页面布局是否合理等问题，可以利用 Excel 的"页面设置"来调整打印方向、纸张大小、打印内容在纸张中的位置、页边距、页眉/页脚等。

5.7.2　分页调整

当工作表的内容超过一页时，Excel 会根据所设置的纸张大小、缩放比例、页边距等自动为工作表分页，并在分页处添加分页符。如果这种自动分页不符合你的要求，则需要对工作表进行手动分页。

手动分页可以通过直接在工作表中插入分页符来实现。Excel 的分页符包括水平分页符和垂直分页符两种，分别用于改变页面上数据行和数据列的数量。

另外，也可以在"分页预览"视图中通过拖动鼠标来改变分页符在工作表中的位置。

5.7.3　打印预览

在打印工作表之前，可以先模拟显示一下实际打印的效果，这种模拟显示称为打印预览。利用打印预览功能，能够在打印文档之前发现文档布局中的错误，从而避免浪费纸张。

单击"文件"选项卡中的"打印"命令，会出现如图 5-7-1 所示的"打印预览"窗口。在该窗口中显示的打印页是按比例缩小了的实际打印输出的页面，窗口左边可以进行详细的打印设置。

图 5-7-1 "打印预览"窗口

5.7.4 打印输出

在经过了页面设置和分页调整之后，如果对打印预览的效果感到满意，则可以正式打印输出工作表了。

实训 10 打印工作表

【实例】将"工资发放统计表"按照图 5-7-2 所示的格式进行页面设置、打印区域设置和版面效果设置，并保存为"打印工作表示例.xlsx"文件。

	A	B	C	D	E	F	G	H	I	J	K
1				红太阳集团十二月份工资发放表							
2											
3	序号	部门	姓名	基本工资	奖金	津贴	住房基金	保险	电话费	实发工资	奖金率
4	1	人事处	李强	774	900	111	58	22	22	1616	116%
5	2	人事处	王可	1329	376	85	25	38	68	1659	28%
6	3	人事处	张加国	788	488	86	77	42	56	1187	62%
7	4	外事处	吴天有	942	1000	65	30	43	35	1899	106%
8	5	外事处	左光华	1010	465	55	78	46	67	1339	46%
9	6	外事处	孙小	1366	442	93	87	46	45	1723	32%
10	7	外事处	钱前	1067	443	154	92	38	159	1375	42%
11	8	办公室	李利利	1433	292	142	71	38	102	1656	20%
12	9	办公室	吴望	1484	1110	111	97	32	85	2491	75%
13	10	一车间	罗马	1455	224	159	96	32	96	1614	15%
14	11	一车间	安其其	1057	414	178	33	46	94	1476	39%
15	12	一车间	刘英	1002	365	169	63	26	73	1374	36%
16	13	二车间	郑红英	850	1150	125	52	32	65	1976	135%
17	14	二车间	雪丽丽	724	260	125	47	27	55	980	36%
18	15	二车间	周娜	799	408	134	75	37	86	1143	51%
19	16	二车间	谢小东	869	258	121	71	20	64	1093	30%
20	17	三车间	刘洪辉	1032	222	167	40	22	35	1319	22%
21	18	三车间	赵小林	972	548	172	35	34	66	1517	56%
22	19	三车间	罗安安	1506	654	95	36	25	87	2107	43%

产品统计表 工资发放统计表 员工销售统计表 Sheet3

水平分页符

图 5-7-2 打印工作表示例

要求：

（1）将页面方向设置为横向，纸张大小设置为 A4。

（2）将上、下、左、右页边距均设置为 3 厘米。

（3）让工作表水平居中。

（4）添加页脚。在页面底端居中显示"制作人：某某某"，靠右显示页码。

（5）设置第 3 行作为行标题，在每一页中都打印该行。

（6）设置打印区域（A1:K22）。

（7）插入分页符，将各个部门的记录分页打印。

一、实训目的

1. 掌握工作表的页面设置、打印区域设置和版面效果设置的方法。

2. 掌握工作表打印输出的方法。

二、实训内容

1. 页面设置

2. 分页

3. 打印预览

4. 打印工作表

三、实训步骤

1. 页面设置

步骤

（1）切换到"页面布局"选项卡，单击"页面设置"组中的"纸张方向"按钮，选择"横向"命令。

（2）在"页面设置"组中单击"纸张大小"按钮，选择 A4 命令。

（3）在"页面设置"组中单击"页边距"按钮，选择"自定义边距"命令，弹出如图 5-7-3 所示的对话框。

（4）按图中所示分别设置上、下、左、右页边距，页眉、页脚位置和表格居中方式。

（5）单击"页眉/页脚"选项卡，如图 5-7-4 所示。

（6）单击"自定义页脚"按钮，弹出如图 5-7-5 所示的对话框。

（7）按图中所示设置页脚内容。

（8）单击"确定"按钮（注：设置页眉的方法与此类似）。

（9）单击"工作表"选项卡，如图 5-7-6 所示。

（10）单击"打印区域"框中的"折叠"按钮使对话框折叠。

图 5-7-3 "页面设置"对话框的"页边距"选项卡

图 5-7-4 "页眉/页脚"选项卡

图 5-7-5 "页脚"对话框

图 5-7-6 "工作表"选项卡

（11）在工作表中选定单元格区域（A1:K22），单击"展开"按钮 ![] 使对话框展开。

（12）在"顶端标题行"框中，用同样的方法在工作表中选定第 3 行。

（13）单击"确定"按钮。

2．分页

◀◀步骤▶▶▶

（1）单击 A7 单元格。

（2）切换到"页面布局"选项卡，单击"页面设置"组中的"分隔符"按钮，选择"插入分页符"命令。

（3）按图 5-7-2 所示用上述方法插入其他分页符。

（4）切换到"视图"选项卡，单击"工作簿视图"组中的"分页预览"按钮。

（5）将鼠标指针移动到分页的粗实线上，鼠标指针变为双箭头，拖动鼠标可以直接调整分页符的位置，调整后的结果如图 5-7-7 所示。

图 5-7-7　分页预览示例

（6）在"工作簿视图"组中单击"普通"按钮，切换回普通视图。

操作提示

如果要删除一个手动分页符，则先选定与水平分页符相邻的下边一个单元格或选定与垂直分页符相邻的右边一个单元格，再单击"页面布局"选项卡"页面设置"组中的"分隔符"按钮，选择"删除分页符"命令。

如果要删除所有手工设置的分页符，则先单击"全选"按钮选中整个工作表，再单击"分隔符"按钮，选择"重置所有分页符"命令。

3．打印预览

◀◀步骤▶▶▶

（1）单击"文件"选项卡中的"打印"命令，出现如图 5-7-8 所示的窗口。

图 5-7-8　打印预览示例

（2）根据需要单击打印预览窗口左边的按钮进行设置。

4．打印工作表

【步骤】►►►

在图 5-7-8 所示的窗口中单击"打印"按钮，开始打印输出。

能力测试

1．建立一个工作簿，其中包含一张"水果销售统计表"（如图 5-7-9 所示）、一个独立的图表（如图 5-7-10 所示），并计算表格中的数据。

	A	B	C	D	E	F
1		水果销售统计表				
2					制表人：×××	
3		一季度	二季度	三季度	四季度	总计
4	香蕉	234	275	433	217	
5	苹果	312	456	521	361	
6	葡萄	198	652	621	821	
7	荔枝	278	368	590	345	
8	桔子	352	115	356	511	
9	总计					

图 5-7-9　水果销售统计表

图 5-7-10　水果季节销售图

2．建立一个工作簿，其中包含一张"餐饮店库存统计表"，如图 5-7-11 所示。

图 5-7-11　餐饮店库存统计表

（1）将餐饮店库存统计表的内容分别复制到 Sheet2 和 Sheet3。

（2）针对餐饮店库存统计表，先按"产品编号"升序排序，再用自动筛选的方式筛选出"库存量"小于 30、"类别"为饮料的记录。

（3）针对 Sheet2，用高级筛选的方式筛选出"库存量"小于 30、"单价"在 30 以上的记录。

（4）针对 Sheet3，按"类别"分类汇总"单价"和"库存量"。

3．利用如图 5-7-12 所示的"教师授课情况统计表"，以"姓名"为报表字段，以"课程名称"为行字段，以"授课班级"为列字段，以"课时"为求和项，建立数据透视表。

数据透视表的结果如图 5-7-13 所示。

图 5-7-12　教师授课情况统计表

图 5-7-13　数据透视表示例

自测题

一、选择题

1. 如果在工作簿中既有工作表又有图表，单击"快速访问工具栏"中的"保存"按钮，Excel 将（　　　）。

　　A. 只保存其中的工作表　　　　　B. 把工作表和图表保存到一个文件中

　　C. 只保存其中的图表　　　　　　D. 把工作表和图表分别保存到两个文件中

2. 设区域 A1:A8 的各单元格中的数值均为 1，A9 为空白单元格，A10 单元格中为一字符串，则函数=AVERAGE(A1:A10)的结果与公式（　　　）的结果相同。

　　A. =8/10　　　　　B. =8/9　　　　　C. =8/8　　　　　D. =9/10

3. 当仅需要将当前单元格中的公式复制到另一单元格，而不需要复制该单元格的格式时，应先切换到"开始"选项卡，单击"剪贴板"组中的（　　　）按钮，然后在选定目标单元格后再单击（　　　）命令。

　　A. 复制　　　　　B. 剪切　　　　　C. 粘贴　　　　　D. 选择性粘贴

4. 如果在单元格中输入内容以（　　　）开始，则 Excel 认为输入的是公式。

　　A. =　　　　　　B. !　　　　　　　C. *　　　　　　　D. ^

5. 公式中单元格地址绝对化时使用（　　　）符号。

　　A. %　　　　　　B. $　　　　　　　C. !　　　　　　　D. 都不对

6. 函数参数可以是（　　　）。

　　A. 单元　　　　　B. 区域　　　　　C. 数　　　　　　D. 三个都可以

7. Excel 最多能对一个字段设置（　　　）自动筛选条件。

　　A. 2 个　　　　　B. 3 个　　　　　C. 4 个　　　　　D. 5 个

8. 对某列作升序排序时，该列上有完全相同项的行将（　　　）。
　　A．保持原始次序　　　　　　　　B．逆序排列
　　C．重新排序　　　　　　　　　　D．排在最后

9. 在一个工作簿中，最多可以含有（　　）张工作表。
　　A．3　　　　　　B．16　　　　　　C．127　　　　　　D．255

10. Excel 工作簿文件的扩展名约定为（　　　）。
　　A．DOCX　　　　B．TXT　　　　　C．XLSX　　　　D．PPTX

11. 以下（　　　）可以作为有效的数字输入到工作表中。
　　A．1.234　　　　B．8%　　　　　C．￥35　　　　D．以上都是

12. 要使 Excel 把所输入的数字当成文本，所输入的数字应当以（　　）开头。
　　A．等号　　　　B．一个字母　　C．星号　　　　D．单引号

13. Excel 使用（　　）来定义一个区域。
　　A．()　　　　　B．:　　　　　　C．;　　　　　　D．|

14. 填充柄位于（　　　）。
　　A．菜单栏　　　　　　　　　　　B．标准工具栏里
　　C．当前单元格的右下角　　　　　D．状态栏中

15. 要在单元格内进行编辑，只需要（　　）。
　　A．单击该单元格　　　　　　　　B．双击该单元格
　　C．用快速访问工具栏按钮　　　　D．用光标选择该单元格

二、判断题

（　　）1．正在处理的单元格称为活动单元格。
（　　）2．在 Excel 中，公式都是以=开始的，后面由操作数和函数构成。
（　　）3．在 Excel 中不能同时对多个工作表进行数据输入。
（　　）4．选取不连续的单元格，需要用 Alt 键配合。
（　　）5．远距离移动单元格的数据时，用鼠标拖曳的方法比较简单方便。
（　　）6．要在公式栏修改某一单元格的数据，需要双击该单元格。
（　　）7．删除是指将选定的单元格和单元格内的内容一起删除。
（　　）8．清除是指对选定的单元格和区域内的内容作删除。
（　　）9．工作表是用来存储和处理工作数据的文件。
（　　）10．删除工作表中的某一数据系列时，图表中的数据也同时被删除。

第 6 章　PowerPoint 2010 的使用

本章简介

　　PowerPoint 也是 Office 系列产品之一，用它可以制作产品的宣传广告，制作教学课件、电子贺卡等。如果在产品演示或学术研讨中使用 PowerPoint 会使讲解更加形象和生动，更具有表现力和说服力。用 PowerPoint 制作的演示文稿可以在计算机或投影仪上播放。PowerPoint 还具有强大的联机协作功能，利用它可以召开网络会议。PowerPoint 是办公应用中的好帮手，受到越来越多人的喜爱，它的应用将会越来越广。

　　本章主要介绍演示文稿的基本制作方法、外观设计、动画效果设计等。

学习目标

　　☞ 熟练掌握演示文稿的制作方法
　　☞ 熟练掌握演示文稿的外观设计
　　☞ 熟练掌握演示文稿的动画效果设计
　　☞ 掌握幻灯片放映及相关设置方法
　　☞ 熟悉多媒体幻灯片的制作方法

6.1　演示文稿的基本操作

基础知识

6.1.1　基本术语

演示文稿：用 PowerPoint 制作和保存的文件称为演示文稿，其扩展名为.pptx。

幻灯片：演示文稿中的每一页称为幻灯片，一个演示文稿是由任意多张幻灯片组成的。

6.1.2　PowerPoint 2010 的视图

视图是查看和使用演示文稿的方式。启动 PowerPoint 2010 并打开一份演示文稿后，其显示窗口如图 6-1-1 所示。

图 6-1-1　PowerPoint 2010 演示文稿窗口

PowerPoint 2010 可以在 5 种不同的视图中显示演示文稿，单击 PowerPoint 窗口右下角的视图按钮，或单击"视图"选项卡中的按钮，可以在不同的视图之间进行切换，默认为普通视图。

1．普通视图

该视图中包含 3 种窗格：幻灯片/大纲窗格、幻灯片窗格和备注窗格，如图 6-1-1 所示。

（1）幻灯片窗格。此窗格显示了演示文稿中每张幻灯片的外观。在幻灯片窗格中可以添加文本、图形、图表、声音、视频剪辑等多媒体元素。要扩大幻灯片的工作空间，可以调整幻灯片窗格的大小。

（2）幻灯片/大纲窗格。

- 单击"幻灯片/大纲"窗格中的"幻灯片"选项卡，显示演示文稿中的幻灯片缩略图。
- 单击"幻灯片/大纲"窗格中的"大纲"选项卡，只显示演示文稿中的文本而不显示任何图形，可以快速地输入、编辑和重新组织文本。
- 可以通过单击跳转到特定幻灯片，通过拖放将幻灯片重新安排。

（3）备注窗格。用来输入有关幻灯片的备注信息。

2. 幻灯片浏览视图

该视图用于同时显示演示文稿中所有幻灯片的缩略图，如图 6-1-2 所示。双击某幻灯片可切换回普通视图。在这种方式下，用户可以很方便地添加、删除、复制和移动幻灯片，但在该视图下不能对幻灯片的内容进行修改。

图 6-1-2　幻灯片浏览视图

3. 备注页视图

备注是对幻灯片的解释说明和支撑材料。正如前面所看到的，可以在普通视图中幻灯片下方的备注窗格中直接输入备注。然而，如果有大量的备注需要输入，可能会发现使用备注页视图更方便一些，如图 6-1-3 所示。

图 6-1-3　备注页视图

4．阅读视图

该视图用于向通过计算机查看演示文稿的人员而非受众（例如通过大屏幕）放映演示文稿。如果您希望在一个设有简单控件以方便审阅的窗口中查看演示文稿，而不想使用全屏的幻灯片放映视图，则也可以在计算机上使用阅读视图，如图 6-1-4 所示。

图 6-1-4　阅读视图

5．幻灯片放映视图

该视图用于查看演示文稿的实际效果和排练演示文稿，如图 6-1-5 所示。在这种方式下，演示文稿以全屏方式运行，并显示所有的动画和切换效果。使用鼠标单击，可以放映下一张幻灯片；使用方向键，可以向前或向后放映幻灯片；按 Esc 键，可以退出幻灯片放映视图。

图 6-1-5　幻灯片放映视图

6.1.3　演示文稿中的文本处理

在演示文稿中，对文本的处理包括：文本的输入、文本的编辑和文本的格式化。文本的输入可在占位符中输入或利用文本框输入。关于文本编辑和格式化的操作与 Word 中类似，请参见第 4 章。

1．在占位符中输入文本或对象

所谓占位符就是带有虚线标记边框的框，用于容纳幻灯片标题、正文及各种对象（如表格、图表、SmartArt 图形、图片、剪贴画和媒体剪辑等）。

默认的占位符类型是多用途内容占位符。选择幻灯片版式时，就决定了占位符中文本的格式（如字体、字号、项目符号及文字排列方向等）。

向占位符中输入文本，在占位符内部单击，占位符中出现闪烁的竖条光标，此时输入文本即可。

向占位符中插入其他类型的内容，只需单击如图 6-1-6 所示的图标之一即可，此时将弹出一个对话框，帮助你选择并插入该类型的内容。

图 6-1-6　占位符使用示例

2．在文本框中输入文本

尽管 PowerPoint 提供了多种幻灯片版式，但仍有可能不满足用户的需要，这时可利用文本框在幻灯片的任何位置输入文本。插入文本框的操作步骤如下：

（1）单击"插入"选项卡"文本"组中的"文本框"按钮，选择"横排文本框"或"垂直文本框"命令。

（2）在幻灯片中，拖动鼠标画出大小适当的文本框。

实训 1　演示文稿的基本操作

【实例 1】打开"介绍 PowerPoint 2012.pptx"演示文稿，查看它的 5 种视图。

【实例 2】按照图 6-1-7 所示用"样本模板"制作一份演示文稿，保存为"模板示例.pptx"文件。要求：

（1）用"样本模板"创建演示文稿，模板选择"古典型相册"。

（2）在演示文稿第 5 张幻灯片之后插入一张新幻灯片，内容如图 6-1-7 所示。

图 6-1-7 用"样本模板"制作一份演示文稿示例

（3）交换第 2、3 张幻灯片的位置。

（4）根据自己的需要复制或删除幻灯片。

一、实训目的

1. 掌握 PowerPoint 2010 的启动和退出方法。
2. 掌握用"样本模板"创建演示文稿的方法。
3. 掌握幻灯片的移动、复制和删除方法。

二、实训内容

1. 启动 PowerPoint 2010
2. 认识 PowerPoint 的视图
3. 用"样本模板"创建演示文稿
4. 选定幻灯片的练习
5. 插入新的幻灯片
6. 移动/复制幻灯片
7. 删除幻灯片
8. 退出 PowerPoint 2010

三、实训步骤

1. 启动 PowerPoint 2010

◀步骤▶▶▶

方法 1：通过"开始"菜单启动。单击"开始"→"所有程序"→Microsoft Office→Microsoft Office PowerPoint 2010 命令。

方法 2：利用快捷图标启动。双击桌面上的 快捷图标。

方法 3：通过文件名关联启动。在"Windows 资源管理器"窗口中双击 PowerPoint 文件，将启动 PowerPoint 程序并打开该文件。

2. 认识 PowerPoint 的视图

◀步骤▶▶▶

（1）从教师指定的位置将"介绍 PowerPoint 2010.pptx"文件拷贝到自己的本地机器中。

（2）用上面的方法 3 打开 PowerPoint 2010.pptx 文件，其默认视图为普通视图。

（3）分别单击窗口右下角的 、 、 按钮，可以查看幻灯片浏览视图、阅读视图、幻灯片放映视图。

（4）单击"视图"选项卡"演示文稿视图"组中的"备注页"按钮 ，可以查看备注页视图，如图 6-1-8 所示。

（a）普通视图

（b）幻灯片浏览视图

（c）阅读视图

（d）幻灯片放映视图

（e）备注页视图

图 6-1-8　不同的视图示例

3. 用"样本模板"创建演示文稿

◖步骤 ▸▸▸

（1）单击"文件"选项卡中的"新建"命令，在弹出的对话框中单击"样本模板"选项，如图 6-1-9 所示。

（2）在其中选择"古典型相册"模板。

（3）单击"创建"按钮。

图 6-1-9　"用模板新建演示文稿"对话框

注意

　　　对于初学者来说，如果不知道如何开始设计演示文稿，则可以使用"模板"创建新的演示文稿，然后再用自己的内容替换建议的内容。
　　　创建演示文稿还有另外的方法：根据"主题"创建，根据"现有内容"创建和从零（空白演示文稿）开始制作。

4．选定幻灯片的练习

说明：在移动、复制或删除幻灯片之前，先要选定一张或多张幻灯片，根据当前所使用视图的不同，其选定方式也不同。

（步骤）

方法 1：在普通视图中选定。

（1）选定一张幻灯片：单击"幻灯片/大纲"窗格中的幻灯片缩略图/幻灯片图标。

（2）选定多张连续的幻灯片：按住【Shift】键，再单击"幻灯片/大纲"窗格中的幻灯片缩略图/幻灯片图标。

（3）选定多张不连续的幻灯片：按住【Ctrl】键，再单击"幻灯片/大纲"窗格中的幻灯片缩略图/幻灯片图标。

方法 2：在幻灯片浏览视图中选定。

（1）选定一张幻灯片：单击幻灯片缩略图。

（2）选定多张连续的幻灯片：按住【Shift】键，再单击幻灯片缩略图。

（3）选定多张不连续的幻灯片：按住【Ctrl】键，再单击幻灯片缩略图。

5．插入新的幻灯片

（步骤 ▶▶▶

（1）选定第 5 张幻灯片。

（2）单击"开始"选项卡"幻灯片"组中的"新建幻灯片"按钮（此处沿用第 5 张幻灯片版式"3 纵栏（带标题）"）。

（3）单击占位符，分别添加图片和标题，内容和格式如图 6-1-7 所示。

6．移动/复制幻灯片

（步骤 ▶▶▶

方法 1：用鼠标实现移动/复制。

（1）选定要移动/复制的幻灯片。

（2）直接拖动可以移动，按住【Ctrl】键并拖动则可以复制。

方法 2：用按钮实现移动/复制。

（1）选定要移动/复制的幻灯片。

（2）单击"开始"选项卡"剪贴板"组中的"剪切"按钮或"复制"按钮。

（3）选定目标位置处的幻灯片，在"剪贴板"组中单击"粘贴"按钮，将在选定幻灯片之后粘贴要移动/复制的幻灯片。

7．删除幻灯片

（步骤 ▶▶▶

（1）选定要删除的幻灯片。

（2）任选以下操作之一：

● 右击所选幻灯片，在弹出的快捷菜单中选择"删除幻灯片"命令。

● 按【Backspace】键或【Delete】键。

8．退出 PowerPoint 2010

（步骤 ▶▶▶

方法 1：单击 PowerPoint 窗口右上角的按钮。

方法 2：右击任务栏上 PowerPoint 的窗口按钮，在弹出的快捷菜单中单击"关闭"命令。

方法 3：单击"文件"选项卡中的"退出"命令。

方法 4：按【Alt+F4】键。

实训 2　制作一个简单的演示文稿

【实例】按照图 6-1-10 所示的内容制作一份演示文稿，保存为"演示文稿示例.pptx"文件。

图 6-1-10　制作一个简单的演示文稿示例

一、实训目的

1. 熟练掌握 PowerPoint 演示文稿的创建和保存方法。
2. 掌握演示文稿中文本的处理方法。
3. 学会编辑和格式化演示文稿中的文本。
4. 熟悉演示文稿中对象的插入方法。

二、实训内容

1. 创建演示文稿
2. 保存新的演示文稿
3. 在幻灯片中插入图片

三、实训步骤

1．创建演示文稿

步骤

方法 1：在空白演示文稿中制作演示文稿。

（1）单击"文件"选项卡中的"新建"命令，弹出如图 6-1-11 所示的对话框，单击"空白演示文稿"→"创建"按钮。

图 6-1-11　"新建空白演示文稿"对话框

（2）单击"开始"选项卡"幻灯片"组中的"幻灯片版式"按钮，弹出如图 6-1-12 所示的对话框，为第 1 张幻灯片选择所需的版式。

图 6-1-12　"幻灯片版式"对话框

（3）分别单击各个占位符，插入相应的内容（这些内容可以在以后添加）。

（4）单击"幻灯片"组中"新建幻灯片"按钮的下拉箭头，选择新建幻灯片的版式。

（5）重复第（3）、（4）步，添加其余的幻灯片。

注意

> 版式是各种对象（如文本框、图片、表格、图表等）在幻灯片中的布局。
>
> 一般情况下，演示文稿的第一张幻灯片用来显示标题，所以选择幻灯片版式时应选择"标题幻灯片"版式。

方法 2：根据"主题"创建演示文稿。

（1）单击"文件"选项卡中的"新建"命令，在弹出的对话框中单击"主题"选项，如图 6-1-13 所示。

图 6-1-13 "用主题新建演示文稿"对话框

（2）在其中选择你喜欢的主题。

（3）单击"创建"按钮。

（4）其余步骤与方法1的第（2）～（5）步类似（略）。

方法3：通过大纲格式（.RTF）文件创建演示文稿。

（1）在 Word 中，按图 6-1-14 所示的格式创建一份大纲格式的文档，并保存为"制作素材.rtf"文件。

图 6-1-14 大纲格式的文件

（2）单击"文件"选项卡中的"打开"命令，弹出如图 6-1-15 所示的对话框。

图 6-1-15　在 PowerPoint 中打开 rtf 格式的文件

（3）在此对话框中选择"所有大纲"类型。

（4）双击 rtf 格式的文件，则可将该文件的内容导入到演示文稿中。

2．保存新的演示文稿

◀步骤▶▶▶

（1）承接上例，单击"快速访问工具栏"中的█按钮，弹出如图 6-1-16 所示的对话框。

图 6-1-16　"另存为"对话框

（2）选择要保存的位置。

（3）在"文件名"框中输入演示文稿的名称。

（4）单击"保存"按钮。

注意

在 PowerPoint 2010 中，可以将演示文稿保存为多种类型，常用的 3 种类型如下：

- 演示文稿类型（.pptx）：这是演示文稿的默认类型。
- 放映类型（.ppsx）：双击这类文件，会直接放映演示文稿。
- 大纲类型（.rtf）：这类文件既可在 Word 中又可在 PowerPoint 中打开并编辑。双击此类文件时，会在 Word 中打开。

3. 在幻灯片中插入图片

（步骤）▶▶▶

（1）获取图片。

- 单击"文件"选项卡中的"新建"命令，弹出如图 6-1-11 所示的对话框。
- 按【Alt+Print Screen】键，将如图 6-1-11 所示的图片拷贝到剪贴板中。

（2）粘贴图片。

- 切换到第 5 张幻灯片。
- 切换到"开始"选项卡，单击"剪贴板"组中的"粘贴"按钮。
- 调整图片到合适的位置。

（3）调整文本占位符的大小如图 6-1-10 中的第 5 张幻灯片所示。

6.2 演示文稿的外观设计

基础知识

在 PowerPoint 2010 中，用户可以自行设计演示文稿的外观。例如，给每一张幻灯片设计不同的背景、版式、颜色、字体、字号和项目符号等，使得演示文稿具有个性化特征。当然，用户也可以利用 PowerPoint 提供的主题、母版、幻灯片版式和背景等来设计演示文稿的外观，使得演示文稿的所有幻灯片具有一致的外观。

6.2.1 主题

主题包含预先定义好的颜色、字体和对象效果，在很多时候还包含背景，它是经专业设计的，可以在任何时候应用到演示文稿中，以创建独特的外观。

应用"主题"后，演示文稿中每张幻灯片的外观都将做同样的改变，但其内容不变。

演示文稿的外观可随时改变，只需重新应用"主题"即可。图 6-2-1 所示是应用了四种不同"主题"的相同演示文稿示例。

应用了四种不同"主题"的相同演示文稿

图 6-2-1　主题的应用示例

6.2.2　幻灯片版式

幻灯片版式是指各种对象（如标题、文本、表格、图表、SmartArt 图形、图片、剪贴画、媒体剪辑等）在幻灯片上排列分布的布局格式。幻灯片版式可以由用户自定义，也可以采用内置版式，即 PowerPoint 提供的预先设计好的幻灯片版式，可以移动或重置其大小和格式。

6.2.3　母版

PowerPoint 2010 提供了 3 种母版：幻灯片母版、讲义母版和备注母版，这里主要介绍的是幻灯片母版。

幻灯片母版是幻灯片层次结构中的顶级幻灯片，它存储有关演示文稿的主题和幻灯片版式的所有信息，包括背景、颜色、字体、效果、占位符大小和位置。

每个演示文稿至少包含一个幻灯片母版。如果更改了幻灯片母版的样式，则演示文稿中的每张幻灯片的样式将统一更改，包括其后添加到演示文稿中的幻灯片。所以，使用幻灯片母版的优点就是可以节省编辑时间，不必在每张幻灯片上重复键入相同内容。例如，在幻灯片母版中插入一张图片，则演示文稿中所有应用了该版式的幻灯片都会出现该图片，如图 6-2-2 所示。如果要使个别幻灯片的外观与母版不同，则应该直接修改该幻灯片而不修改母版。

这是向幻灯片母版中添加的徽标

徽标会出现在一组中每张幻灯片上

图 6-2-2　修改母版的应用示例

单击"视图"选项卡"母版视图"组中的"幻灯片母版"按钮，会切换到幻灯片母版视图，在幻灯片母版视图中，任何给定的幻灯片母版都有几种默认版式与其相关联，如图 6-2-3 所示。用户可以从提供的版式中选择最适合的版式来显示自己的信息。

图 6-2-3　幻灯片母版视图

每个幻灯片版式的设置方式都不同，但与给定幻灯片母版相关联的所有版式均包含相同主题（配色方案、字体和效果），图 6-2-4 是应用了"奥斯汀"主题的幻灯片母版及其不同的版式。

图 6-2-4　应用了"奥斯汀"主题的幻灯片母版及其版式效果

如果要让演示文稿中包含两种以上不同的样式或主题（如背景、颜色、字体和效果），需要为每种不同的主题插入一个幻灯片母版。如图 6-2-5 所示，有两个幻灯片母版，每个幻灯片母版都应用了不同主题。

图 6-2-5　应用了不同主题的幻灯片母版示例

用户可以创建包含一个或多个幻灯片母版的演示文稿，将其另存为 PowerPoint 模板（.potx 或.pot）文件，然后再使用该模板文件创建其他演示文稿。

实训 3　设计个人简历

【实例】将"个人简历示例.pptx"文件按照图 6-2-6 所示的样式进行外观设计。

要求：

（1）应用主题。将整份演示文稿应用为"视点"主题，主题字体为 Office 经典（黑体标题，宋体正文），主题颜色重新自定义。

（2）应用幻灯片版式。

- 将第 1、3 张幻灯片的版式设置为"标题幻灯片"。
- 将第 2 张幻灯片的版式设置为"两栏内容"，并插入一幅你喜欢的图片。
- 其余为默认版式，即"标题和内容"。

（3）修改幻灯片母版。

- 按图中所示设置所有幻灯片的第一、二级项目符号。
- 为所有幻灯片的标题设置艺术字样式。
- 在第 1、3 张幻灯片的顶部添加一行文本"个人简历制作示例"。

（4）将第 4 张幻灯片的文本转换为 SmartArt 图形，调整其大小并设置格式。

（5）改变背景。

- 将第 5 张幻灯片的背景设置为一幅图片。

图 6-2-6　演示文稿的外观设计示例

● 将第 6 张幻灯片的背景设置为填充预设"彩虹出岫 II、射线"。

（6）添加幻灯片编号。

一、实训目的

1. 掌握主题的应用。
2. 掌握幻灯片版式的应用。
3. 掌握母版的使用。
4. 掌握 SmartArt 图形的转换。
5. 熟悉背景的设置。
6. 了解幻灯片编号的添加方法。

二、实训内容

1. 应用主题
2. 应用幻灯片版式
3. 修改幻灯片母版
4. 将文本转换为 SmartArt 图形
5. 设计 SmartArt 图形样式
6. 设置单张幻灯片的背景
7. 添加幻灯片编号

二、实训步骤

1．应用主题

◀步骤▶▶▶

（1）打开"个人简历示例.pptx"文件。

（2）单击"设计"选项卡"主题"组中的"其他"按钮 ，弹出如图 6-2-7 所示的对话框。

图 6-2-7　选择内置的主题

（3）选择"视点"主题。

（4）单击"主题"组中的"字体"按钮，弹出如图 6-2-8 所示的下拉菜单。

（5）单击"Office 经典"（黑体标题，宋体正文），该字体样式将应用于所有幻灯片上。

（6）单击"主题"组中的"颜色"按钮，弹出如图 6-2-9 所示的下拉菜单。

图 6-2-8　选择主题的字体样式

图 6-2-9　选择主题的颜色样式

（7）选择一种系统提供的主题颜色。如果直接单击，将应用于所有幻灯片上；如果右击，在弹出的快捷菜单中可以选择应用于所有幻灯片或应用于所选幻灯片。

（8）如果没有满意的方案，可以单击"新建主题颜色"命令来重新定义一种主题颜色，如图 6-2-10 所示。

图 6-2-10　"新建主题颜色"对话框

2．应用幻灯片版式

（步骤）

（1）选定第 1、3 张幻灯片。

（2）单击"开始"选项卡"幻灯片"组中的"版式"按钮，选择"标题幻灯片"。

（3）选定第 2 张幻灯片。

（4）单击"开始"选项卡"幻灯片"组中的"版式"，选择"两栏内容"。

（5）在第 2 张幻灯片中单击"图片占位符" ，插入一幅你喜欢的图片。

　　　　如果创建一张新的幻灯片后，对它的版式不满意，则可以重新应用一个新的版式。应用新版式后，幻灯片上所有的文本和对象都保留不变，但是它们的位置可能需要重新排列，以适应新版式。

注意

3．修改幻灯片母版

（步骤）

（1）进入"幻灯片母版"的编辑状态。单击"视图"选项卡"母版视图"组中的"幻灯片母版"按钮，弹出如图 6-2-11 所示的界面和"幻灯片母版"选项卡。

（2）修改项目符号。

● 在"默认幻灯片母版"（即列于首位的母版）上将插入点定位在正文文本占位符的第一行。

图 6-2-11   "幻灯片母版"视图

- 单击"开始"选项卡"段落"组中的"项目符号"下拉箭头,选择"项目符号和编号"命令,在弹出的对话框中单击"图片"按钮,在"图片项目符号"库中,双击所需的符号。

- 将插入点定位在正文文本占位符的第二行。

- 单击"开始"选项卡"段落"组中的"项目符号"下拉箭头,选择"项目符号和编号"命令,在弹出的对话框中选择项目符号➤,设置"大小"为90%,单击"确定"按钮。

(3)设置标题样式。

- 在"默认幻灯片母版"(即列于首位的母版)上选定"标题"占位符。

- 单击"绘图工具"→"格式"选项卡,在"艺术字样式"组中单击"其他"按钮，从弹出的下拉列表中选择喜欢的样式(也可以单击 文本填充 文本轮廓 文本效果 按钮进行个性化的设置)。

(4)添加文本"个人简历制作示例"。

- 在"标题幻灯片版式母版"的顶部插入一个文本框,输入文本"个人简历制作示例"。

- 格式化文本框(方法与 Word 中的类似)。

(5)单击"幻灯片母版"选项卡"关闭"组中的"关闭母版视图"按钮。

注意

> 在"默认幻灯片母版"上所做的设置会在所有幻灯片上生效。在"标题幻灯片版式 母版"上做的设置只会在采用了这个版式的幻灯片上生效。
>
> 在幻灯片母版的编辑状态下,原幻灯片中的内容是不可见的。在幻灯片母版上能够修改的项目包括:文本的字体、字号,项目符号,占位符的位置、大小和格式,设置背景,插入图形,插入页眉、页脚和幻灯片编号等。
>
> 要退出母版编辑状态,只能单击"幻灯片母版"选项卡"关闭"组中的"关闭母版视图"按钮。

4. 将文本转换为 SmartArt 图形

◀步骤▶▶

（1）选定第 4 张幻灯片的文本并右击。

（2）在弹出的快捷菜单中选择"转换为 SmartArt"→"其他 SmartArt 图形"命令，弹出如图 6-2-12 所示的对话框。

图 6-2-12 "选择 SmartArt 图形"对话框

（3）选择"垂直框列表"，单击"确定"按钮。

5. 设计 SmartArt 图形样式

◀步骤▶▶

（1）承接上例。选择 SmartArt 图形。

（2）单击"SmartArt 工具"→"设计"选项卡"SmartArt 样式"组中的"其他"按钮▾，从弹出的下拉列表中选择"三维嵌入"样式。

（3）单击"SmartArt 样式"组中的"更改颜色"按钮，从弹出的下拉列表中选择"彩色"，如图 6-2-13 所示。

图 6-2-13 更改 SmartArt 图形的颜色

6. 设置单张幻灯片的背景

◀步骤▶▶

（1）选定第 5 张幻灯片。

（2）单击"设计"选项卡"背景"组中的"背景样式"按钮，在弹出的下拉菜单中选择"设置背景格式"命令，弹出如图 6-2-14 所示的对话框。

（3）选择"图片或纹理填充"单选项和"隐藏背景图形"复选框。

（4）单击"文件"按钮，从弹出的对话框中选择想要的图片。

（5）返回到"设置背景格式"对话框，设置"透明度"为 50%。

（6）单击"关闭"按钮。

（7）选定第 6 张幻灯片。

（8）重复第（2）步。

（9）选择"渐变填充"单选项和"隐藏背景图形"复选框。

（10）设置"预设颜色"为"彩虹出岫 II"，类型为"射线"，如图 6-2-15 所示。

（11）单击"关闭"按钮。

图 6-2-14　设置图片背景格式对话框

图 6-2-15　设置渐变填充背景格式对话框

7．添加幻灯片编号

步骤

（1）单击"插入"选项卡"文本"组中的"幻灯片编号"按钮，弹出如图 6-2-16 所示的对话框。

图 6-2-16　"页眉和页脚"对话框

（2）勾选"幻灯片编号"复选框。

（3）单击"全部应用"按钮。

6.3 幻灯片的动画设计及放映

基础知识

现在，利用前面学过的知识，我们完全可以制作一份漂亮的演示文稿了。但制作演示文稿的最终目的是要让别人观看，所以为了提高它的生动性、形象性和趣味性，我们还要为演示文稿加上动画效果，例如，可设置文本、图形、图表等对象的进入、退出和声音效果。在动画设计完成后，通过幻灯片的预览或放映可以观看其动画效果。

6.3.1 动画设计

动画是可以添加到文本或其他对象（如图片、图表、声音、视频等）中的特殊视听效果。PowerPoint 2010 的"动画"选项卡提供了上百种丰富的动画效果，不仅可以根据需要设置幻灯片上每个对象的动画效果，还可以设置动画的开始条件、持续时间、延迟时间，修改动画的先后顺序，复制及预览动画等，如图 6-3-1 所示。

图 6-3-1 "动画"选项卡

6.3.2 预览动画

对幻灯片进行动画设置时，PowerPoint 自动让用户预览动画。完成了幻灯片的动画设计，想要立即观看到当前幻灯片上各对象的动画效果，可切换到"动画"选项卡，单击"动画"组中的"预览"按钮，或单击"高级动画"组"动画窗格"中的"播放"按钮来实现。

6.3.3 幻灯片的放映及设置

1. 放映幻灯片

放映幻灯片是演示文稿的最终目的，它会显示幻灯片的动画效果和幻灯片间的切换效果。一般在演示文稿的制作过程（特别是动画设计）中，经常需要放映幻灯片观看设计效果，以便随时进行修改。

2．幻灯片放映时的换页方法

在幻灯片放映过程中，如果要人工控制幻灯片的放映，则可使用以下方式来实现：

● 如果想退出幻灯片放映，按 Esc 键。

● 如果想换到上一张或下一张幻灯片，可以用 Page Up、Page Down 键来控制，也可以用方向键↑、↓、←、→来控制，还可以右击鼠标从弹出菜单中选择"下一张"、"上一张"命令来实现。

● 如果只是想换到下一张幻灯片，则可用空格键、回车键或单击鼠标等控制。

● 如果在放映时想换到任意一张，则可右击鼠标从弹出的快捷菜单中选择"定位至幻灯片"命令，通过幻灯片标题定位到所选的幻灯片上，如图 6-3-2 所示。

● 如果为每张幻灯片都设置了放映时间，则可以实现自动换页放映。

图 6-3-2　按幻灯片标题定位示例

3．幻灯片放映时间

如果在幻灯片放映时不想人工控制每张幻灯片，可以通过人工定时和排练计时来控制幻灯片在屏幕上显示时间的长短。

4．幻灯片的切换效果

动画效果是指某张幻灯片上不同对象的一种出现方式，而幻灯片的切换效果是指所有或部分幻灯片的一种出现方式，是添加在幻灯片之间的一种特殊效果。例如，一张幻灯片从左侧擦除、一张幻灯片从顶部棋盘式展开等。

5．幻灯片的放映方式

PowerPoint 为用户提供了三种幻灯片放映方式：演讲者放映、观众自行浏览、在展台浏览。

（1）演讲者放映（全屏幕）。

● 这是最常用的方式，也是默认方式，它以全屏幕方式显示幻灯片，通常用于演讲者指导演示。

● 演讲者具有全部的控制权限。

● 可用自动或人工方式运行幻灯片放映。

● 可以在放映过程中录制旁白等。

（2）观众自行浏览（窗口）。

- 在这种方式下演示文稿出现在窗口中，如图 6-3-3 所示。
- 用户可在放映时移动、编辑、复制和打印幻灯片。
- 用户可以使用滚动条或 Page Up 和 Page Down 键来切换幻灯片。

（3）在展台浏览（全屏幕）。

- 这是一种不需要专人播放的全屏幕自动放映方式，比较适合在展览会场或会议中使用。
- 选定这种方式后，"循环放映，按 Esc 键终止"选项会自动被选定。
- 以这种方式运行时，大多数的菜单和命令都不可用，并且在每次放映完毕后会自动重新开始。

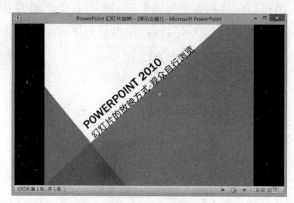

图 6-3-3　观众自行浏览窗口

6.3.4　打包演示文稿

一套演示文稿制作完毕后，如果希望在另一台计算机中放映，仅将演示文稿文件复制到另一台计算机中并不能保证可以正常播放，这是因为：如果该台计算机中没有安装 PowerPoint 程序或 PowerPoint 播放器，或者演示文稿所链接的文件及所用的字体在该台计算机中不存在，就会影响幻灯片的正常播放。解决这个问题的办法是使用 PowerPoint 中的"打包成 CD"功能，将演示文稿及所链接的文件和 PowerPoint 播放器一起打包，再拿到另一台计算机上进行放映。实际上"打包成 CD"可以将演示文稿复制到 CD，也可以复制到文件夹，非常灵活。

实训 4　动画设计及放映设置

【实例】承接实训 3 中的实例，对"个人简历示例.pptx"文件进行动画设计及放映设置，保存为"动画设计及放映示例.pptx"文件。

要求：

（1）设计动画。

● 将第 1 张幻灯片标题的动画设置为"单击鼠标时心形"，慢速，添加"风铃"声音，动画文本"按字母"发送。副标题的动画设置为"在上一动画之后延迟 1 秒挥鞭式"。

● 自定义其他幻灯片上各对象的动画效果。

（2）设置幻灯片切换效果。

● 将第 1、3 张幻灯片的切换效果设置为"棋盘"，持续时间 3 秒。

● 其他幻灯片的切换效果设置为"溶解"。

（3）设置幻灯片的放映时间。

● 第 1、3 张幻灯片的放映时间设置为"15 秒"。

● 其他幻灯片的放映时间自定。

（4）将幻灯片的放映方式设置为"展台浏览"。

（5）将演示文稿打包。

一、实训目的

1. 掌握设计动画的方法。
2. 掌握设置幻灯片切换效果的方法。
3. 掌握幻灯片放映方式的设置。
4. 熟悉演示文稿打包的方法。

二、实训内容

1. 设计幻灯片的动画效果
2. 放映幻灯片
3. 设置幻灯片的切换效果
4. 设置幻灯片的放映时间
5. 设置幻灯片的放映方式
6. 打包演示文稿

三、实训步骤

1. 设计幻灯片的动画效果

（步骤）▶▶▶

（1）选定第 1 张幻灯片的标题。

（2）切换到"动画"选项卡，单击"动画"组中的"其他"按钮 ，在弹出的下拉列表中选择"其他动作路径"命令，弹出如图 6-3-4 所示的对话框。

（3）选择"心形"，单击"确定"按钮。

图 6-3-4　"更改动作路径"对话框

（4）单击"动画"组右下角的"显示其他效果选项"按钮 ，在弹出的对话框中单击"效果"选项卡，按图 6-3-5（左）所示设置选项。

（5）单击"计时"选项卡，按图 6-3-5（右）所示设置选项。

（6）单击"确定"按钮。

图 6-3-5　心形动画效果和计时设置示例

（7）选定第 1 张幻灯片的副标题。

（8）切换到"动画"选项卡，单击"动画"组中的"其他"按钮 ，在弹出的下拉列表中选择"更多进入效果"命令，弹出如图 6-3-6 所示的对话框。

（9）选择"挥鞭式"，单击"确定"按钮。

（10）单击"动画"组右下角的"显示其他效果选项"按钮 ，在弹出的对话框中单击"计时"选项卡，按图 6-3-7 所示设置选项。

（11）单击"确定"按钮。

图 6-3-6　"更改进入效果"对话框

图 6-3-7　挥鞭式动画计时设置示例

其他幻灯片的动画设置与上述类似（略）。

2. 放映幻灯片

◀步骤▶▶▶

方法 1：单击状态栏中的"幻灯片放映"按钮 （从当前幻灯片开始放映）。

方法 2：切换到"幻灯片放映"选项卡，单击"开始放映幻灯片"组中的"从头开始"按钮 或"从当前幻灯片开始"按钮 。

3. 设置幻灯片的切换效果

◀步骤▶▶▶

（1）选定第 1、3 张幻灯片。

（2）切换到"切换"选项卡，单击"切换到此幻灯片"组中的"其他"按钮 ，在弹出的下拉列表中选择"棋盘"，如图 6-3-8 所示。

图 6-3-8　切换效果列表

（3）选择"棋盘"切换效果。

（4）在"计时"组中设置"持续时间"为3秒。

（5）选定第2、4、5、6张幻灯片。

（6）重复第2步。

（7）选择"溶解"切换效果。

4．设置幻灯片的放映时间

◀步骤▶▶▶

方法1：使用"排练计时"设置放映时间。

（1）切换到"幻灯片放映"选项卡，单击"设置"组中的"排练计时"按钮后开始放映幻灯片，并弹出如图6-3-9所示的对话框，开始计时当前幻灯片放映的时间。

图6-3-9　"录制"对话框

（2）如果要放映下一张幻灯片，则单击"下一项"按钮。

（3）幻灯片放映完毕，会弹出如图6-3-10所示的对话框。

图6-3-10　确认排练时间对话框

（4）单击"是"或"否"按钮来接受或取消该时间。

方法2：使用人工定时方式设置放映时间。

（1）选定第1、3张幻灯片。

（2）单击"切换"选项卡，在"计时"组中选中"设置自动换片时间"复选框，并设置其后的时间为"00:15"

其他幻灯片放映时间的设置与上述类似（略）。

5．设置幻灯片的放映方式

◀步骤▶▶▶

（1）切换到"幻灯片放映"选项卡，单击"设置"组中的"设置幻灯片放映"按钮，弹出如图6-3-11所示的对话框。

图 6-3-11　"设置放映方式"对话框

（2）选择"在展台浏览（全屏幕）"单选项，单击"确定"按钮。

6．打包演示文稿

步骤

（1）打开需要打包的演示文稿。

（2）单击"文件"选项卡中的"保存并发送"命令，在弹出的对话框中单击"将演示文稿打包成 CD"选项，如图 6-3-12 所示。

图 6-3-12　保存并发送对话框

（3）单击"打包成 CD"按钮，弹出如图 6-3-13 所示的对话框。

（4）单击"复制到文件夹"按钮，弹出如图 6-3-14 所示的对话框。

（5）设置复制到的"文件夹名称"和"位置"，单击"确定"按钮，弹出如图 6-3-15 所示的对话框。

图 6-3-13　"打包成 CD"对话框

图 6-3-14　"复制到文件夹"对话框

图 6-3-15　确认打包是否包含链接文件对话框

（6）单击"是"按钮，完成打包。

注意

　　打包后的演示文稿可以用 PowerPoint 来直接运行。如果没有安装 PowerPoint，则需要用 PowerPoint Viewer 来播放演示文稿。

6.4　创建交互式演示文稿

基础知识

6.4.1　超链接的含义

　　超链接就是从一个位置跳转到另一个位置。在 PowerPoint 2010 中，超链接可以从一张幻灯片跳转到同一演示文稿的另一张幻灯片或其他演示文稿、Word 文档、Excel 工作簿、应用程序、Web 网页、电子邮件地址等。

6.4.2　实现超链接的载体

　　在 PowerPoint 2010 中，实现超链接的载体可以是任何对象，如文本、图片、图形、艺术字、动作按钮等。

6.4.3　动作按钮

　　PowerPoint 提供了一些制作好的动作按钮，如图 6-4-1 所示。这些按钮中，除了"自定义"按钮上没有定义任何"动作"（即超级链接）外，其他按钮都已经设置了相应的动作，不过这些动作仍允许用户重新定义。

图 6-4-1　动作按钮

技能训练

实训 5　交互式演示文稿的制作

　　【实例】承接实训 4 中的实例，将"动画设计及放映示例.pptx"文件按图 6-4-2 所示的格式进行修改，保存为"交互式演示文稿示例.pptx"文件。

　　要求：

　　（1）分别为第 1 张幻灯片的 5 项副标题创建到本文档具体内容的超链接。

　　（2）增加第 7 张幻灯片，内容如图 6-4-2 所示。

图 6-4-2　交互式演示文稿示例

（3）分别为第 7 张幻灯片的 3 个项目创建到网页的超链接，其中电子邮件地址创建为无下划线的超链接效果。

（4）在幻灯片母版中添加动作按钮 ▶ ◀ ▲ exit 。

一、实训目的

1．掌握超链接的使用。

2．掌握动作按钮的使用。

二、实训内容

1．超链接到本文档中的其他幻灯片

2．超链接到网页

3．超链接到电子邮件（无下划线效果）

4．制作动作按钮

三、实训步骤

1．超链接到本文档中的其他幻灯片

◀步骤▶▶▶

（1）切换到第 1 张幻灯片。

（2）选定"基本信息"文本。

（3）切换到"插入"选项卡，单击"链接"组中的"超链接"按钮，弹出如图 6-4-3 所示的对话框。

图 6-4-3 "插入超链接"对话框（链接到本文档中的位置）

（4）单击"链接到"框中的"本文档中的位置"，选择幻灯片标题为"2.基本信息"。

（5）单击"确定"按钮。

（6）设置其他文本的超链接，其方法与上述类似（略）。

2．超链接到网页

【步骤】▶▶▶

（1）选定最后一张幻灯片。

（2）切换到"开始"选项卡，单击"幻灯片"组中的"新建幻灯片"按钮，插入一张新幻灯片。

（3）在新幻灯片中按图 6-4-2 所示输入标题和文本。

（4）选定"小型商务网站"文本。

（5）右击选定的文本，在弹出的快捷菜单中选择"超链接"命令，弹出如图 6-4-4 所示的对话框。

图 6-4-4 "插入超链接"对话框（链接到现有文件或网页）

（6）单击"链接到"框中的"现有文件或网页"，按图中所示的 3 种方式之一输入网页地址。

（7）单击"确定"按钮。

（8）设置其他文本的超链接，其方法与上述类似（略）。

3．超链接到电子邮件（无下划线效果）

【步骤】▶▶▶

（1）在文本 youyou@163.com 上绘制一个透明矩形框。

● 切换到"插入"选项卡，单击"插图"组中的"形状"按钮，在弹出的下拉菜单中选择"矩形"。

● 在 youyou@163.com 文本上方绘制一个矩形。

● 右击该图形，在弹出的快捷菜单中选择"设置形状格式"命令。

● 在弹出的对话框中（图 6-4-5 所示）分别设置"填充"和"线条颜色"的透明度为 100%。

● 单击"关闭"按钮。

图 6-4-5 设置形状的填充效果和线条颜色示例

（2）右击透明矩形框，在弹出的快捷菜单中选择"超链接"命令，弹出如图 6-4-6 所示的对话框。

图 6-4-6 "插入超链接"对话框（链接到电子邮件地址）

（3）在"电子邮件地址"框中输入 youyou@163.com。

（4）在"主题"框中输入"咨询"。

（5）单击"确定"按钮。

4. 制作 ▶ ◀ ▲ 动作按钮

步骤

（1）切换到"视图"选项卡，单击"母版视图"组中的"幻灯片母版"按钮，进入"幻灯片母版"视图。

（2）切换到"插入"选项卡，单击"插图"组中的"形状"按钮，在弹出的下拉列表中选择"动作按钮" ▷ 。

（3）在幻灯片母版上拖动鼠标绘制图形，弹出如图 6-4-7 所示的对话框。

图 6-4-7　"动作设置"对话框

（4）设置动作按钮的超链接（这里可采用默认），单击"确定"按钮。

（5）选定动作按钮。

（6）切换到"格式"选项卡，可分别单击"形状样式"组中的 🔷 形状填充、✏️ 形状轮廓、🔲 形状效果按钮，为动作按钮设置格式。

（7）在"大小"组中分别设置"高度"和"宽度"为 1 厘米。

（8）制作 ◁ 、🏠 按钮，其方法与上述类似（略）。

5．制作"退出"动作按钮。

◀步骤▶▶▶

（1）切换到"插入"选项卡，单击"插图"组中的"形状"按钮，在弹出的下拉列表中选择"动作按钮" ▷ 。

（2）在幻灯片上拖动鼠标绘制图形，弹出如图 6-4-7 所示的对话框。

（3）单击"超链接到"单选项，并在其下拉列表框中选择"结束放映"。

（4）单击"确定"按钮。

（5）右击该动作按钮，在弹出的快捷菜单中选择"编辑文字"命令，输入文本 exit。

（6）设置该按钮的样式，其方法与前面类似（略）。

6.5　在演示文稿中插入多媒体信息

基础知识

　　在演示文稿中加入多媒体信息可以提高演示文稿的视觉和听觉效果，而适当的声音效果可加深听众对信息的理解。

6.5.1 插入声音

1．了解声音文件格式

计算机的声音文件总体可以分为两大类：WAV 和 MIDI。

（1）WAV 文件。是一种具有模拟源的声音文件，是实际声音的记录，所以听起来非常真实。缺点是该文件较大。MP3 音乐也是 WAV 格式，它是一种相对压缩的格式。

（2）MIDI 文件。是一种没有模拟源、纯数字的声音文件。其声音效果取决于制作的软件。该格式的文件比 WAV 文件小。缺点是 MIDI 音乐听起来不真实，是一种合成音乐。

2．添加声音的方法

在 PowerPoint 2010 中，可以通过计算机、网络或 Microsoft 剪辑管理器中的文件添加声音。也可以自己录制声音，将其添加到演示文稿中，或者使用 CD 中的音乐。

在演示文稿中包含声音的方法如下：

（1）插入声音文件。当用户将鼠标指针指向声音图标或单击声音图标时，播放声音。

（2）将声音与对象关联起来，当用户将鼠标指针指向该对象或单击该对象时，播放声音。

（3）将声音与动画效果关联起来，当动画效果出现时，播放声音。

（4）将声音与幻灯片切换关联起来，当下一张幻灯片出现时，播放声音。

6.5.2 插入影片

1．了解视频类型

（1）动态 GIF。GIF 是一种静态图像文件格式，并不是真正的视频，而是按顺序播放的静态图像集。其优点是可以产生动态效果。

（2）视频文件格式。PowerPoint 可以接受以下格式的视频文件：

- 运动图像专家组（.mpg、.mpeg、.mlv、.mp2、.mpa 和.mpe）
- Microsoft 流格式（.asf 和.asx）
- Microsoft Windows Media Video（.wmv）
- 音视频交叉存放格式（.avi）
- QuickTime 1 和 2.x 版（.mov 或.qt）

2．插入影片的方法

在 PowerPoint 2010 中，可以从计算机中的文件、Microsoft 剪辑管理器、网络或 Intranet 向幻灯片添加影片和动态 GIF 文件。

当插入影片文件时，PowerPoint 会创建一个指向影片文件当前位置的链接。所以，要正常播放影片，最好在插入影片前，将其复制到演示文稿所在的文件夹中。

确保链接文件位于演示文稿所在文件夹中的另一种方法是使用"打包成 CD"功能。此功能可将所有文件复制到演示文稿所在的位置（CD 或文件夹），并自动更新影片文件的所有链接。

6.5.3 插入 Flash 动画

在 PowerPoint 2010 中，可以向幻灯片插入 Flash 动画。如果动画是扩展名为 .swf 的 Shockwave 文件，则可以通过使用名为 Shockwave Flash Object 的 ActiveX 控件和 Adobe Macromedia Flash Player，在 PowerPoint 2010 演示文稿中播放该文件。

若要播放 Flash 文件，需要在幻灯片中添加一个 ActiveX 控件并创建一个从此控件指向该 Flash 文件的链接，或在演示文稿中嵌入该文件。

实训 6 制作音乐相册

【实例】按图 6-5-1 所示制作音乐相册，保存为"音乐相册示例.pptx"文件。

要求：

（1）在相册中添加背景音乐，在第 7 张幻灯片后停止播放。

（2）在相册的第 8 张幻灯片中，插入一个 Flash 动画。

（3）在相册的第 9 张幻灯片中，插入一个视频文件。

图 6-5-1 音乐相册示例

一、实训目的

1．熟悉在演示文稿中插入和控制声音的方法。
2．熟悉在演示文稿中插入和控制视频的方法。
3．了解在演示文稿中插入和控制 Flash 动画的方法。

二、实训内容

1．创建相册
2．添加声音
3．设置在多张幻灯片中播放声音
4．插入 Flash 动画
5．设置 Flash 控件属性
6．添加影片
7．设置全屏播放影片

三、实训步骤

1．创建相册

◀步骤▶▶▶

（1）切换到"插入"选项卡，单击"图像"组中的"相册"按钮，弹出"相册"对话框。
（2）在对话框中单击"文件/磁盘"按钮，弹出"插入新图片"对话框。
（3）在对话框中选择要插入的图片，单击"插入"按钮。
（4）按图 6-5-2 所示设置各项参数。

图 6-5-2　"相册"对话框

（5）单击"创建"按钮。

（6）在"普通视图"中分别单击每张幻灯片的标题文本占位符，键入标题。

操作提示

如果要预览相册中的图片文件，可在"相册中的图片"列表框中单击要预览的图片文件名，然后在"预览"窗口中查看该图片。

如果要更改图片的显示顺序，可在"相册中的图片"列表框中单击要移动的图片文件名，然后使用箭头按钮进行调节。

2．添加声音

◀步骤▶▶▶

（1）选定要添加声音的幻灯片（此处为第 1 张幻灯片）。

（2）切换到"插入"选项卡，单击"媒体"组中的"音频"按钮，在弹出的对话框中找到并双击要添加的声音文件，在幻灯片中插入一个声音图标 。

（3）在"普通视图"中单击声音图标下方的播放工具栏，即可预览声音。

3．设置在多张幻灯片中播放声音

◀步骤▶▶▶

（1）切换到"动画"选项卡，单击"高级动画"组中的"动画窗格"按钮，弹出窗格。

（2）单击窗格中所选声音右侧的箭头，在弹出的下拉菜单中选择"效果选项"命令，弹出"播放音频"对话框。

（3）按图 6-5-3 所示设置选项。

图 6-5-3　"播放音频"对话框

（4）单击"确定"按钮。

操作提示

如果希望在放映幻灯片时隐藏声音图标，则先选定声音图标 ，然后单击"音频工具"→"播放"选项卡，在"音频选项"组中勾选"放映时隐藏"复选框。

4. 插入 Flash 动画

步骤 ▶▶▶

（1）选定要插入 Flash 动画的幻灯片。

（2）单击"文件"选项卡中的"选项"命令，单击"自定义功能区"选项卡，弹出如图 6-5-4 所示的对话框。

图 6-5-4 "PowerPoint 选项"对话框

（3）在对话框的右侧列表框中勾选"开发工具"复选框，单击"确定"按钮。

（4）切换到"开发工具"选项卡，单击"控件"组中的"其他控件"按钮，弹出如图 6-5-5 所示的对话框。

（5）选定 Shockwave Flash Object 选项，单击"确定"按钮。

（6）在幻灯片上拖动"+"指针绘制控件。

（7）拖动控点调整控件大小，如图 6-5-6 所示。

图 6-5-5 "其他控件"窗口

图 6-5-6 在幻灯片中绘制 Flash 控件

5．设置 Flash 控件属性

步骤

（1）右击 Shockwave Flash Object 控件，在弹出的快捷菜单中选择"属性"命令，弹出如图 6-5-7 所示的对话框。

（2）在 Movie 属性右侧的单元格中键入要播放的 Flash 文件的完整路径（此处是相对路径，因为该文件与演示文稿在同一文件夹中）。

（3）关闭"属性"对话框，在幻灯片放映时即可播放插入的 Flash 动画。

图 6-5-7　Flash 控件属性对话框

6．添加影片

步骤

（1）选定要添加影片的幻灯片。

（2）切换到"插入"选项卡，单击"媒体"组中的"视频"按钮，在弹出的对话框中找到并双击要添加的视频文件，在幻灯片中插入一个影片（显示为黑色框）。

（3）拖动影片框的控点调整影片的大小。

（4）在"普通视图"中单击影片框下方的播放工具栏，即可预览影片。

7．设置全屏播放影片

步骤

（1）在"普通视图"中选定幻灯片上要全屏播放的影片框。

（2）单击"视频工具"→"播放"选项卡，在"视频选项"组中勾选"全屏播放"复选框。

能力测试

1．以某节日为主题，用 PowerPoint 为亲人制作一张电子贺卡，为他送去一份真挚而有新意的祝福。基本要求：

（1）演示文稿中不少于四张幻灯片。

（2）演示文稿中应包含多媒体信息（至少有音乐）。

（3）将演示文稿打包后以电子邮件形式发送给亲人或好朋友。

2．用 PowerPoint 制作一个明星影集或个人影集。基本要求：

（1）演示文稿中应包含必要的文字说明信息。

（2）演示文稿中应包含影集的封面、目录、结束字幕幻灯片和若干张图片内容幻灯片。

（3）能通过目录有选择地播放想看的内容（提示：建立超链接）。

（4）演示文稿中应包含多媒体信息（至少有音乐）。

3．用 PowerPoint 制作一份个人简历。

自测题

一、选择题

1．在 PowerPoint 2010 中，如果希望在演示过程中终止幻灯片的放映，则可按（　　）键。

A．Delete　　　　　　B．Esc　　　　　　C．Enter　　　　　　D．Ctrl

2．在 PowerPoint 2010 中，将演示文稿保存为可直接播放的文件类型为（　　）。

A．.PPTX　　　　　　B．.PPSX　　　　　C．.POTX　　　　　　D．.RFT

3．在 PowerPoint 2010 中，演示文稿的默认文件类型是（　　）。

A．.PPTX　　　　　　B．.PPSX　　　　　C．.POTX　　　　　　D．.RFT

4．在 PowerPoint 2010 中，窗口的视图有（　　）种。

A．2　　　　　　　　B．3　　　　　　　　C．4　　　　　　　　D．5

5．在 PowerPoint 2010 的幻灯片浏览视图中不可以进行的操作是（　　）。

A．删除幻灯片　　　　　　　　　　B．移动幻灯片

C．编辑幻灯片内容　　　　　　　　D．设置幻灯片的放映方式

6．在 PowerPoint 2010 中新建演示文稿的快捷键是（　　）。

A．Ctrl+C　　　　　　　　　　　B．Ctrl+V

C．Ctrl+X　　　　　　　　　　　D．Ctrl+N

7．对于演示文稿的描述正确的是（　　）。

A．演示文稿中的幻灯片版式必须一样

B．使用主题可以为幻灯片设置统一的外观样式

C．只能在窗口中同时打开一份演示文稿

D．可以使用"文件"选项卡中的"新建"命令为演示文稿添加幻灯片

8．PowerPoint 2010 不能实现的功能是（　　）。

　A．文字编辑　　　B．绘制图形　　　C．创建图表　　　D．数据分析

9．在 PowerPoint 2010 中，实现超链接的载体可以是（　　）。

　A．文本　　　　　B．图形　　　　　C．图片　　　　　D．以上选项都可以

10．在 PowerPoint 2010 中，要对多张幻灯片进行同样的外观修改，（　　）。

　A．必须对每张幻灯片进行修改　　　B．只需在幻灯片母版上作一次修改

　C．必须在每种版式的母版上修改　　　D．不能修改，只能重新制作

二、填空题

1．PowerPoint 2010 的五种视图分别是_____、_____、_____、_____、_____。

2．演示文稿中的每一"页"，称为_____。

3．幻灯片的切换效果是指_____。

4．要在演示文稿中插入 Flash 动画，需要插入_____控件。

5．演示文稿的文件扩展名为_____，保存为.ppsx 类型的演示文稿在打开时能_____。

6．演示文稿可用_____、_____、_____方式来创建。

7．幻灯片的切换效果可以在_____选项卡中进行设置。

8．PowerPoint 提供了_____母版、_____母版和备注母版。

9．幻灯片的放映方式有_____、_____、_____三种。

10．在幻灯片放映时，如果要结束放映，则按_____键。

第 7 章　Internet 的操作应用

本章简介

随着 Internet 的普及，Internet 在我们的工作、学习和生活中变得越来越重要。如何有效地使用它，让它为我们服务，是每个初学者都想要达到的目的。

通过本章的学习，初学者能很快学习到 Internet 的一些基本知识并掌握一些常用工具软件的使用，如浏览器、下载工具、压缩工具、电子邮件收发软件等。

学习目标

☞ 了解计算机网络、Internet、TCP/IP 协议、电子邮件的含义

☞ 了解 Internet 的功能

☞ 了解收发电子邮件应具备的条件

☞ 掌握免费电子邮箱的申请方法

☞ 掌握 IE、FTP、WinRAR、Windows Live Mail 及下载软件的使用

7.1　Internet 基础知识

7.1.1　计算机网络基础知识

计算机网络涉及计算机和通信两个领域，是计算机技术和通信技术相结合的产物。计算机网络经过多年的发展，已经形成了比较完善的体系。尤其是 Internet 的迅速发展，使得"网络就是计算机"变成现实。计算机不再是独立的一台设备，它已经成为连接整个社会的主要信息基础设施，在当今的信息社会中扮演着非常重要的角色。

1．计算机网络的概念

计算机网络是将分散在不同地理位置上的，具有独立功能的多台计算机系统、各种终端设备、外部设备及其他附属设备，通过通信设备和通信线路连接起来，在网络协议和网络操作系统的管理和控制下，实现数据通信、资源共享和分布处理的系统。

从网络定义中可以看出，连接网络的计算机各自的功能是独立的，但是各计算机之间在物理上又是相互连接的，这个连接是由硬件来完成的。连接的介质可以是双绞线、同轴电缆、光纤等有线信道，也可以是微波、卫星等无线信道。

2．计算机网络的发展历史

计算机网络的发展，大致经历了四个阶段：

（1）远程终端联机阶段。将计算机的远程终端通过通信线路与大型主机连接，构成以单个计算机为主的远程通信系统。系统中除一台中心计算机外，其余终端没有自主处理能力，系统的主要功能只是完成中心计算机和各终端之间的通信，各终端之间的通信只有通过中心计算机才能进行，因而又称为"面向终端的计算机网络"。

（2）计算机网络阶段。用高速传输线路将不同地点的计算机系统连接起来，甚至跨国连接，通过卫星传送信息等。系统中每台计算机都具有自主处理功能，不存在主从关系。在这个阶段中，出现了局域网（LAN）、城域网（MAN）、远程网（WAN）等网络。

（3）网络互连阶段。不同网络之间实现连接。实现网络互连需要有一个大家共同遵守的标准，国际标准化组织（ISO）于 1984 年颁布了"开放系统互连基本参考模型（OSI）"，该模型将计算机网络分成七个层次，促进了网络互连技术的发展。

（4）信息高速公路阶段。网络互连技术的发展和普及、光纤通信和卫星通信技术的发展，促进了网络之间在更大范围的互连。所谓信息高速公路，是把大量计算机资源用高速通信线路互连起来，实现信息的高速传送。

计算机网络已经成为当今计算机技术中最具发展潜力和最活跃的方向之一，而且其发展的潜力十分强劲。现在，传统的通信方式在许多方面已经逐步由计算机技术和通信技术结合的计算机网络取代。

计算机网络可以使远距离的计算机用户相互通信、数据处理和资源共享，从而能实现远程通信、远程医疗、远程教学、电视会议、综合信息服务等功能。随着计算机技术和通信技术的发展，用于计算机网络的硬件和软件大量涌现，价格越来越便宜，操作越来越容易、方便，计算机网络已经成为人们工作和生活中不可缺少的工具，深受用户的欢迎，得到了越来越广泛的应用。

3．计算机网络的功能

计算机网络的基本目的是实现数据通信和资源共享。计算机网络的主要功能表现在以下 4 个方面：

（1）资源共享。计算机网络能够共享的信息资源是无限的。例如：搜索与查询的信息、Web 服务器的主页及各种链接、网上新闻等。使用资源共享可以提高工作效率，查阅取之不尽、用之不竭的信息资源。

（2）数据传递。数据传递是计算机网络的基本功能之一，主要用于计算机之间通过网络传送各种信息，其中包括文字、图表、图片、音乐、工具软件等。

（3）提供工作可靠性。在工作中，一台计算机的故障可能会导致整个系统的瘫痪，在没有后备机的情况下，数据将有可能丢失。因为计算机网络具有数据传递功能，所以在一台计算机出现问题后，其他计算机可以代替它完成任务，从而提高了使用计算机进行工作的可靠性。

（4）分布式控制处理。分布式处理是计算机网络的一种工作模式。对于实际工作中出现的大型且复杂的问题，某一台计算机可能无法完成该项任务，这时可以采取适当的算法分配给网络中的多台计算机协同处理，即可达到均衡负荷，轻松完成任务。

当今正在流行的云计算（Cloud Computing）技术就是分布式计算技术的一种，其最基本的概念，是透过网络将庞大的计算处理程序自动分拆成无数个较小的子程序，再交由多部服务器所组成的庞大系统经搜寻、计算分析之后将处理结果回传给用户。通过这项技术，网络服务提供者可以在数秒之内，达成处理数以千万计甚至亿计的信息，达到和"超级计算机"同样强大效能的网络服务。

4．计算机网络的分类

计算机网络的种类很多，可以从不同角度对计算机网络进行分类。

（1）按照计算机网络覆盖的地理位置分类。根据计算机网络覆盖的地理范围的不同，可以将计算机网络分为：局域网、广域网和城域网。

局域网（Local Area Network，LAN）是指覆盖范围在几百米到几公里内建立的计算机网络。例如把一个实验室、一座楼、一个大院、一个单位或部门的多台计算机连接成一个计算机网络。局域网通常采用专用电缆连接，有较高的传输速率和较低的误码率。局域网使用费用较低，采用广播或交换式通信。三种典型的局域网是以太网（Ethernet）、令牌总线网（Token Bus）和令牌环网（Token Ring）。

广域网（Wide Area Network，WAN）又叫远程网，将位于不同城市的 LAN 或 MAN 网络互联组成的网络，地理范围通常在几十公里到几千公里不等。如 Chinanet 网就是典型的广域网。由于距离相对较远，所以数据传输率较低，转输误码率也较高。广域网的通信子网可以利用公用分组交换网、卫星通信网和无线分组交换网，将分布在不同地区的局域网或计算机系统互联起来，达到资源共享的目的。广域网典型的代表有 X.25 网、帧中继网和宽带综合数字（B-ISDN）网。

城域网（Metropolitan Area Network，MAN）的范围在广域网和局域网之间，是在一个城市范围内建立起来的计算机通讯网络，它将位于同一个城市的主机、各种服务器及局域网等互联起来。目前的城域网采用光纤作为传输介质，基于 IP 交换的高速路由交换机或 ATM 交换机作为交换节点的方案。

（2）按照计算机网络传输介质分类。根据计算机网络的传输介质，可以将计算机网络分为：有线网和无线网。有线网使用电缆、光纤、电话线等有形的设备连接计算机；无线网络通信是通过大气空间，包括卫星进行的。从有线网络技术到无线网络技术，是网络技术的发展趋势。

（3）按照计算机网络的物理连接方式分类。按计算机网络的物理连接方式，可以将计算机网络分为：星型网、环型网、总线型网、网状网和树型网。

（4）按照网络传输技术分类。按计算机网络传输技术的不同，可以将计算机网络分为：广播式网和点对点网。

5．计算机网络的组成

（1）逻辑组成。计算机网络在逻辑上可分为承担信息处理任务的资源子网和负责信息传递的通信子网两大部分，如图 7-1-1 所示。

图 7-1-1　计算机网络构成图

通信子网主要是由通信控制处理机 CCP 及通信线路组成的传输网络，位于网络的内层，负责网络数据传输、转发等通信处理任务。

资源子网位于网络的外围，提供各种网络资源和网络服务。资源子网主要由主计算机（Host）、终端 T（Terminal）等硬件和网络数据库、应用程序等软件所构成。

（2）物理组成。计算机网络的物理构成主要包括：

1）主计算机（主机）：资源子网的关键设备，主要担负数据处理、执行网络协议、进行网络控制和管理等工作，包括供用户访问的数据库。

2）终端：用户访问网络的设备，主要作用是把用户输入的信息转换为适合于传送的信息并传送到网络上，或把网络上其他节点通过通信线路传送来的信息转换为用户能识别的信息。智能终端还具有一定的运算、处理和管理能力。

3）通信控制处理机（CCP）：简称通信控制器，是执行通信控制功能的专用计算机，主要作用是承担通信控制与管理工作，减轻主机的负担。

4）调制解调器：把计算机数字信号和模拟信号进行转换，借助 Modem 可以进行远距离通信，并可实现多路复用。

5）集线器（Hub）：可使多个网络用户共用一条传输线访问网络。

6）多路复用器（MUX）：将多个分离的信号组合在一个传输媒介上的设备，可实现多路信号同时传输，有效地利用整个传输媒介的带宽，提高信道的利用率。

7）通信线路：通信线路也叫传输介质，是传输信息的载体，亦即将信息从一个节点向另一个节点传送的连接线路的实体。常用的传输介质有：双绞线、同轴电缆、光纤（光缆）。除此之外，还有磁介质、微波、红外线、通信卫星等。

6.计算机网络的拓扑结构

计算机网络的拓扑结构是指网络中各个节点相互连接的形式，在局域网中就是服务器、工作站和电缆等的连接形式。网络的拓扑结构有多种，常见的有星型、总线型、环型、树型、网状型等，如图 7-1-2 所示。

图 7-1-2　计算机网络拓扑结构示意图

（1）星型结构。星型结构以中央节点为中心，网络中其他任何一个节点都只与中央节点直接相连。任何两个端点之间的通信都通过中央节点控制。中央节点的可靠性、吞吐能力直接影响到全网的运行，是全网的通信瓶颈。优点是网络扩展方便，访问控制方便，故障容易检测和定位，单个节点的故障比较容易隔离，不会影响整个网络的运行。

（2）总线结构。连线总长度小于星型结构，站点容易扩充和删除。总线任务重，易产生瓶颈问题。

（3）环型结构。环型结构中，系统通过公共传输线路组成闭环连接，信息在环路中间单向传送。其优点是网络上每个节点地位平等，容易实现高速率和长距离传输。缺点是扩充不方便，一个站点的故障会引起整个网络的崩溃。

（4）树型结构。树型结构是从星型结构发展而来的，结构简单，管理软件也容易实现，是一种集中分层的管理形式，缺点是各节点信息流通不便，资源共享能力差。

（5）网状结构。网状结构中每一个节点都有多条路径与网络相连，如果一条线路出现故障，仍可借助其他线路工作，但必须进行路由选择。这种结构可靠性高，但网络控制和路由选择较为复杂，一般用于广域网。

7．网络软件

网络的资源共享、用户通信、访问控制、文件管理等功能，都要由网络软件来实现。网络软件主要包括网络协议软件、网络通信软件和网络操作系统。

（1）网络协议。网络是由多种计算机和各类中断通过通信线路连接起来的复杂系统。网络通信必须按照双方事先约定的规则进行。这些规则规定了传输数据的格式和有关的同步问题。

协议是两点之间信息传输的规则，包括检验传输错误的硬件和软件规则与过程。这些为进行网络数据交换而建立的规则、标准或约定称为网络协议。

网络协议是计算机网络中不可缺少的重要组成部分，是网络赖以工作的保证。网络离不开通信，通信离不开协议。

（2）网络的标准化组织。标准由某些团体组织制订，这些团体组织可能是专业团体，也可能是政府或国际性的公司等。为计算机网络制订标准的组织主要有三个：国际标准化组织 ISO、国际电子电器工程师协会 IEEE、ARPA 或称 DARPA。

国际标准化组织 ISO，世界最著名的国际标准组织之一，主要由美国国家标准组织与其他国家的国家标准组织代表所组成。ISO 对网络最主要的贡献是为开放式系统互连 OSI 建立的参考模型。

国际电子电器工程师协会 IEEE，是世界上最大的专业组织之一。对网络的主要贡献是对 IEEE 802 协议的定义（主要用于局域网）。

ARPA 或称 DARPA 由美国国防部组成，从 20 世纪 60 年代以来不断致力于研究不同种类计算机间的互相连接，如著名的 TCP/IP 与 FTP 协议。

（3）网络操作系统。网络操作系统是整个网络的核心。它支持网络管理、数据通信，允许数据通信软件在系统上正常运行，进行接口控制、流控制、运行速率控制，支持拨号服务、文件传输协议、电子邮件服务、电子公告牌系统等。

网络操作系统具有单机操作和网络管理的双重功能。启动网络操作系统前，网络系统中各独立系统互不干扰，能够独立进行工作。网络操作系统启动后，网络系统中各相对独立系统之间需要通信时，网络操作系统可提供多用户系统的功能。

网络操作系统的作用是在用户和网络资源之间形成一个操作管理机构。这个管理机构应该是计算机软件和通信协议的综合，并与单机操作系统提供同等的服务能力。

理想的网络操作系统必须对使用所有网络资源提供方便、一致和可控的存取方法；能调节资源之间的不兼容性，使它们能共同被利用；能支持对信息和文件的存取控制，并对资源的利用进行统计；能及时提供现有网络资源的状态信息。

7.1.2 局域网技术

局域网技术是当前计算机网络技术领域中非常重要的一个分支。局域网是一种重要的基础网络，其中的各台计算机可以互相访问、互相传输信息以及资源共享等，在企业、机关、学校等各单位和部门都得到广泛的应用。局域网也是建立互联网络的基础网络。

1．局域网的基本概念

局域网（Local Area Network，LAN）是一个通信系统，它在一定的地理区域（同一建筑、同一所学校或几公里的地域）内，可使多个相互独立的计算机设备在同一共享介质上以一定的速率进行通信。

按照网络的拓扑结构和传输介质的不同，局域网通常可以划分为以太网（Ethernet）、令牌环网（Token Ring）、光纤分布式数据接口（FDDI）等，其中最常用的是以太网。

局域网可以通过数据通信或专用的数据电路与其他局域网、数据库或处理中心等相连接，构成一个大范围的信息处理系统。

2．局域网的特点

局域网的特点有以下几个方面：

（1）较小的地理范围。局域网一般用于内部连网，如办公室、机关、工厂、学校等，其地域范围没有严格的定义，但一般的距离为 $0.1\sim25km$。

（2）面向的用户比较集中。局域网一般为一个单位所建，在单位内部控制和使用，服务于本单位所有用户，其网络易于建立、维护和发展，可靠性高，价格低廉。

（3）使用多种传输介质。局域网的传输介质可根据自己的实际情况，选用价格低廉的双绞线、同轴电缆或比较昂贵的光纤以及无线局域网。

（4）高传输速率和低误码率。现在局域网的传输速率一般为 $10\sim100Mb/s$，其误码率在 $10^{-11}\sim10^{-8}$ 之间。

3．局域网的分类

计算机网络分类的方法很多，局域网具有自身的特点，下面介绍局域网的分类。

（1）按照网络转换方式分类。按照网络转换方式的不同，局域网可分为共享介质局域网和交换局域网。

共享介质局域网中的各个节点共享传输介质，数据以广播方式在网内传输。如果网络中有 n 个节点，每个节点可分配到 1/n 的总带宽。传统的以太网、令牌环网都是典型的共享介质局域网。

交换局域网以交换机为核心部件。每个交换机有多个端口，并有识别端口地址的功能，可在多个端口之间并行传输数据，从而提高了数据传输率。交换式以太网是最常见的一种交换局域网。

（2）按照介质访问控制方法分类。按照介质访问控制方法不同，局域网中最常见的有以太网和令牌环网，它们都属于共享介质局域网。以太网采用的介质访问控制方法是 CSMA/CD，通过"监听"和"重传"来解决冲突；令牌环网则是通过"截获令牌"获得数据发送权的方法来避免冲突。

（3）按照网络资源管理方式分类。按照网络资源管理方式的不同，局域网可分为对等式局域网和非对等式局域网。

对等式局域网中所有的节点地位平等，并拥有绝对自主权。任何两个节点之间都可以直接通信和资源共享。非对等式网络中各节点的地位不同，有些节点是服务器，有些节点是工作站。服务器以集中控制的方式管理网络资源，并为工作站提供服务。目前流行的"服务器/客户机"网络应用模型就是一种非对等式网络。

（4）按照网络传输技术分类。按照网络传输技术，局域网可分为基带局域网和宽带局域网。基带局域网采用数字信号的基带传输技术，基带信号占据了传输线路的整个频率范围，信号传输具有双向传输的特点。宽带局域网采用模拟信号的频带信号传输技术，通过频分多路复用技术，每个子频道可以传输一路模拟信号，一条信道可同时传输多路模拟信号，信号传输是单向的，只能沿一个方向传输。

4．局域网的工作模式

局域网的工作模式是根据局域网中各计算机的位置来决定的，目前局域网主要存在着两种工作模式，它们涉及用户存取和共享信息的方式，分别是客户/服务器（C/S）模式和点对点（Peer-to-Peer）通信模式。

（1）客户/服务器模式（C/S）。这是一种基于服务器的网络，在这种模式中，其中一台或几台较大的计算机集中进行共享数据库的管理和存取，称为服务器。而将其他的应用处理工作分散到网络中其他计算机上去做，构成分布式的处理系统，服务器控制管理数据的能力已由文件管理方式上升为数据库管理方式，因此，C/S 网络模式的服务器也称为数据库服务器。这类网络模式注重于数据定义、存取安全、备份及还原、并发控制及事务管理，执行诸如选择检索和索引排序等数据库管理功能。

它有足够的能力做到把通过其处理后用户所需的那一部分数据而不是整个文件通过网络传送到客户机去，减轻了网络的传输负荷。C/S 工作模式是数据库技术的发展和普遍应用与局域网技术发展相结合的结果。

（2）点对点通信模式（Peer-to-Peer）。它在拓扑结构上与专用 Server 的 C/S 不同，在点对点网络结构中，没有专用服务器。在这种网络模式中，每一个工作站既可以起到客户机的作用也可以起到服务器的作用。有许多网络操作系统可应用于点对点网络，如微软的 Windows for Workgroups，Windows NT WorkStation，Windows 9.x 和 Novell Lite 等。点对点对等式网络有许多优点，比如它比 C/S 网络模式造价低，允许数据库和处理机能分布在一个很大的范围内，还允许动态地安排计算机需求。其缺点是提供较少的服务功能，并且难以确定文件的位置，使得整个网络难以管理。

5．局域网资源共享和计算机互访

局域网中各台计算机可以相互访问、互相传输信息以及实现资源共享等，因此常被应用于政府、公司、企业和学校等区域内。

7.1.3　Internet 的基本知识

Internet（国际互联网或英特网）是 20 世纪末期发展最快、规模最大、涉及面最广的信息网。它起源于美国，最初是为了实现科研和军事部门里不同结构的计算机网络之间互联而设计的，现已普及到全世界。我国于 1994 年 5 月作为第 71 个国家级网加入 Internet。目前，网络的发展速度越来越快，应用也越来越广泛，上网的用户也越来越多。

Internet 是由成千上万的不同类型、不同规模的计算机网络和成千上万个共同工作、共享信息的计算设备组成的世界范围的巨大的计算机网络。组成 Internet 的计算机网络包括小规模的局域网、城市规模的城域网以及大规模的广域网。计算设备中除了传统的计算机，如 PC、工作站、小型机、中大型机和巨型机以外，许多新颖的智能电子设备如商务通、移动电话、智能家电也开始介入 Internet。这些成千上万的网络和计算机通过电话线、高速专用线、卫星、微波和光缆连接在一起，在全球范围内构成了一个四通八达的“网络的网络”。

Internet 的拓扑结构是一种松散的层次结构。自底向上，这个层次结构首先通过接入网络连接到本地 Internet 服务提供商（Internet Service Provider，ISP）的终端系统。接入网络的既可以是机构或者院校的局域网，也可以是通过调制解调器的拨号电话线，还可以是基于电缆的宽带网络。本地 ISP 进而连接到区域性的 ISP，区域性 ISP 则连接到国家级或者国际级的 ISP，国家级和国际级 ISP 是该层次的顶层互连。在此框架下，新的网络和分支还可以继续加入。

从信息服务的角度看，Internet 又是一个世界规模的巨大的信息和服务资源网络，因为它能够为每一个入网的用户提供有价值的信息和其他相关的服务。通过使用 Internet，世界范围的人们可以互通消息、交流思想，又可以从中获得各个方面的知识、经验和信息。

1．通信协议

通信协议是计算机通信双方在通信时都必须遵守的一定的约定和规则。这种为网络中的数据交换（通信）而建立的规则、标准或约定称为网络协议。

2．TCP/IP 协议

TCP/IP（Transmission Control Protocol/Internet Protocol）是一种网际互联的通信协议，它是一组协议的总称，包括两个核心协议 TCP 和 IP。TCP 协议称为传输控制协议，它负责提供可靠的通信服务，并对数据流量和传输拥塞等进行控制。IP 称为网际互连协议，负责数据包从一个地方传送到另一个地方，但不能确保消息是否被对方接收。

TCP/IP 协议簇中包括上百个相互关联的协议，不同功能的协议分布在不同的协议层，几个常用协议为：

- Telnet：提供远程登录功能。
- http：用于 Web 网页的访问。
- FTP：远程文件传输协议。
- SMTP：简单邮件传输协议。
- https：用安全套接字层传送的超文本传输协议。

3．IP 地址

在 Internet 上进行信息交换的基本条件就是网络上的所有主机要有唯一的地址，就像日常生活中朋友之间相互通信要写明通讯地址一样。主机（Host）指的是每台与 Internet 连接的计算机或设备。

Internet 地址分两种形式，即用数字表示的 IP 地址和用字母表示的域名地址。

（1）IP 地址的表示。Internet 上为每台主机指定的地址称为 IP 地址。IP 地址是唯一的，具有固定规范的格式。每个 IP 地址含 32 位，被分为 4 段，每段 8 位（一个字节），段与段之间用下圆点分隔。为了便于表达和识别，IP 地址是以十进制表示的，每段所能表示的十进制数最大不超过 255，例如 206.96.30.194。

IP 地址由两部分组成，即网络号和主机号，如图 7-1-3 所示。网络号标识的是 Internet 上的一个子网，而主机号标识的是子网中的某台主机。

图 7-1-3　IP 地址组成

（2）IP 地址的分类。IP 地址根据网络号和主机号的数量而分为五类：A 类、B 类、C 类、D 类、E 类，如图 7-1-4 所示。

图 7-1-4　IP 地址分类

A 类地址最高字节代表网络号，后三个字节代表主机号，适用于主机数多达 1700 万台的大型网络，全世界总共只有 126 个可能的 A 类网络，其地址范围为：1.0.0.1～126.255.255.254。

B 类地址前两个字节代表网络号，后两个字节代表主机号，一般用于中等规模的地区网管中心，全世界大约有 16000 个 B 类网络，每个网络最多可以连接 65534 台主机，其地址范围为：128.0.0.1～191.255.255.254。

C 类地址前三个字节代表网络号，最后一个字节代表主机号，一般用于规模较小的局域网，如校园网等，每个 C 类网络最多可以有 254 台主机。C 类地址的第一段取值介于 192～223 之间。

D 类地址不分网络号和主机号，它的第一个字节以"1110"开始，表示一个多播地址，即多目的地传输，可用来识别一组主机。D 类地址的第一个字节取值为 224～239。

E 类地址的第一个字节以"1111"开始，该类地址为保留地址，暂未使用。

IP 地址中有特定的专用地址不作分配：

- 主机地址全为"0"表示指向本网。
- 主机地址全为"1"表示广播地址，向特定的所在网上的所有主机发送数据报。
- IP 地址 4 字节 32 比特全为"1"，即为"255.255.255.255"表示仅在本网内进行广播发送。
- 网络号 127 不可用于任何网络。

当某单位申请到一个 IP 地址时，实际上只获得了一个网络号，具体的各主机号则由该单位自行分配。各类 IP 地址的适用范围如表 7-1-1 所示。

表 7-1-1　IP 地址的适用范围

网络类别	最大网络数	第一个可用网络号	最后一个可用网络号	每个网络中的最大主机数
A	126（2^7-2）	1	126	16777214
B	16384（2^{14}）	128.0	191.255	65534
C	2097152（2^{21}）	192.0.0	223.225.225	254

（3）子网掩码。IP 地址的二级结构具有地址空间利用率低的缺点，因此可以使子网掩码进行子网的划分。子网掩码 32 位，其中二进制位为 1 的位代表网络位，二进制位为 0 的代表主机位。A、B、C 地址中默认的子网掩码如表 7-1-2 所示。

表 7-1-2　默认子网掩码

类别	二进制表示的掩码	点分十进制表示的掩码
A	11111111 00000000 00000000 00000000	255.0.0.0
B	11111111 11111111 00000000 00000000	255.255.0.0
C	11111111 11111111 11111111 00000000	255.255.255.0

（4）IPv6。现在的互联网是在 IPv4 协议的基础上运行的，IPv6 是下一版本的互联网协议，随着互联网的迅速发展，IPv4 定义的有限地址空间将被耗尽，地址空间的不足必将影响互联网的进一步发展。为了扩大地址空间，拟通过 IPv6 重新定义地址空间，IPv6 采用 128 位地址长度，几乎可以不受限制地提供地址。

4. 域名地址

IP 地址用于确定 Internet 上的每台主机，它是每台主机唯一性的标识。由于 IP 地址是数字编码，不易记忆，也难以理解，因此 Internet 采用另一套字符型的地址方案，即域名地址（Domain Name）。

域名是用字符表示的主机的名字，直观、易记忆，例如 www.cqcet.com.cn。域名地址与 IP 地址之间存在着对应关系，就好像人的姓名与身份证号码之间的关系一样。在实际运行时，域名地址由专用的服务器 DNS 转换为 IP 地址。

域名系统采用层次结构，按地理域或机构域进行分层。每层之间用圆点分隔，从右到左依次为最高层次域、次高层次域等，最左边一个字段为主机名，它与 IP 地址相反，如图 7-1-5 所示。

图 7-1-5　域名地址示例

DNS（Domain Name System）称为域名系统，它是一个联机分布式数据系统，主要用来完成域名与 IP 地址之间的映射。域名系统 DNS 是一种网络资源命名机制，是用于集中管理和维护 Internet 名称的数据库。其通用的格式如下：

第一级域名往往是标识主机所属的国家、地区或网络性质的代码，如中国（cn）、英国（uk）、商业组织（com）等。第二、三级是子域，第四级是主机。例如 www.pek.edu.cn 这一域名中，www 代表主机名称，edu 代表该网站所属的组织为教育机构，cn 代表中国。又如 www.microsoft.com 代表国际商业公司网站。常见的一级域名如表 7-1-3 所示。

表 7-1-3　一级域名

域名	含义	域名	含义	域名	含义	域名	含义
cn	中国	uk	英国	com	商业组织	fr	法国
net	网络技术组织	hk	香港地区	edu	教育机构	kr	韩国
org	非营利性组织	tw	台湾地区	int	国际性组织	au	澳大利亚
mil	军队	jt	意大利	gov	政府部门	jp	日本

一级域名地址要由互联网络信息中心（Internet Network Information Center，InterNIC）集中管理，各级域名的管理权授予相应的机构，各管理机构可以将管辖内的各域进一步划分成若干个子域，其管理权再授予相应的支机构，从而完成所属主机名和主机 IP 地址的管理。

域名虽然便于理解、记忆和交流，但在 Internet 上是以 IP 地址而不是通过域名来识别某台计算机的。因此，要利用 DNS 服务器来完成从域名到 IP 地址的转换工作，这个过程称为域名解析。

注：美国的国家域名 us 可以省略不写。

5．Web、Web 站点、Web 页、主页

Web 又称 WWW 或全球资讯网或万维网，它不是传统意义上的物理网络，而是信息网。Web 由许多 Web 站点构成，Web 站点是一组资源（信息）的集合。这些信息在 WWW 上是分门别类地一页一页存放的，我们把存放这些信息的每一页称为 Web 页（或网页）。每个 Web 站点中都有一个主页，主页就是访问 Web 站点时服务器发来的第一个网页。

6．什么是 ISP

专门从事各种 Internet 服务代理工作的机构称为 ISP（Internet Service Provider，Internet 服

务提供商）。

7. 什么是 URL 地址

统一资源定位器（Uniform Resource Locator，URL）就是通过提供资源位置的抽象标识符来对资源进行定位的。一个完整的 URL 包括访问协议、域名（IP 地址）、路径和文件名。URL 也称网址。URL 的一般格式为：

访问协议://<域名>[:端口号][/路径/文件名]

或

访问协议://< IP 地址>[:端口号][/路径/文件名]

比如北京大学网站的 URL 为 http://www.pku.edu.cn:80/index.html（北京大学主页）。由于 80 端口为默认端口，因此上述 URL 可以省略为 http://www.pku.edu.cn/。

访问协议是指获取信息的通信协议。如 http、FTP 协议等。注意，不同资源要用不同协议。

一台拥有 IP 地址的主机可以提供许多服务，比如 Web 服务、FTP 服务、SMTP 服务等，这些服务完全可以通过一个 IP 地址来实现。那么，主机是怎样区分不同的网络服务的呢？显然不能只靠 IP 地址，因为 IP 地址与网络服务的关系是一对多的关系。实际上是通过"IP 地址+端口号"来区分不同的服务的。

服务器一般都是通过知名端口号来识别的。例如，对于每个 TCP/IP 实现来说，FTP 服务器的 TCP 端口号都是 21，每个 Telnet 服务器的 TCP 端口号都是 23，每个 TFTP（简单文件传送协议）服务器的 UDP 端口号都是 69，25 端口分配给 SMTP（简单邮件传输协议）服务，80 端口分配给 HTTP 服务。任何 TCP/IP 实现所提供的服务都用知名的 1～1023 之间的端口号。这些知名端口号由 Internet 号分配机构（Internet Assigned Numbers Authority，IANA）来管理。

端口号是具有网络功能的应用软件的标识号。端口号是不固定的，即可以由用户手工分配（一般在软件编写时就已经定义）。

8. GB 码和 Big5 码

GB 码和 Big5 码都是中文内码，GB 码代表中文简体，为中国大陆广泛使用，而 Big5 码为香港、澳门、台湾地区广泛使用。

7.1.4 Internet 的入网方法

1. 拨号入网

个人用户可以利用计算机通过电话线采用拨号方式登录到一个 ISP 主机，再通过 ISP 的主机上网。拨号入网用户只需要具备以下条件：

（1）一条可以拨打外线的电话线。

（2）一台中档以上的计算机。

（3）一个调制解调器。

（4）Windows 操作系统平台、浏览器软件。

接入 Internet 的步骤为：①办理 Internet 入网手续→②安装 Modem→③安装 TCP/IP 网络

协议→④安装拨号网络→⑤设置 DNS 服务器→⑥安装 IE 浏览器→⑦建立因特网连接→⑧运行 IE→⑨设置 E-mail 拨号登录，漫游 Internet。

拨号入网经济实惠，适合于业务较小的单位和个人使用。利用此方式入网每月除了基本费用外，还要另收市内电话通信费。

2．通过综合业务数字网（ISDN）入网

通过 ISDN 入网，用户上网速度可达 128K，是一种很有发展前景的入网方式。

ISDN 入网用户需要具备：一台 PC 机、一台 NT 接口（电话局提供）、一个 TA 适配器、PPP 上网软件和一条 ISDN 电话线。利用此方式入网，每月除了 Internet 通信费外，还要另收 ISDN 市话通信费。

3．专线入网

专线入网包括 DDN 和 ADSL 等。这种上网方式具有较高的通信速率和安全性，适合于大业务量的网络用户使用，但费用相对较高。入网后，网上所有终端和工作站均可享用因特网业务。

7.1.5　Internet 能做些什么？

- 收发电子邮件（E-mail）：是 Internet 上最常用的功能之一，也是办公自动化的重要功能，其优点为：快速、经济、易处理。
- 信息浏览和查询：如网上求职、网上订票、网上购物、下载信息或软件等。
- 即时通信服务：这是一种更先进、更方便的交流方法，即时通信服务也被某些人称为网络寻呼或网上聊天，比较著名的客户端软件是 ICQ（I Seek You）、腾讯 QQ、MSN、微信等。
- BBS（电子公告牌）：可以发表文章，表达看法，交流各种意见等，现在流行的博客、个人空间、微博等也是 BBS 的应用。
- 文件传输（FTP）：它支持用户从 Internet 上获取文件网站中的文件或者把文件上传到网站上供别人使用。
- 远程登录：就是将 Internet 作为传输线路使用，它支持远地计算机连接到本地某公共大型主机的功能。
- 网络电话：可以让接入 Internet 的用户通过计算机进行实时的电话呼叫。
- 网络会议：只要接入 Internet，地球上任何一个角落的人都可以参加会议，并且可以像普通会议一样自由发言，不受时间、地域的限制，节省大量的时间和差旅费，提高了工作效率。
- 网络购物：消费者在网络商城中可以看到商品的式样、颜色、价格，并且可以订货、付款。
- 发布电子广告：Internet 上的电子广告随着 Internet 的发展悄然兴起并呈蓬勃发展之势，因为它具有宣传范围广、形象生动活泼、交互方式灵活、用户检索方便、无时间限制、无地域限制、更改方便、反馈信息获取及时等优点。

7.1.6 浏览器

浏览信息是 Internet 上最常用的功能之一，而浏览器是用于浏览 Internet 上信息资源的软件。目前，使用最多的浏览器是微软公司的 Internet Explorer（简称 IE），本节使用的是 IE10 版本。

1．IE10 浏览器简介

Internet Explorer 10（全称 Windows Internet Explorer 10，简称 IE10）是微软开发的网页浏览器，Internet Explorer 10 在硬件加速、数据处理速度、网站页面打开速度上都有了提升，在页面处理和视觉处理功能上也进行了加强，还支持现有的各个网页标准。

Internet Explorer 10 对于用户的隐私保护也进行了升级，能够通过简单的"禁止追踪"设置，来拒绝网站获得用户的 cookies 信息，从而避免用户隐私的泄露。

微软在官方博客中，列出了 IE10 的十大优点：

（1）快。第三方测试机构 New Relic 称 IE10 是 Windows 平台上响应最快的浏览器。

（2）流畅。IE10 中的所有图片、视频和文本都实现了硬件加速。

（3）最适合触控操作。

（4）界面简单，以网页内容为中心。

（5）Windows 一体化。有了 IE10，你的网站和 Web 应用程序能像本地应用程序那样运行。

（6）更安全。根据 Forrester 的统计，IE10 是 Windows 上最安全的浏览器。第三方调研机构 NSS Labs 的数据显示，IE10 能拦截 99.1%的恶意软件。

（7）更加完善的管理和部署工具。IE10 为企业提供了更强大的管理和部署选项，例如，你可以使用 Windows Update、WSUS、系统中心配置管理器、组策略、网络文件夹部署 IE10。

（8）兼容性和可迁移性支持。

（9）支持现代标准。IE10 支持最新的 Web 标准，包括对现在的行业标准 HTML5、CSS3、SVG、ECMAScript5.1 的支持。

（10）节省开支。IE10 可以节省大量电力，因为 IE 能够更好利用电脑的硬件资源，比如利用显卡来加速网页渲染。

2．网页的基本浏览方法

在一个网页上，无论是文字还是图片都有可能隐藏着一个超级链接，当用鼠标指向它们时，鼠标指针会变为 形状，同时在屏幕下方的状态栏处会显示出这个超级链接的指向。这时，只要单击该处，就会打开此超级链接所指向的网页。若要在新窗口中打开此超级链接所指向的网页，则用鼠标右击该链接，在弹出的快捷菜单中选择"在新窗口中打开"选项。

3．InPrivate 浏览模式

为了更好的保护用户上网隐私，可以使用 InPrivate 浏览模式，这样可以阻止任何人使用您的计算机查看您访问过的网页和浏览过的内容。

采用 InPrivate 浏览模式需注意如下事项：

（1）InPrivate 浏览模式可使用户在 Web 上冲浪时不会在 Internet Explorer 中留下任何隐私信息痕迹。这有助于防止任何其他使用该计算机的人看到曾经访问了哪些站点，以及在 Web 上查看了哪些内容。用户可以从"新建选项卡"页面或通过"安全"按钮来启动 InPrivate 浏览。

（2）启动 InPrivate 浏览模式后，Internet Explorer 会打开一个新的浏览器窗口。InPrivate 浏览模式提供的保护仅在使用该窗口期间有效。用户可以在该窗口中根据需要打开尽可能多的选项卡，而且这些选项卡都将受到 InPrivate 浏览的保护。但是，如果打开了另一个浏览器窗口，则该窗口不受 InPrivate 浏览模式保护。若要结束 InPrivate 浏览会话，可关闭该浏览器窗口。

（3）当使用 InPrivate 浏览模式在网上冲浪时，Internet Explorer 会存储一些信息（如 Cookie 和临时 Internet 文件）以便访问的网页能正常工作。但是，在结束 InPrivate 浏览会话时，该信息将被丢弃。表 7-1-4 描述了关闭浏览器时，InPrivate 浏览将丢弃哪些信息以及在浏览会话中它将产生什么影响。

表 7-1-4　关闭浏览器时 InPrivate 浏览丢弃的信息及其影响

Cookie	保存在内存中，因此页面可以正常工作，但在关闭浏览器时，它们将被清除
临时 Internet 文件	存储在磁盘上，因此页面可以正常工作，但在关闭浏览器时，它们将被删除
网页历史记录	不会存储此类信息
窗体数据和密码	不会存储此类信息
防仿冒网站缓存	加密和存储临时信息，因此页面可以正常工作
地址栏和搜索自动完成	不会存储此类信息
自动崩溃还原（ACR）	在会话中选项卡崩溃时，ACR 可还原，但是如果整个窗口崩溃，则数据将被删除，窗口也无法还原
文档对象模型（DOM）存储	DOM 存储是一种开发人员用来保留信息的"超级 cookie"Web。与常规的 cookie 一样，它们在窗口关闭后也不会被保留

4．主要工具按钮的使用

："后退"按钮，单击一次，可重新显示当前网页的上一个页面，利用它可以一直退到最初的页面。

："前进"按钮，如果已经退到以前看过的页面，单击它可返回到当前网页的下一个页面，直到最近看过的页面。

："主页"按钮，无论何时单击它都转向访问默认主页。

："搜索"按钮，快速搜索地址栏中的内容。

："下拉"按钮，查看最近搜索的页面。

："停止"按钮，终止正在下载的网页。（选项卡上的 ，用于关闭选项卡）

："刷新"按钮，重新访问当前网页。

："查看收藏夹、源和历史记录"按钮：单击后，会打开有收藏夹、源和历史记录三个选项卡的窗格。

："工具"按钮，打开"工具"下拉菜单。

实训 1　网上冲浪

一、实训目的

1. 熟悉 IE 浏览器的功能。
2. 掌握 IE 浏览器的使用方法。
3. 掌握网上查看信息的方法。

二、实训内容

1. 启动 IE 浏览器
2. 启动 InPrivate 浏览模式
3. 在 IE 10 中增加或更改主页
4. 将 IE 10 的起始页设置为空白页
5. 漫游 Internet
6. 把网址添加到收藏夹
7. 保存网页文件
8. 保存网页中的图片
9. 用剪贴板转存
10. 加快网页的下载速度
11. 设置兼容性视图

三、实训步骤

1. 启动 IE 浏览器

◀步骤▶▶▶

（1）单击"开始"→ Internet Explorer 命令，如果是初次启动 IE10，则会弹出如图 7-1-6 所示的通知栏，让用户选择是否通过禁用加载项来提高浏览速度。

（2）单击"选择加载项"按钮，会弹出如图 7-1-7 所示的对话框，保留迅雷下载支持，其他都选择禁用。

通过禁用加载项来提高浏览速度。　　　　　　　　选择加载项(C)　稍后询问(A)　▼　×

图 7-1-6　禁用加载项提示框

图 7-1-7　"选择加载项"对话框

（3）单击"完成"按钮，即可启动浏览器并打开 IE 默认的主页（这里已设置为 http://cn.msn.com/），如图 7-1-8 所示。

图 7-1-8　IE10 的窗口

操作提示

> IE10 界面简洁，将菜单栏设置为隐藏，若用户需要菜单栏，可以用鼠标右键单击工具栏空白处，在弹出的快捷菜单中勾选"菜单栏"即可将"菜单栏"显示出来，勾选"在单独一行中显示选项卡"，则所有打开的"选项卡"单独显示在一行。
>
> 为了方便，用户可以将经常要访问的网站设置为 IE 浏览器的起始页，这样每次启动后，IE 打开的都是该网站的网页。如果要访问的网站不确定，可以将 IE 浏览器的起始页设置为空白页，这样每次启动后，IE 不打开任何网页。

2. 启动 InPrivate 浏览模式

〈步骤〉▶▶▶

（1）在 IE 浏览器中单击窗口右上角的"工具"图标，会弹出如图 7-1-9 所示的下拉菜单。

图 7-1-9　设置"InPrivate 浏览"

（2）选择"安全"→"InPrivate 浏览"命令，会打开如图 7-1-10 所示的 IE 浏览器窗口。

图 7-1-10　启动 InPrivate 浏览模式的浏览器窗口

（3）在浏览器的地址栏中输入要浏览的网址，即可进行 InPrivate 浏览（在 IE10 中，启用 InPrivate 浏览的网址前会有 InPrivate 图标）。

3．在 IE10 中增加或更改主页

◀步骤▶▶▶

（1）启动 IE 浏览器。

（2）单击"工具"图标 ⚙，选择"Internet 选项"命令，会弹出如图 7-1-11 所示的对话框。

图 7-1-11　"Internet 选项"对话框

（3）在"主页"列表框中输入网址（http://www.sina.com.cn）。

（4）单击"确定"按钮。

4．将 IE10 的起始页设置为空白页

◀步骤▶▶▶

（1）承接上例。在图 7-1-11 所示的对话框中单击"使用新选项卡"按钮，地址栏中将显示 about:Tabs 。

（2）单击"确定"按钮。

5．漫游 Internet

◀步骤▶▶▶

（1）启动 IE 浏览器。

（2）在地址栏中输入要访问网站的网址（如www.163.com），回车后，将显示该网站的网页。

（3）观察网页中的内容，选择一个自己感兴趣的内容，将鼠标指针指向它，当指针变为
形状时单击，即可看到在新窗口中打开的网页。

（4）若还要查看其他内容，单击网页中任意超级链接的标题文字，即可在多个窗口或同一个窗口中打开多个网页。

（5）如果重新查看在同一窗口中打开且访问过的网页，可单击 或 按钮来回切换。

（6）如果访问的网页下载速度太慢，可单击 按钮终止，然后再单击 按钮重新下载当前网页。

（7）如果要重新访问起始页，可单击 按钮。

6. 把网址添加到收藏夹

◀步骤▶▶▶

（1）单击"收藏"→"添加到收藏夹"命令，或单击窗口右上角的"收藏"按钮 并选择"添加到收藏夹"命令，会出现如图 7-1-12 所示的对话框。

图 7-1-12　"添加收藏"对话框

（2）单击"添加"按钮，即可将当前页面添加到收藏夹中。

（3）如果要修改保存网页的名字，可在"名称"文本框中输入新的名字。

（4）如果要保存在一个新的文件夹中，可单击"新建文件夹"按钮，会弹出如图 7-1-13 所示的对话框。

图 7-1-13　"创建文件夹"对话框

（5）在文本框中输入文件夹名，然后单击"创建"按钮。

（6）单击"添加"按钮。

7. 保存网页文件

◀步骤▶▶▶

（1）单击"工具"图标 并选择"文件"→"另存为"命令，会弹出"保存网页"对话框。

（2）在"保存类型"下拉列表框中选择要保存的类型，有四种保存类型可供选择，如图 7-1-14 所示。

图 7-1-14　"保存网页"对话框

（3）单击"保存"按钮。

8．保存网页中的图片

◀步骤▶▶▶

（1）右击网页中的图片，在弹出的快捷菜单中选择"图片另存为"命令，会弹出如图 7-1-15 所示的对话框。

图 7-1-15　"保存图片"对话框

（2）在"保存类型"下拉列表框中选择保存类型，其中有两种保存类型可供选择：JPEG （*.jpg）和位图（*.bmp）。

（3）单击"保存"按钮。

9. 用剪贴板转存

◀步骤▶▶▶

（1）选取要保存的文本或图片。

（2）右击选取的内容，在弹出的快捷菜单中选择"复制"选项。

（3）将复制的内容粘贴到目的地，如 Word 文档、记事本等。

10. 加快网页的下载速度

如果进行网上浏览的主要目的是获取文本信息，则可以屏蔽掉图片、声音、动画和视频等内容，以加快网页的下载速度。

◀步骤▶▶▶

（1）单击 IE 窗口右上角的"工具"图标🔧并选择"Internet 选项"命令，在弹出的对话框中单击"高级"选项卡，如图 7-1-16 所示。

图 7-1-16 "Internet 选项"对话框

（2）清除"在网页中播放动画"、"在网页中播放声音"、"在网页中播放视频"、"显示图片"复选框前的复选标志。

（3）单击"确定"按钮。

11. 设置兼容性视图

当浏览某些旧网站或某些用低级语言开发的新网站时，容易出现这样或那样的问题（如屏幕出现代码或函数等），可以通过设置兼容性视图解决。

步骤

（1）单击"工具"→"兼容性视图设置"命令，会弹出如图 7-1-17 所示的对话框中，勾选"在兼容性视图中显示 Intranet 站点"复选框。

（2）如果只想让某些网站实现兼容性显示，可在"添加此网站"下的文本框中录入要添加的网站，然后单击"添加"按钮。

（3）如果在打开网页时才发现兼容性出现问题，这时可不需要关闭网页，直接单击"工具"→"兼容性视图"命令（此后，该网站将会被自动保存到兼容性列表中，下次再登录这个页面，IE10 就会自动启用兼容性视图）。

图 7-1-17　"兼容性视图设置"对话框

操作提示

在 IE10 的"Internet 选项"中，还可以进行其他设置，例如删除临时文件、保存历史记录的天数、自定义安全级别、启用保护模式等。

7.2　搜索引擎的使用

基础知识

Internet 为我们提供了海量的信息，在网上搜索自己所需要的信息以满足写作、研究、娱乐及其他要求显得越来越重要。但如何高效地在浩如烟海的互联网信息中找到所需要的信息呢？方法有两种：一种是按网站的分类目录查询；另一种就是使用搜索引擎按关键字查询。

分类目录就是按地区、类别、性质等类别进行逐级分类，列出目录。这种分类可以逐渐缩小范围，直至查到所需要的信息。使用目录查询比较简单，只需确定要查找的目标所在的目录，然后一层层打开，逐步细化即可找到。

下面主要介绍搜索引擎的使用。

7.2.1　搜索引擎的含义

搜索引擎也是一个 WWW 网站，但它的主要资源是其索引数据库，而不是它的网页信息。搜索引擎周期性地在 Internet 上收集信息，并将这些信息分类存储在服务器的数据库中。当用户搜索信息时，搜索引擎便在数据库中查找相应信息。

搜索引擎是一种交互式的数据库检索系统，用来帮助我们方便地查询网上信息，用户可通过输入关键词来检索数据库中的信息。全世界的搜索引擎有数千个，对中国用户来说，使用较多的、比较著名的搜索引擎有：百度（http://www.baidu.com）、谷歌（http://www.google.com.hk）、360 搜索（http://www.so.com/）、搜狗（http://www.sogou.com/）、搜搜（http://www.soso.com/）、微软必应（http://cn.bing.com/）、新浪（http://search.sina.com.cn）、有道（http://www.youdao.com/）等，如图 7-2-1 所示是百度搜索引擎的主页。

图 7-2-1　搜索引擎示例

7.2.2　搜索引擎分类

搜索引擎按其工作方式可分为全文搜索引擎、目录索引类搜索引擎和元搜索引擎 3 种。

1．全文搜索引擎

全文搜索引擎是通过从互联网上提取各个网站的信息（以网页文字为主）而建立的数据库中，检索与用户查询条件匹配的相关记录，然后按一定的排列顺序将结果返回给用户，因此它们是真正的搜索引擎，如国内著名的有百度。

2．目录索引搜索引擎

目录索引仅仅是按目录分类的网站链接列表，它虽然有搜索功能，但在严格意义上算不上是真正的搜索引擎。用户完全可以不用进行关键词查询，仅靠分类目录也可找到需要的信息。目录索引类搜索引擎中最具代表性的有雅虎、搜狐、新浪、网易等。

3．元搜索引擎

元搜索引擎在接受用户查询请求时，同时在其他多个引擎上进行搜索，并将结果返回给用户。中文元搜索引擎中最具代表性的有搜星搜索引擎。

7.2.3　搜索引擎的查询技巧

搜索引擎的最大用途就是搜索信息，其使用方法是在输入框内输入要查找内容的关键字或词，再按搜索按钮即可。用这种方法检索会找到许多相关内容，为了提高检索的精确度，检索时应尽可能用进阶检索语法来检索，这样可以得到更精确的检索结果。但不同的搜索引擎，其进阶检索语法也不尽相同，下面简单介绍百度搜索引擎的使用方法。

1．模糊查询

模糊查询又称为"智能查询"。在搜索引擎中输入关键词，然后点击"搜索"按钮即可，系统很快会返回查询结果，这是最简单的查询方法，使用方便，但是查询的结果却不准确，可能包含着许多无用的信息。"模糊查询"是与"精准查询"相对应的一个概念，顾名思义，是指搜索系统自动按照用户输入关键词的同义词进行模糊检索，从而得出较多的检索结果。用户可以输入几个同义词，同义词之间用空格分开可以实现模糊查询。

2．精确查询

给要查询的关键词加上半角状态的双引号，可以实现精确的查询。这种方法在查找专有名词时非常有用，它要求查询结果要精确匹配，不包括演变形式。例如，在搜索引擎的文字框中输入："电传"，它就会返回网页中有"电传"这个关键字的网址，而不会返回诸如"电话传真"之类的网页。

除了使用双引号之外，还可以使用加号（+）、减号（-）、双引号（""）、书名号（《》）等，作为短语连接符。

3．逻辑查询

仅仅使用一个关键字查询不能有效缩小范围，大多数搜索引擎都提供了逻辑查询功能。多个关键字之间存在"非"、"与"、"或"的逻辑关系，使得搜索结果更符合用户的需求。

用逻辑"非"减除无关资料。一般用减号"-"实现逻辑"非"，减号之前必须留一个空格。如要搜索手机中不含华为的信息，则可以输入"手机-华为"。

用逻辑"与"缩小范围。输入更多的关键字可以缩小查询范围。它们之间用"+"或是空格表示逻辑"与"。如要仅仅搜索华为的信息，则可以输入"手机+华为"。

用逻辑"或"加强搜索。在关键字之间输入"|"，则表示关键字两边至少有一个出现在搜索结果中。

4．使用元词检索

大多数搜索引擎都支持"元词"（metawords）功能，依据这类功能用户把元词放在关键词的前面，这样就可以告诉搜索引擎你想要检索的内容具有哪些明确的特征。例如，在搜索引擎中输入"新闻 intitle:2014 年冬季奥运"，就可以查到网页标题中带有 2014 年冬季奥运的新闻网页。在键入的关键词后加上"domain:org"，就可以查到所有以 org 为后缀的网站。

其他元词还有：image:（用于检索图片）、link:（用于检索链接到某个选定网站的页面）、inurl:（用于检索地址中带有某个关键词的网页）、site:（用于将搜索范围限定在特定的站点中）、Filetype:（用于限定查询词出现在指定的文档中，支持文档格式有 pdf、doc、xls、ppt、rtf、all）。

实训 2　信息搜索

一、实训目的

1．熟悉如何在网上查找所需要的信息。
2．掌握搜索引擎的使用。

二、实训内容

1．搜索"迅雷 7 下载"信息
2．包含特定关键字的搜索
3．不包含特定关键字的搜索
4．在指定的站点中搜索信息
5．在指定的网页标题中搜索信息
6．在指定的文档格式中搜索信息

三、实训步骤

1．搜索"迅雷 7 下载"信息

◀步骤▶▶▶

（1）打开 IE 浏览器，在地址栏中输入 http://www.baidu.com 并回车，将显示百度主页。

（2）采用模糊查询方式。在百度主页的文本框中输入关键词：迅雷 7 下载，回车或单击"百度一下"按钮，会显示如图 7-2-2 所示的搜索结果。

图 7-2-2　在百度中模糊查询的结果

（3）采用精确查询方式。在百度搜索引擎的文本框中输入关键词："迅雷 7 下载"（注意：关键词要加上半角双引号），回车或单击"百度一下"按钮，会显示如图 7-2-3 所示的搜索结果。

图 7-2-3　在百度中精确查询的结果

2．包含特定关键字的搜索

【实例】搜索只包含电影内容的"手机"的信息。

◀步骤▶▶▶

（1）打开 IE 浏览器，在地址栏中输入 http://www.baidu.com 并回车，将显示百度主页。

（2）在百度搜索引擎的文本框中输入：手机 +电影，回车或单击"百度一下"按钮，会显示如图 7-2-4 所示的搜索结果。

图 7-2-4　在百度中使用加号查询的结果

3．不包含特定关键字的搜索

【实例】搜索不包含电影内容的"手机"的信息。

◀步骤▶▶▶

（1）打开 IE 浏览器，在地址栏中输入 http://www.baidu.com 并回车，将显示百度主页。

（2）在百度搜索引擎的文本框中输入：手机-电影，回车或单击"百度一下"按钮，会显示如图 7-2-5 所示的搜索结果。

图 7-2-5　不包含特定关键字的搜索

4．在指定的站点中搜索信息

【实例】在 sohu 网站中搜索 iPhone5s 视频。

《步骤》》》

（1）打开 IE 浏览器，在地址栏中输入 http://www.baidu.com 并回车，将显示百度主页。

（2）在百度搜索引擎文本框中输入：iPhone5s 视频 site:sohu.com（注意："site:"后面跟的站点域名不要带"http://"，且"site:"和站点名之间，不要带空格）。

（3）按回车键或单击"百度一下"按钮，会显示如图 7-2-6 所示的搜索结果。

图 7-2-6　在指定的站点中搜索视频信息

5．在指定的网页标题中搜索信息

【实例】搜索标题中有"2014 年冬季奥运"的相关新闻信息。

《步骤》》》

（1）打开 IE 浏览器，在地址栏中输入：http://www.baidu.com，并回车，将显示百度主页。

（2）在百度搜索引擎的文本框中输入：新闻 intitle:2014 年冬季奥运，回车或单击"百度一下"按钮，会显示如图 7-2-7 所示的搜索结果。

6．在指定的文档格式中搜索信息

【实例】搜索"Office 2013 教程"的 Word 文档和 PDF 文件。

《步骤》》》

（1）打开 IE 浏览器，在地址栏中输入 http://www.baidu.com 并回车，将显示百度主页。

（2）在百度搜索引擎的文本框中输入：Office 2013 教程 filetype:doc，回车或单击"百度一下"按钮，会显示如图 7-2-8 所示的搜索结果。

（3）在百度搜索引擎的文本框中输入：Office 2013 教程 filetype:pdf，回车或单击"百度一下"按钮，会显示如图 7-2-9 所示的搜索结果。

图 7-2-7　在指定的网页标题中搜索新闻信息

图 7-2-8　搜索指定内容的 DOC 文档

图 7-2-9　搜索指定内容的 PDF 文件

7.3　下载软件使用

7.3.1　文件上传和下载

1．上传文件

最直接的方法就是通过 FTP 文件传输服务协议，从远程登录服务器，然后将本机的文件复制粘贴到远程计算机上即可实现文件上传。

2．下载文件

（1）http 下载。在搜索到待下载文件的下载地址后，右击下载地址，单击"另存为"命令即可下载文件到本地。这种下载不需要用户 ID 和密码。

（2）FTP 下载。使用 FTP 协议从 FTP 站点下载文件。这种下载方式首先要登录 FTP 站点（可能需要输入用户 ID 和密码才能登录），然后直接将需要下载的文件从 FTP 站点拖到本机上即可。

（3）P2P 下载。P2P（Point to point）是点对点下载，在下载的同时，自己的电脑还要继续做主机上传。使用 BT 下载和电驴 eMule 下载都属于这种下载方式。

7.3.2　常用下载软件介绍

1．FlashGet

网际快车 FlashGet 是目前较流行的网络文件下载软件之一，能高速、安全、便捷地下载电影、音乐、游戏、视频、软件、图片等。它较好地解决了下载速度和下载后文件管理的问题。FlashGet 具有以下特点：

（1）支持断点续传。如果在下载过程中因程序出错或中途断线等意外原因造成下载任务中断，下一次下载时，不需要重新开始下载任务，而是从断点处接着下载。

（2）采用多线程技术，把一个文件分割成几个部分同时下载，从而成倍地提高下载速度。

（3）它可以为下载文件创建不同的类别目录，从而实现下载文件的分类管理，且支持拖拽、更名、查找等功能。

FlashGet 是一个免费软件，目前的最新版本是 FlashGet3.7，与以往版本相比，具有如下优势：

（1）优化了 P4S 下载内核，P4S 全面支持 HTTP、FTP、BT、eMule 等多种协议。P2P 和 P2S 无缝兼容，全面支持 BT、HTTP、eMule 及 FTP 等多种协议。智能检测下载资源，HTTP/BT

下载切换无须手工操作。One Touch 技术优化 BT 下载，获取种子文件后自动下载目标文件，无须二次操作。

（2）新增对 360 安全浏览器、傲游 2、世界之窗 3 的支持，完善对 Firefox 的支持。

（3）修正任务数量较多时，内存消耗过大的问题，解决部分用户反映任务数上万导致数据异常的问题。

（4）增强的文件管理和界面：文件自动分类、分组管理、下载任务备份到网络，真正成为下载管理器。即时换肤系统，内置皮肤管理器，在线下载，随时换肤。

（5）崭新的资源中心，开放式扩展：影视热播，游戏地带，热门软件，精彩小游戏，热门大片首播。基于车牌的好友系统，每位快车用户享有独特的车牌号作为身份标志，通过车牌可以在车库中与车友共享资源、积攒下载积分、拍车牌等。视频预览，下载完成前即可进行观看，预知影片清晰度。

网际快车软件下载后，双击安装文件开始安装，一路单击 Next 按钮即可完成安装。安装完成后，IE 浏览器的工具栏上会增加一个 FlashGet 图标。

2．迅雷下载软件

迅雷使用的多资源超线程技术基于网格原理，能够将网络上存在的服务器和计算机资源进行有效的整合，构成独特的迅雷网络，通过迅雷网络各种数据文件能够以最快的速度进行传递。多资源超线程技术还具有互联网下载负载均衡功能，在不降低用户体验的前提下，迅雷网络可以对服务器资源进行均衡，有效降低了服务器负载。

3．BitComet

BT（Bit Torrent）其中文意思是"比特流"。BT 下载采用的是一种 P2P（Peer to Peer）"点对点"下载方式，这是一种新的获取信息的方式。每个人既是信息的获得者，同时也是信息的提供者，用户的电脑既是客户端，也是服务器。这是一个彻底"去中心化"的信息交换架构。

4．eMule 电驴

eMule 电驴是 Merkur 从 2002 年 5 月开发的一个 P2P 下载客户端工具，eMule 基于 eDonkey 网络协议，因此能够直接登录 eDonkey 支持的各类服务器。

实训 3　信息下载

一、实训目的

1．掌握在 IE 浏览器中下载信息的方法。

2．熟悉 FlashGet 的启动方式。
3．掌握 FlashGet 的文件下载方法。
4．掌握迅雷 7 软件的文件下载方法。

二、实训内容

1．使用浏览器直接下载 FlashGet 软件
2．FlashGet 的启动
3．使用 FlashGet 下载"美图秀秀"软件
4．查看类别属性
5．创建新的子类别
6．分类规则设置
7．下载设置

三、实训步骤

1．使用浏览器直接下载 FlashGet 软件

步骤

（1）打开百度主页。
（2）在搜索框中输入 FlashGet，单击"百度一下"按钮，会出现如图 7-3-1 所示的窗口。

图 7-3-1　搜索结果窗口

（3）在搜索结果中，如果单击第 1 条结果的链接，则可进入"网际快车"官方网站，如图 7-3-2 所示。

图 7-3-2　网际快车官方网站首页

（4）单击"免费下载最新版本"按钮，则会出现如图 7-3-3 所示的通知栏。

图 7-3-3　在通知框中选择下载的方式

（5）单击"运行"按钮，会出现如图 7-3-4 所示的对话框。

图 7-3-4　文件下载进度对话框

（6）下载完成后，会弹出如图 7-3-5 所示的界面。

图 7-3-5　FlashGet 安装界面

（7）单击"我接受"按钮，然后，按照屏幕提示一步一步地将 FlashGet 安装在本地计算机中。

2．FlashGet 的启动

步骤

方法 1：从"开始"菜单启动。单击"开始"→ 　启动快车(FlashGet)，会出现如图 7-3-6 所示的界面。

图 7-3-6　FlashGet 3.7 的主界面

方法 2：从右键菜单启动。右击网页中的下载链接点，在弹出的快捷菜单中选择"使用网际快车 3 下载"命令。

方法 3：双击桌面上的 FlashGet 快捷方式图标。

計算機应用基础实例教程（Windows 7+Office 2010）

操作提示

　　　　主界面的左侧是类别文件夹，它包括三个默认的类别：正在下载、
完成下载和回收站。单击"正在下载"文件夹后，在任务栏中可以看见
正在下载的文件名、大小、完成数、速度、剩余时间等信息。

3. 使用 FlashGet 下载"美图秀秀"软件

◀步骤▶▶▶

（1）打开百度主页，在搜索框中输入"美图秀秀"，单击"百度一下"按钮，出现如图
7-3-7 所示的窗口。

图 7-3-7　搜索"美图秀秀"的结果

　　（2）在搜索结果中，单击第 1 个链接点后进入美图官方网站的首页，右击首页中的"立
即下载"按钮，在弹出的快捷菜单中选择"使用快车 3 下载"，会弹出如图 7-3-8 所示的页面。

图 7-3-8　"美图秀秀"的下载页面

　　（3）单击"立即下载"按钮，会出现如图 7-3-9 所示的下载任务窗口。

图 7-3-9　正在下载窗口

（4）当任务下载完毕，文件会被自动保存在"完成下载"类别（即 f:\Downloads\software）中。

（5）单击"完成下载"类别，观察右侧窗格中已下载的任务列表。

4．查看或更改类别属性

《步骤》

（1）打开 FlashGet 的主窗口。

（2）在"完成下载"目录下右击"软件"类别，在弹出的快捷菜单中选择"属性"命令，弹出如图 7-3-10 所示的对话框。

（3）观察"软件"类别的默认目录。

（4）单击"浏览"按钮可以改变默认目录。

（5）单击"确定"按钮。

图 7-3-10　"属性"对话框

操作提示

> FlashGet 最实用的功能之一就是对下载文件进行归类管理。它使用类别的概念来管理下载的文件，每种类别可指定一个文件夹，当所有下载任务完成后，便存放到该类别所指定的文件夹中。
>
> FlashGet3.7 默认创建的三个类别是"正在下载"、"完成下载"和"回收站"，默认的文件夹为安装软件时设置的目录，本文为 D:\Downloads。
>
> 在"正在下载"类别中，存放所有未完成的下载任务。
>
> 在"完成下载"类别中又分为若干个子类别，存放所有已完成的下载任务。
>
> 在"回收站"类别中，存放被删除的任务，要将它们真正地删除，必须在"回收站"类别中再进行一次删除，这和 Windows 回收站的功能类似。
>
> 用户还可以在某类别下创建任意数目的类别和子类别。在 FlashGet 中，下载的文件存放的类别可以随时改变，具体的文件也可以在文件夹之间移动。

5. 创建新的子类别

【实例】在 FlashGet 的"完成下载"类别中创建"资料"类别，再在"资料"类别中创建两个新的子类别"图片"和"学习资料"。

◀步骤▶▶▶

（1）在 FlashGet 主窗口中右击"完成下载"类别，在弹出的对话框中选择"新建分类"命令，会弹出如图 7-3-11 所示的对话框。

（2）在"名称"文本框中输入"资料"，"目录"文本框中会自动显示"D:\Downloads\资料"，单击"确定"按钮。

图 7-3-11　创建新类别示例

（3）在 FlashGet 主窗口中右击刚创建的"资料"类别，用同样的方法完成"图片"和"学习资料"类别的创建。

6. 查看或更改分类规则

◀步骤▶▶▶

（1）在 FlashGet 的主窗口中单击"工具"菜单项→"选项"命令，会弹出"选项"对话框。

（2）单击"任务管理"→"分类规则"命令，会打开如图 7-3-12 所示的对话框。

图 7-3-12　"分类规则"对话框

（3）用户可以根据需要对下载对象进行分类，可以编辑或添加或删除相应的规则。

7．下载设置

◀步骤▶▶▶

（1）在 FlashGet 的主窗口中单击"工具"→"选项"命令，会弹出"选项"对话框。

（2）单击"下载设置"→"速度设置"命令，会打开如图 7-3-13 所示的对话框。

图 7-3-13　"速度设置"对话框

（3）在对话框中可以设置上传和下载速度，还可以设置最多同时进行的任务数。

（4）单击 HTTP/FTP 选项，可以设置连接超时重试。

（5）单击 BT 选项，可以设置 BT 下载端口等参数，如图 7-3-14 所示。

图 7-3-14　BT 下载设置对话框

（7）单击左侧 eMule 可以进行 eMule 连接设置。

（8）设置完成后，单击"确定"按钮。

7.4 压缩软件 WinRAR 简介

基础知识

压缩软件是为了使文件变得更小以便于交流而诞生的。为了减少存储空间和信息在网上的传输量，我们从网上下载的文件多数都是经过压缩处理的。压缩的文件在使用前要先进行解压处理。目前较流行的解压缩软件有 WinRAR、WinZip 等。

WinRAR 是在 Windows 的环境下对.rar 格式的文件（经 WinRAR 压缩形成的文件）进行管理和操作的一款优秀的压缩软件。WinRAR 的一大特点是支持很多压缩格式，除了.rar 和.zip 格式（经 WinZip 压缩形成的文件）的文件外，WinRAR 还可以为许多其他格式的文件解压缩。同时，使用这个软件也可以创建自解压可执行文件。

从许多网站都可以下载这个软件，本节使用的是 WinRAR_5.01 中文版。

技能训练

实训 4 压缩软件 WinRAR 的使用

一、实训目的

1. 掌握 WinRAR 压缩文件的方法。
2. 掌握 WinRAR 解压缩文件的方法。

二、实训内容

1. WinRAR 的安装
2. 将文件压缩到当前目录
3. 将文件压缩到指定目录
4. 查看压缩包中的文件
5. 分卷压缩

6. 创建自解压文件
7. 解压缩文件
8. 解压缩部分文件
9. 设置压缩文件的密码

三、实训步骤

1. WinRAR 的安装

步骤 ▶▶▶

（1）在相关网站下载 WinRAR 软件。

（2）双击下载的压缩包 wrar501sc.exe 文件，会出现如图 7-4-1 所示的中文安装界面。

（3）选择好安装的目录后，此处采用默认路径，单击"安装"按钮即可开始安装。

（4）安装到最后，会出现如图 7-4-2 所示的 WinRAR 安装选项界面。

图 7-4-1 WinRAR 中文安装界面   图 7-4-2 WinRAR 安装选项界面

（5）单击"确定"按钮，会弹出如图 7-4-3 所示的安装完成界面。

图 7-4-3 WinRAR 安装完成界面

（6）单击"完成"按钮，整个 WinRAR 的安装就完成了。

（7）WinRAR 安装完成后，在 Windows 资源管理器中右击任意文件，便可在弹出的快捷菜单中看到四种 WinRAR 压缩命令如图 7-4-4 所示。

图 7-4-4　右键快捷菜单中的压缩文件命令

2. 将文件压缩到当前目录

【实例】将选定的"素材"文件夹压缩到当前目录中。

步骤

（1）选定要压缩的文件。

（2）右击选定的文件，在弹出的快捷菜单中选择 **添加到 "素材.rar"(T)** 命令，会弹出如图 7-4-5 所示的对话框，并开始压缩文件。

图 7-4-5　正在创建压缩文件界面

（3）压缩完毕，可在当前目录中看到已压缩的文件包 素材.rar 。

> 当右击选定文件时，WinRAR 压缩命令（四种方式）会出现在如图
> 7-4-4 所示的快捷菜单中，含义如下：
> - 添加到压缩文件：单击后，会出现对话框，用户可以选择将文件压缩到指定的压缩文件中，同时还可以设置相关的参数。
> - 添加到"素材.rar"：单击后，不会出现对话框，而是直接将文件压缩到当前目录下名为"素材.rar"的档案文件中，若该文件不存在，则新建该档案文件。
> - 压缩并 Email：与第一个命令类似，不同的是会把压缩文件作为邮件发送给收件者。
> - 压缩到"素材.rar"并 Email：与第二个命令类似，不同的是会把压缩文件作为邮件发送给收件者。

操作提示

3. 将文件压缩到指定目录

【实例】将选定的文件压缩到 D:\，并将压缩后的文件命名为"素材备份"。

步骤

（1）选定要压缩的文件。

（2）右击选定的文件，在弹出的快捷菜单中选择"添加到压缩文件"命令，会弹出如图 7-4-6 所示的对话框。

图 7-4-6　"压缩文件名和参数"对话框

（3）在"压缩文件名"文本框中输入"D:\素材备份.rar"，如果压缩包文件在磁盘上已存在，则会将要压缩的文件添加到该压缩包文件中；如果不存在，则会新创建这个压缩包文件。

（4）单击"浏览"按钮，选择压缩包文件保存在磁盘上的具体位置和名称。

（5）单击"确定"按钮，在 D 盘根文件夹中可以查看到压缩包文件 素材备份.rar 。

操作提示

> 在图 7-4-6 所示的对话框中，其他参数的含义如下：
>
> - 配置：是指根据不同的压缩要求选择不同的压缩模式，不同的模式会提供不同的配置方式。
> - 档案文件类型：选择生成的压缩文件是 RAR 格式（经 WinRAR 压缩形成的文件）还是 ZIP 格式（经 WinZip 压缩形成的文件）。
> - 更新方式：一般用于以前曾压缩过的文件，现在由于更新等原因需要再压缩时进行的选项。
> - 存档选项：最常用的是"存档后删除源文件"和"创建自释放格式档案文件"。前者是在建立压缩文件后删除原来的文件；后者是创建一个 EXE 可执行文件，以后解压缩时可以脱离 WinRAR 软件自行解压缩。
> - 压缩方式：对压缩的比例和压缩的速度进行选择，由上到下选项的压缩比例越来越大，但速度越来越慢。
> - 分卷，字节数：当压缩后的大文件需要用若干张盘存放时，可以选择压缩包分卷的大小。例如，要刻录到光盘上时，可以选择 650m-CD-650M、700m-CD-700M。

4. 查看压缩包中的文件

步骤

（1）找到压缩包文件。

（2）双击压缩包文件的图标，会出现如图 7-4-7 所示的 WinRAR 的主界面，其中将显示该压缩包内的所有文件。

图 7-4-7 查看压缩包内的文件

（3）双击压缩包中的"素材"文件夹，会打开另一个窗口显示其内容，如图 7-4-8 所示。

图 7-4-8　查看压缩包内的文件夹中的内容

操作提示

　　WinRAR 会把压缩文件作为一个文件夹来管理，在它的文件列表中，如果双击一个 RAR 文件，可以像查看文件夹一样查看压缩包内部的文件，而且还可以选择这些文件进行解压缩。

　　如果压缩包内的文件是关联设置的文件（如 DOC、BMP、XLS 等类型），则无须解压，直接双击就可以打开该文件，但这时打开的文件是写保护状态的。若要保存修改的结果，则需要用"另存为"命令保存为其他相应的文件。

5．分卷压缩

【实例】将较大的文件分卷压缩。

步骤

（1）选定要压缩的文件。

（2）右击选定的文件，在弹出的快捷菜单中选择"添加到压缩文件"命令。

（3）在弹出的对话框中，在"压缩为分卷，大小"下拉列表框中选择 5M。

（4）单击"确定"按钮，会在当前目录下保存分卷压缩后的压缩文件，如图 7-4-9 所示。

图 7-4-9　分卷压缩后的文件

6．创建自解压文件

步骤

方法 1：

（1）选定要压缩的文件。

（2）右击选定的文件，在弹出的快捷菜单中选择"添加到压缩文件"命令。

（3）在弹出的对话框中勾选"压缩选项"区域中的"创建自解压格式压缩文件"复选项。

（4）单击"确定"按钮，会在当前目录下创建一个扩展名为 exe 的可执行程序 素材.exe。

方法2：

（1）双击已压缩的档案文件，打开 WinRAR 的主界面。

（2）单击工具栏中的 自解压格式 按钮，会出现如图 7-4-10 所示的对话框。

图 7-4-10　"自解压格式"选项卡

（3）单击"确定"按钮，即可创建自解压压缩文件。

7．解压缩文件

（步骤）

（1）右击要解压缩的文件（这里是"素材.rar"）。

（2）在弹出的快捷菜单中，可根据需要选择 解压到当前文件夹(X) 或 解压到 素材\(E) 命令，会出现如图 7-4-11 所示的对话框。

（3）如果选择 解压文件(A)... 命令，则会弹出如图 7-4-12 所示的对话框。

（4）在"目标路径"中可以输入解压文件的目标路径，此处采用默认路径，单击"确定"按钮进入解压界面。

（5）在当前目录中，可以看到被释放的文件保存在"素材"文件夹中。

（6）双击"素材"文件夹，可以看到从压缩包中被解压出的文件。

图 7-4-11　解压缩文件

图 7-4-12　解压路径和选项对话框

8．解压缩部分文件

(步骤)▶▶▶

（1）双击要解压缩的文件，会出现 WinRAR 的主界面。

（2）从文件列表中选择一个或部分文件。

（3）将选中的文件拖动到目的地；或者单击工具栏中的 按钮，在弹出的对话框中指定目标路径，然后单击"确定"按钮，即可实现解压缩部分文件。

9．设置压缩文件的密码

(步骤)▶▶▶

（1）选定要压缩的文件。

（2）右击选定的文件，在弹出的快捷菜单中选择 解压到当前文件夹(X) 命令，会弹出"压缩文件名和参数"对话框。

（3）在对话框中单击"设置密码"按钮，会弹出如图 7-4-13 所示的对话框。

（4）在"输入密码"文本框中输入密码，并勾选"加密文件名"复选项。

（5）单击"确定"按钮（进行密码设置后的压缩文件，需要特定的密码才能解压缩）。

图 7-4-13　设置压缩文件密码

7.5 收发电子邮件

基础知识

7.5.1 什么是电子邮件

电子邮件（E-mail）是通过计算机网络发送和接收的信件。它具有发送速度快、发送信息多样化、收发方便高效等特点。

要收发电子邮件必须具备以下条件：

（1）接入网络。

（2）安装专门的收发电子邮件的软件，如 Outlook Express、Microsoft Outlook、Foxmail 等。

（3）申请一个电子邮件信箱。电子邮件信箱就是在服务器中开辟的一块硬盘空间，用以保存收到的邮件，以便用户以后阅读和处理。

7.5.2 收发电子邮件的基本原理

电子邮件的收发是通过电子邮件服务器来完成的。每个 ISP 都设有电子邮件服务器，用户可以向 ISP 申请一个电子信箱。当用户的电子邮件到来时，ISP 服务器将电子邮件移到用户的电子信箱内并通知用户有新的电子邮件。电子邮件的收发过程如下：

（1）从用户计算机发送到 ISP 的邮件服务器。

（2）通过 Internet 传送到收件人的 ISP 邮件服务器。

（3）最终到达收件人的计算机。

在整个过程中，ISP 邮件服务器起着"邮局"的作用，它可以管理众多用户的电子信箱。

电子邮件在发送与接收过程中都要遵循 SMTP（简单邮件传输协议）和 POP3（邮局协议3）或 IMAP（Internet 消息访问协议）协议，这些协议确保了电子邮件在各种不同系统之间的传输。SMTP 协议适用于主机与主机间的电子邮件交换。POP3 协议和 IMAP 协议都用于接收电子邮件。它们的区别是：如果 ISP 使用 POP3 服务器来接收邮件，那么当用户访问信箱时，所有电子邮件将自动下载到硬盘中并从服务器上被删除。其好处是：电子邮件被存储在本地磁盘中，以便脱机阅读和整理。如果 ISP 使用 IMAP 来接收电子邮件，那么当用户访问信箱时，电子邮件仍然驻留在邮件服务器中，用户可以在邮件服务器的文件夹中阅读、存储和组织电子邮件，而不需要将电子邮件下载到本地磁盘中。其好处是：用户可以在任何一台连接邮件服务器的计算机上查看电子邮件。

7.5.3　电子邮件地址的构成

与传统的收发邮件相似，要进行正常的电子邮件的接收和发送，需要一个全世界唯一的电子邮件地址。电子邮件地址的格式通常为"用户名@域名"，其中用户名是由用户自己取的名字，由英文字母开头的字母或数字及一些特定符号组成；域名是某 ISP 的主机地址；中间的符号@读作"at"，表示用户在某台主机上有一个信箱。例如 ahead@163.com 就是一个有效的电子邮件地址。

7.5.4　申请电子邮箱

要得到电子邮箱需要向网络管理部门申请。如果你是利用电话拨号入网的用户，在办理入网手续时，网络管理部门 ISP 会提供一个电子邮件地址；如果你是通过局域网登录 Internet 的用户，则可以向本地网络管理中心申请邮箱。还有一种最常用的申请方法是在 Internet 上申请邮箱。许多网站都提供免费和付费的电子邮件服务，如新浪、163、雅虎等网站。

7.5.5　收发邮件的方式

电子邮件的收发有两种方式：一是直接利用网站提供的邮箱收发电子邮件；二是利用专门的邮件软件来收发邮件，如 Microsoft Office Outlook、Foxmail、Windows Live Mail 等。

Windows 7 中默认不随操作系统安装电子邮件客户端，但是提供了去获取 Windows Live Mail 客户端的链接。Windows Live Mail 是非常好用的免费电子邮件服务，本节主要介绍如何用它来收发邮件。

技能训练

实训 5　用 Windows Live Mail 收发电子邮件

一、实训目的

1. 会申请电子邮箱。
2. 会使用 Live Mail 来收发和管理邮件。

二、实训内容

1. 申请一个免费电子邮箱
2. 安装 Windows Live Mail
3. 添加邮件账户
4. 接收和阅读邮件
5. 撰写并发送邮件
6. 设置邮件账户属性

三、实训步骤

1. 申请一个免费电子邮箱

【实例】本操作以申请一个 163 免费邮箱为例来说明邮箱申请过程，在申请其他免费邮箱时，其申请过程大同小异。

◀步骤▶▶▶

（1）启动 IE 浏览器。
（2）在地址栏中输入网址（http://www.163.com）并回车，出现如图 7-5-1 所示的页面。

图 7-5-1　打开的网易主页

（3）单击"注册免费邮箱"按钮，进入如图 7-5-2 所示的填写注册信息页面。
（4）填写用户名、密码、验证码信息，单击"服务条款和隐私权相关政策"，查看"服务条款"等内容，无异议就在"服务条款和隐私权相关政策"之前的方框内打勾，同意条款。然后单击"立即注册"按钮。
（5）再次按照提示填写服务器端的验证码，之后就注册成功，进入了 163 免费邮箱主界面。

图 7-5-2　注册邮箱页面

图 7-5-3　进入到 163 邮箱的界面

2．安装 Windows Live Mail

◀◀步骤▶▶▶

（1）单击"开始"→"控制面板"，单击"入门"命令，会弹出如图 7-5-4 所示的窗口（需要切换到小图标或大图标方式）。

图 7-5-4　"入门"窗口

（2）双击"联机获取 Windows Live Essentials"选项，即可前往 Windows 软件包下载页面。

（3）单击"立即下载"按钮，会弹出如图 7-5-5 所示的通知栏。

图 7-5-5　Windows 软件包下载页面

（4）单击"运行"按钮，会弹出如图 7-5-6 所示的对话框。

图 7-5-6　获取 Windows 软件包

（5）单击 → 安装所有 Windows 软件包(推荐) 选项，会弹出如图 7-5-7（左）所示的对话框。

（6）安装完成后，会弹出如图 7-5-7（右）所示的对话框。

图 7-5-7 安装 Windows 软件包

（7）单击"关闭"按钮，便可开始使用 Windows 软件包。

3．添加邮件账户

【实例】把先前申请的邮箱 cqcethuan@163.com 添加到 Windows Live Mail 中，然后再将现有的邮箱（如 lw.duan@163.com 和 563214680@qq.com）添加到 Windows Live Mail 中。

《步骤》▶▶▶

（1）单击"开始"→"所有程序"→Windows Live Mail 命令，首次启动时会弹出"是否接受 Microsoft 协议"界面，单击"接受"按钮，进入如图 7-5-8 所示的对话框。

图 7-5-8 添加账户界面

（2）按图所示输入电子邮件账户、密码和发件人显示姓名。

（3）如果勾选"手动配置服务器设置"复选框，则单击"下一步"按钮会进入配置服务器设置界面，如图 7-5-9 所示。

（4）按图 7-5-9 所示设置各项参数。

图 7-5-9　配置邮件服务器界面

（5）单击"下一步"按钮，再单击"完成"按钮，即可进入 Windows Live Mail 主界面。

（6）如果要再添加一个账户，则切换到"账户"选项卡，单击"电子邮件"按钮会打开如图 7-5-10 所示的对话框。

图 7-5-10　添加账户

（7）按图中所示设置参数。此处，不勾选"手动配置服务器"复选框，Windows Live Mail会自动配置服务器设置。

（8）单击"下一步"按钮，会弹出设置完成的对话框，再单击"完成"按钮。

（9）重复第（6）～（8）步，将另一个电子邮件账户添加到 Windows Live Mail，如图7-5-11 所示。

图 7-5-11　Windows Live Mail 主窗口

注意

　　为了保障用户邮箱的安全，QQ 邮箱提供了 POP3/IMAP 和 Exchange 服务的开关。系统缺省设置是"关闭"的，在用户需要这些功能时需"开启"这些服务。否则 Windows Live Mail 无法通过该账户接收和发送邮件。开启这些服务的方法如图 7-5-12 所示。

图 7-5-12　开启 QQ 邮箱的 POP3 服务

4．接收和阅读邮件

【实例】接收 lw.duan@163.com 邮箱中的邮件。

◀步骤▶▶▶

　　（1）启动 Windows Live Mail 后，系统将自动与邮件服务器连接，把所有的新邮件下载到"收件箱"中，并在其旁显示收到的新邮件总数。

（2）如果在使用 Windows Live Mail 的过程中要检查是否有新邮件，则在"开始"选项卡中，单击"工具"组中"发送/接收"按钮旁的下三角形，会弹出如图 7-5-13（左）所示的下拉菜单，单击 163 (lw.duan) 命令，开始接收该邮箱中的新邮件，如图 7-5-13（右）所示。

图 7-5-13　接收邮件

（3）邮件接收完毕，在 Windows Live Mail 主窗口可以查看邮件，如图 7-5-14 所示。

图 7-5-14　查看接收的邮件

（4）选择收件箱，在邮件列表窗格单击一个邮件，会在阅读窗格显示邮件内容。

（5）双击一个邮件，会打开如图 7-5-15 所示窗口显示邮件内容。

图 7-5-15　阅读邮件内容

（6）单击"导航"组中的 ⬆上一封邮件 和 ⬇下一封邮件 按钮，可依次阅读邮件。

5．撰写并发送邮件

【实例】撰写一份主题为"通知"的邮件，内容为"各位老师：请在第 20 周内完成成绩登录，并提交纸质期末成绩两份。"，发送到 2454676261@qq.com 邮箱，并抄送 28328058@qq.com 邮箱。

《步骤》▶▶▶

（1）在"开始"选项卡中单击"新建"组中的"电子邮件"按钮，会弹出如图 7-5-16 所示的窗口。

图 7-5-16　撰写邮件窗口

（2）在"收件人"文本框中输入收件人地址：2454676261@qq.com（可填写多个地址，用逗号或分号隔开）。

（3）在"抄送"文本框中输入抄送人地址：28328058@qq.com（若无，可不填写）。

（4）在"主题"文本框中输入"通知"。

（5）单击"发件人"旁的按钮，从下拉菜单中选择使用哪个账户发送邮件。

（6）在文本窗格中，编辑邮件内容。

（7）如果要发送文件，则单击窗口顶部的"附加文件"按钮 🖉，或切换到"插入"选项卡，单击"包含"组中的"附加文件"按钮，在弹出的"打开"对话框，双击要附加的文件。

（8）单击"发送"按钮即可发送邮件。

（9）发送成功后，可在"已发送邮件"文件夹中查看到该邮件，如图 7-5-17 所示。

6．设置邮件账户属性

【实例】如果邮件未发送成功，则重新设置账户信息，包括设置邮件接收和发送服务器以及登录账号和密码信息。

图 7-5-17 查看已发送的邮件

步骤

（1）右击要设置的账户，在弹出的快捷菜单中选择"属性"命令，会弹出如图 7-5-18 所示的对话框。

（2）在对话框中设置用户信息。

（3）单击"服务器"选项卡，会打开如图 7-5-19 所示的对话框。

图 7-5-18 "属性"对话框

图 7-5-19 设置服务器参数

（4）按图中所示设置服务器的各项参数。

（5）单击"设置"按钮，会弹出如图 7-5-20 所示对话框。

图 7-5-20 待发邮件服务器登录方式设置

（6）设置待发邮件服务器的登录信息。如果选择"使用与接收邮件服务器相同的设置"则发送邮件时不需要再输入账号和密码信息。如果选择"登录方式"，则在发送邮件时需要输入账号和密码信息，但勾选"记住密码"复选框后，可避免每次发送邮件都要输入登录信息。

（7）单击"确定"按钮，返回图 7-5-19，再次单击"确定"按钮完成设置。

1．将新浪网的网址（http://www.sina.com.cn）设置为起始页。

2．创建 3 个主页选项卡，三个选项卡默认的主页分别为：www.sina.com.cn、www.sohu.com、www.163.com。

3．在收藏夹中建立自己的文件夹，并将常用的网址添加到该文件夹中。

4．请搜索"BT 下载工具"软件，并下载它。

5．请搜索"快压"软件，并下载它。

6．在搜狐网站、新浪网站或其他网站申请一个免费邮箱。

7．分别用 Windows Live Mail 和网站提供的邮箱收发电子邮件，比较二者有何异同。

8．将前面两章自测题的答案以邮件方式发送到指定邮箱中（注意，邮件的发件人姓名要写清楚）。

9．写一份网上学习体会，将你在网上学习到的知识列举两三个，以邮件的形式发送到指定邮箱中（注意，邮件的发件人姓名要写清楚）。

一、选择题

1．下面对 WWW 的描述不正确的是（　　）。

　　A．WWW 是 World Wide Web 的缩写，通常称为"万维网"

B．WWW 是 Internet 上最流行的信息检索系统

  C．WWW 不能提供不同类型的信息检索

  D．WWW 是 Internet 上发展最快的应用

2．TCP/IP 协议的含义是（ ）。

  A．局域网的传输协议   B．拨号入网的传输协议

  C．传输控制协议和网际协议   D．OSI 协议集

3．在局域网上，所谓资源是指（ ）。

  A．软设备   B．硬设备

  C．操作系统和外围设备   D．所有的软、硬设备

4．局域网的英文缩写为（ ）。

  A．WAN   B．LAN   C．GSM   D．MAN

5．Internet 属于（ ）。

  A．局域网   B．城域网   C．广域网   D．万维网

6．如果想要连接到一个安全的 WWW 站点，应当以（ ）开头来书写统一资源定位器。

  A．http://   B．https://   C．http://   D．http//

7．为了连入 Internet，以下（ ）是不必要的。

  A．一条电话线   B．一个调制解调器

  C．一个 Internet 账号   D．一台打印机

8．统一资源定位器的英文缩写为（ ）。

  A．http   B．URL   C．FTP   D．USENET

9．主机的 IP 地址和主机域名的关系是（ ）。

  A．两者完全是一回事   B．一一对应

  C．一个 IP 地址对应多个域名   D．一个域名对应多个 IP 地址

10．邮件服务器的邮件发送协议是（ ）。

  A．SMTP   B．FTP 协议   C．UDP 协议   D．POP 协议

11．邮件服务器的邮件接收协议是（ ）。

  A．SMTP   B．FTP 协议   C．UDP 协议   D．POP 协议

12．下列电子邮件地址中正确的是（ ）。

  A．somebody:abc.edu.cn   B．mail:somebody@abc.edu.cn

  C．somebody@abc.edu.cn   D．somebody@sina

13．一般情况下，从中国往美国发一个电子邮件大约多长时间内可以到达（ ）。

  A．几分钟   B．几天   C．几星期   D．几个月

14．以下不属于 Internet 基本功能的是（ ）。

  A．电子邮件   B．病毒检测   C．远程登录   D．文件传输

15．以下英文单词（ ）代表电子邮件。

  A．E-mail   B．Veronica   C．USENET   D．Telnet

16．一封完整的电子邮件至少应具备（ ）。

  A．信头和信体   B．信体和附件

  C．主题和信体   D．主题和附件

17. 要在 IE 浏览器中访问一个网站，必须在 IE 的地址栏中输入（　　）。

    A．只能是 IP 地址　　　　　　　　B．只能是域名

    C．只能是网络实名　　　　　　　　D．IP 地址或域名或网络实名

二、填空题

1. 当前使用的 IP 地址是_____位。

2. 域名服务器上存放着 Internet 主机的_____和 IP 地址的对照表。

3. 在 Internet 上常见的一些文件类型中，_____文件类型一般代表 WWW 页面文件。

4. 一个 4 段 IP 地址分为两部分：_____地址和_____地址。

5. 每台主机在 Internet 上必须有一个唯一的标识，称为_____。

6. URL 的基本形式是_____://_____。

7. http://www.sina.com.cn 称为"新浪"网站的_____。

8. 当鼠标移到某个超链接时，鼠标指针一般会变成_____，此时单击左键，可以打开另一个网页。

9. 在 Windows 操作系统中，文件的图标显示为 ![icon]，表示它是一个_____文件。

10. 搜索信息时，在搜索框中输入："美图秀秀软件"，表示进行_____搜索。

11. 利用 Windows Live Mail 收发邮件，必须设置_____。

12. 电子邮件的传送速度比传统邮件的传送速度_____。

13. cqcethuan@163.com 是一个合法的_____地址。

14. IE 浏览器是一个_____端的程序，它的主要功能是使用户获取 Internet 上的各种资源。

15. Windows Live Mail 是一个_____软件。

16. HTTP 全称叫_____，其默认端口号是_____。

17. SMTP 是_____的缩写。

18. 目前常用的网络下载方式有_____、_____、_____。